Heidelberger Taschenbücher Band 82

R. Süss · V. Kinzel · J. D. Scribner

KREBS

Experimente und Denkmodelle

Eine elementare Einführung
in Probleme der
experimentellen Tumorforschung

Mit 55 zweifarbigen Abbildungen

Graphische Gestaltung H. E. Baader

Springer-Verlag
Berlin Heidelberg New York
1970

Dr. rer. nat. R. Süss · Dr. med. V. Kinzel · H. E. Baader
Deutsches Krebsforschungszentrum Heidelberg

J. D. Scribner, Ph. D.
McArdle Laboratory for Cancer Research, Madison, Wisconsin, USA

ISBN 3-540-05155-4 Springer-Verlag Berlin Heidelberg New York
ISBN 0-387-05155-4 Springer-Verlag New York Heidelberg Berlin

Vorwort

Dieses Büchlein sollte eigentlich im Urlaub gelesen werden, zum Spaß. Zugegeben, Krebs ist eine todernste Sache im wahrsten Sinne des Wortes, und Krebsforschung gehört vor allem zur Medizin, mit Hippokrates im Hintergrund. Krebsforschung ist aber auch eine Naturwissenschaft und als solche verschafft sie die gleichen Freuden und Leiden wie jede Naturwissenschaft. Das Krebsproblem ist eben auch eine Denksportaufgabe, eine Herausforderung für Neugierige.

Dieser einführende Bericht über die „Experimentelle Krebsforschung" wendet sich daher an neugierige Studenten vieler Fakultäten: an Medizinstudenten natürlich ganz besonders, aber auch an Chemiker und Physiker, die sich für biologische Phänomene interessieren; Biologiestudenten könnten in einem vermeintlich medizinischen Fach eigenen Problemen wiederbegegnen.

Wir haben versucht, einigermaßen „voraussetzungslos" zu schreiben, denn ein Chemiker kennt sich so gut wie nicht in der Medizin aus, und ein Mediziner hat nur wenig Ahnung von chemischen Fragestellungen, die für die Experimentelle Krebsforschung wichtig sind. Wir wollten keineswegs einen vollständigen Überblick geben, und aus der großen Zahl verschiedener Entwicklungslinien haben wir nur einige ausgewählt. Gleich vorweg: Die Chemotherapie z. B. wurde stiefmütterlich behandelt, auch die RNA-Tumorviren, obwohl vielleicht gerade sie für menschliche Tumoren besonders wichtig sind. Krebserzeugung durch Strahlen konnte nur beiläufig erwähnt werden, trotz der großen praktischen Bedeutung, spätestens seit Hiroshima, und auch die Rolle der Hormone wurde nur angedeutet. Ungeduldige Leser können sich ohne größere Schwierigkeiten einzelne Kapitel herausgreifen; der gründlichere Leser wird es uns nachsehen, daß wir deshalb Wiederholungen nicht ganz vermieden haben.

Für diagonales Lesen und kritische Durchsicht einzelner Abschnitte danken wir H. Lettré, E. Hecker, D. Schmähl, F. Dallenbach und K. Goerttler (Heidelberg), H. Friedrich-Freksa, H. Uehleke und H. Bauer (Tübingen) und F. Anders (Gießen). Besonders anregend waren für uns Gespräche mit unseren Kollegen G. Kreibich, M. Traut, H. Fischer, F. Marks und R. Zell, die sich der Mühe unterzogen, das ganze Manuskript durchzusehen. Dem Verein zur Förderung der Krebsforschung in Deutschland (Prof. K. H. Bauer) danken wir für eine Beihilfe zur Erstellung der Graphiken.

Heidelberg, im September 1970 R. Süss V. Kinzel J. D. Scribner

Inhalt

Die Mitochondrien und Warburgs Krebstheorie

Tumor-Immunologie: Grundlagen einer körpereigenen Tumorabwehr

Abkürzungen und häufig verwendete Begriffe

A	Adenin
AAF	Acetylaminofluoren
AB	Aminoazobenzol
ATP	Adenosin-triphosphat
BP	Benzpyren
C	Cytosin
D	Gesamtdosis
d	Tägliche Dosis
DAB	Dimethylaminoazobenzol („Buttergelb“)
DBA	Dibenzanthracen
DÄNA	Diäthylnitrosamin
DMBA	Dimethylbenzanthracen
DNA	Desoxyribonucleinsäure (Deoxyribonucleic acid, Acidum desoxyribonucleicum)
G	Guanin
MC	Methylcholanthren
NAD	Nicotinamid-adenin-dinucleotid (früher DPN)
NADH	Hydrierte Form des NAD (früher DPNH)
RNA	Ribonucleinsäure (Ribonucleic acid, Acidum ribonucleicum)
mRNA	messenger-RNA
S-Phase	Phase im Zellzyklus, in der DNA synthetisiert wird
SV-40	Simian Vacuolating Virus
T	Thymin

Über *morphologische Begriffe* informiert das Glossar, das direkt oder über das Sachverzeichnis abgefragt werden kann.

Anti-carcinogen	Die Krebserzeugung hemmend
Carcinogen	Krebserzeugend (von karkinos gr. Krebs)
Carcinogenese	„Weg zum Tumor“, Krebserzeugung

Co-carcinogen	Die Krebserzeugung unterstützend, vgl. Tumor-Promotion = Entwicklung latenter Tumorzellen. (Tumor-promovierende Substanzen sind co-carcinogen, aber nicht alle co-carcinogenen Substanzen sind tumor-promovierend, vgl. Berenblum-Experiment S. 40)
Cytopathisch	Zellschädigend
Lyse	Auflösung einer Zelle, beispielsweise nach Zellschädigung oder Virusinfektion
Lytisch, cytolytisch	Zur Lyse führend
Neoplasma	„Neuwuchs“, schließt auch gutartige und bösartige Tumoren ein
Neoplastische Transformation	Prozesse, die zur Umwandlung in eine Tumorzelle führen
Syn-carcinogen	Beschreibt das Zusammenwirken carcinogener Reize
Toxisch	Sehr wenig klar definierter Begriff, etwa „giftig“. Häufig im Gegensatz zu „spezifischen“ carcinogenen Effekten gebraucht, dann auch *cytotoxisch* = zu Zelltod und Zellschädigung führend

Krebsforschung als Naturwissenschaft

Die Experimentelle Krebsforschung ist eine moderne Verbundwissenschaft par excellence: Pathologen und Biochemiker, Strahlenphysiker und Virologen, Toxikologen und Naturstoffchemiker bemühen sich gemeinsam, herauszufinden, was eine Tumorzelle ist, wie sie entsteht und wie sie bekämpft werden kann. Neben die Schemata des diagnostizierenden Pathologen sind molekularbiologische Denkmodelle getreten, zum „Stahl und Strahl" der Krebschirurgen und der Strahlentherapeuten kamen ausgeklügelte biochemische Behandlungsmethoden. Krebsforschung ist daher auf das interdisziplinäre Gespräch angewiesen; doch fehlt weithin eine gemeinsame Sprache.

Bisher dominierten medizinische Wünsche und Hoffnungen, und natürlich wird auch weiterhin die Bekämpfung und Verhütung der Krebskrankheiten wichtigster Stimulus der Experimentellen Krebsforschung bleiben. Dennoch hat sich in den letzten Jahren eine Cancerologie entwickelt, die sich als biologische Wissenschaft versteht, als Grundlagenforschung, die nicht sofort nach praktischen Anwendungen fragt.

Krebsforschung als Naturwissenschaft will nicht in erster Linie „das Krebsproblem lösen", sondern mit Hilfe der Tumorforschung biologische Probleme angehen. Probleme der Zelldifferenzierung und der Wachstumsregulation stehen im Brennpunkt. Gerade die normalen Wachstumsregulationen eines höher organisierten Organismus wird man besser verstehen lernen, wenn man einmal verstanden hat, auf welche Weise eine Tumorzelle sich dieser Regulation entzieht.

Doch es muß nicht immer um Wachstumsregulationen gehen: V. R. Potter hat schon vor einigen Jahren die Reihe der verschieden stark entdifferenzierten Lebertumoren als eine Serie von „Lebermutanten" bezeichnet, die sich zum Studium normaler Leberfunktionen anbietet. Das Normale kommt paradoxerweise leichter in den Griff, wenn es fehlt.

Diese Erfahrung hat die Bakteriengenetik schon lange gemacht: Bakterienmutanten haben vor einigen Jahren den Anstoß für die Entwicklung der modernen Molekularbiologie gegeben. Vielleicht wird in nicht allzuferner Zukunft die Krebszelle eine ähnliche Rolle für die Entwicklung der Biologie spielen, wie sie bislang die Bakterienzelle gespielt hat. Die klassische Molekularbiologie ist an ein Ende gekommen, ihre „heroische Periode" (Stent) ist abgelaufen; sie ist heute dabei, den Sprung vom Einzeller zum vielzelligen Organismus zu wagen, und gerade dabei könnten im „Zerrbild der Krebszelle“ auch die normalen Beziehungen zwischen Zellen und Geweben besonders deutlich werden.

Bisher ist die Experimentelle Krebsforschung der allgemeinen Biologie hinterhergelaufen; sie wiederholte Experimente am Tumormaterial und übernahm einfach moderne Methoden und Denkweisen in ihre eigenen Systeme. Das Lehrgebäude der Cancerologie ist daher äußerst bunt zusammengeflickt, viele Mauern wurden gleichzeitig errichtet, ohne daß man wußte, an welchen man weiterbauen würde. Viele Fakultäten haben gebaut, zum Teil ohne voneinander zu wissen. Aber gerade dieses Unfertige, dieses noch weitgehend Unzusammenhängende reizt die Neugier.

Experimentelle Krebsforschung: Biologie der Wachstumsregulation

Ein Adler riß täglich ein Stück Leber aus dem Körper des angeschmiedeten Prometheus, doch der Verbannte überlebte die barbarischen Operationen. In diesem Mythos steckt ein Kern physiologischer Wahrheit: Wird ein Teil der Leber entfernt (partielle Hepatektomie), so wächst sie binnen weniger Wochen wieder nach. Bei Ratten gelingt die Operation auch noch, wenn man mehr als zwei Drittel der Leberlappen entfernt hat und sie gelingt mehrfach. Immer wieder regeneriert die Leber zur alten Größe. Jedesmal aber bleibt die Regeneration stehen, „unsichtbare Grenzen“ stoppen das Wachstum, und auch hier wachsen die Bäume nicht in den Himmel.

Erythrocyten „leben“ nur etwa 120 Tage (beim Menschen); in dieser Zeit wird die gesamte Population der roten Blutzellen einmal erneuert. Dies bedeutet bei einer Blutmenge von etwa 4—6 Litern und 5×10^6 Erythrocyten pro mm^3 eine Neusynthese von $6—9 \times 10^{13}$ roten Blutzellen innerhalb eines einzigen Jahres. Exakt gleich viele Zellen müssen im gleichen Zeitraum zugrunde gehen, denn die Gesamtzahl bleibt — von geringen Schwankungen abgesehen — konstant.

Oder denken wir an das Beispiel der Haut: Innerhalb von 4—10 Tagen werden alle Zellen der Mäuse-Epidermis erneuert; mehr als 1% der Zellpopulation der „Basalschicht“ befindet sich jeweils in Teilung. Doch wenn Reize fehlen, bleibt auch diese Zellpopulation konstant, der Zuwachs kompensiert exakt den Verlust an Zellen. Die Gewebekonstanz ist wie mit einer Supermikrometerschraube eingestellt.

„Leben möchte wachsen und sich vermehren“, schrieb einmal Szent-Györgyi, „aber wenn sich Zellen zum Aufbau eines komplexen Organismus zusammentun, muß ihr Wachstum im Interesse des Ganzen reguliert werden.“ Ein höherer Organismus ist nur mit einer repressiven Wachstumspolitik möglich. Diese Politik muß sehr rigoros sein, denn auch eine Säugerzelle könnte sich — von Ausnahmen abgesehen — alle 24 Stunden verdoppeln. Schon kleinste Freiheiten wären daher tödlich: Würde der Nachschub der Epithelzellen, die den Magen-Darm-Trakt auskleiden, nur um wenige Prozent ansteigen, so wären binnen kurzem die Verdauungswege völlig blockiert. Nachschub und Abrieb müssen daher auf das feinste aufeinander abgestimmt sein.

In einem Tumor stimmt diese Abstimmung nicht mehr, eine Tumorzelle reagiert nicht mehr auf die Regulationsimpulse ihres Gewebes oder des Gesamtorganismus. Sie scheint „taub“ gegenüber den wachstumsregulierenden

Signalen zu sein. Denknotwendig ist dies allerdings nicht: Eine Gesellschaft kann krank sein, ohne daß ihre einzelnen Mitglieder krank sein müßten. Das Individuum muß nicht notwendigerweise taub sein, wenn Regulationssignale übertönt werden oder ganz ausbleiben. Krebs erscheint sowohl als ein Problem der Individualethik, als auch als ein Problem der Sozialethik — der Regeln des Zusammenlebens also.

Ein höherer Organismus ist ein ökologisches System en miniature, irgendwelche Veränderungen an irgendeiner Stelle können das ganze System mitbeeinflussen. Die Ökologen kennen Beispiele dafür, wie Beutetiere „überwuchern", wenn die Jäger eliminiert werden. In diesem Sinne wäre Krebs auch ein ökologisches Problem.

Die Experimentelle Krebsforschung beschäftigt sich daher auch immer mit beidem: mit der Tumorzelle und mit den Regulationsfeldern des Organismus; sie studiert die autonome Krebszelle, aber sie muß auch ihre Rechnung mit dem Wirt machen.

Ein erster Schritt: Die Aufklärung des Teerkrebses

Es ist wohl oft eine recht mißliche Aufgabe, den Beginn einer Wissenschaft festzulegen. Auch bei der Experimentellen Krebsforschung gibt es Schwierigkeiten, doch scheint hier das Jahr 1775 eine besondere Bedeutung zu haben. In diesem Jahr überimpfte ein französischer Arzt, Bernard Peyrilhe, menschliche Tumoren auf Hunde und erzeugte dadurch bei diesen Tieren neue „Geschwülste". Die Akademie der Wissenschaften und Schönen Künste zu Lyon erkannte ihm für seine Experimente den ersten Preis eines Wettbewerbes zu, den sie für Untersuchungen „über die Ursachen des Krebsvirus" ausgeschrieben hatte. Doch sowohl der Arzt als auch die Akademie hatten sich geirrt: es waren gar keine echten Tumoren entstanden, lediglich eitrige Geschwüre; aber ohne Mikroskop und bakteriologische Techniken ließen sich entzündliche Schwellungen und bösartige Tumoren nicht so recht voneinander unterscheiden.

Im gleichen Jahr berichtete ein englischer Arzt, Percival Pott, über Hodenkrebs bei Schornsteinfegern. Diese Patienten hatten als Kinder in den engen englischen Kaminen herumklettern müssen, um dort den Ruß von der Mauer zu kratzen. Pott erkannte, daß es sich bei diesen Geschwülsten um bösartige Tumoren handelt, und diagnostizierte damit als erster einen Berufskrebs. Aber mehr noch, er hatte im Grunde ein Experiment protokolliert, das bewies, daß Krebs durch äußere Einflüsse ausgelöst werden kann. „Kausatives Agens" war in diesem Fall offensichtlich der Ruß, mit anderen Worten, kleine und kleinste, durch Teer miteinander verklebte Kohlestaubpartikel.

100 Jahre nach Pott erkannte dann der deutsche Arzt Volkmann gerade den Teer als krebserregendes Prinzip. Sein Beweismaterial waren Teerarbeiter, die besonders an Händen und Unterarmen Krebs bekamen. Erst 140 Jahre nach Pott gelang es dann, auch bei Tieren experimentell Teerkrebs zu erzeugen: 1915 teilten die Japaner Yamagiwa und Ichikawa mit, daß sie durch Teerpinselungen auf Kaninchenohren echte Tumoren hervorgerufen hatten. Kritiker und Neider sahen darin lediglich eine weitere Bestätigung einer längst hinreichend bekannten Tatsache; in Wirklichkeit aber hatten die beiden Japaner einen ersten Schritt der experimentellen Tumorforschung getan.

Experimentelle Tumorforschung vor Yamagiwa

Zugegeben, man hatte schon vor Yamagiwa gelernt, spontane Tumoren auf geeignete Empfängertiere zu überimpfen, und man hatte begonnen, an diesen „künstlichen“ Tumoren die Eigenschaften und das Verhalten der Geschwülste zu untersuchen. Einige dieser Impftumoren der ersten Tage, wie das Jensen-Sarkom beispielsweise, sind heute noch Testobjekte in vielen Krebsforschungsinstituten. Im Grunde aber waren diese Tumoren nichts weiter als spontane Tumoren, die unkontrolliert in einem Tier entstanden waren und die nun, statt allein auf ihrem Ursprungstier, auf beliebig vielen Tieren weiterwuchsen. Es waren also eher lebendige Dauerpräparate aus einem pathologischen Kuriositätenkabinett als repräsentative Beispiele für geschwulsthaftes Wachstum. Ganz sicher aber konnte man mit ihnen nicht die Frage lösen wollen, wie und warum Tumoren überhaupt entstehen.

Die Lösung aber gerade dieser Frage beschäftigte naturgemäß viele Pathologen des ausgehenden 19. Jahrhunderts. Dabei zeichneten sich vor allem drei Lösungsversuche ab:

1. Virchow („Die krankhaften Geschwülste“, 1863) bestand darauf, daß Krebs letzten Endes durch Reize verursacht wird, und er erinnerte ausdrücklich an den Schornsteinfegerkrebs, den Pott analysiert hatte.
2. Cohnheim und Ribbert postulierten, daß versprengtes Embryonalgewebe als Ausgangspunkt bösartiger Tumoren im erwachsenen Organismus anzusehen ist.
3. Schließlich dachten viele daran, daß parasitäre Organismen Tumoren induzieren.

Folke Henschen, ein schwedischer Pathologe und aktiver Augenzeuge dieser Bemühungen, schildert in einer Yamagiwa-Gedächtnis-Vorlesung das Klima: „Der große Fortschritt der Mikrobiologie gegen Ende des 19. Jahrhunderts brachte eine ganze Reihe von Wissenschaftlern dazu, die Ursache aller Typen von Krebsgeschwülsten in Infektionen zu suchen, seien sie durch Bakterien, Pilze, Algen oder Protozoen oder aber auch durch tierische Parasiten verschiedener Arten verursacht. Ich erinnere mich noch deutlich, wie der betagte französische Forscher Borrel mich einmal in Paris zur Seite nahm und dann hoffte, er könne mich davon überzeugen, daß die Ascariden als carcinogene Faktoren eine bedeutsame Rolle spielen. Die ursprüngliche Parasitentheorie ließ man zwar bald fallen, sie erstand aber, wie wir wissen, neu in der Virustheorie.“ Die Auferstehung kam sehr rasch: Schon 1908 und 1910 wurden die ersten Virustumoren entdeckt (vgl. S. 139 ff.), aber die offizielle Krebsforschung nahm davon keine Notiz.

Um die Jahrhundertwende war besonders die Cohnheim-Ribbertsche Hypothese en vogue (vgl. S. 209): „Ich hörte, wie damals Pathologen ein wenig arrogant von der „alten“ Virchowtheorie sprachen, die eigentlich der Vergangenheit angehöre.“

Virchows Reiztheorie war jedoch der Anlaß zu zahllosen Versuchen, Krebs experimentell durch „äußere Reize“ zu erzeugen, doch die Versuche blieben erfolglos. „Alle diese negativen Experimente schufen vielerorts eine Atmosphäre von Resignation“, faßte Henschen zusammen, „Krebs schien etwas Unzugängliches zu bleiben.“

Unter diesen Umständen kann man nachfühlen, wie erleichtert die Pathologen waren, als Yamagiwa und Ichikawa 1915 über ihre „Experimentellen Studien zu atypischen Epithelwucherungen“ berichteten.

Yamagiwa und Ichikawa erzeugen die ersten experimentellen Tumoren

Die beiden Japaner benutzten eine sehr einfache Methode: sie trugen mit einem Glasstab 2—3mal wöchentlich Teer auf die Innenseite von Kaninchenohren auf. Schon nach 3 Monaten entwickelten sich an der Auftragsstelle warzenähnliche Wucherungen; später bildeten sich größere Geschwülste, bei denen die Ohren schließlich mehr oder weniger vollständig in ein Krebsgeschwür umgewandelt wurden.

„Glück und Geduld“ waren gleichermaßen beteiligt: nur weil sie die Ohren über Monate mit Teer pinselten, kamen sie zu Papillomen und Carcinomen. Hätten sie aber an Hunden oder Meerschweinchen experimentiert, so wäre auch die größte Ausdauer ohne Erfolg geblieben.

Sehr bald lernte man, daß sich auch bei Mäusen durch einfaches Aufpinseln von Teerpräparaten auf die Rückenhaut zunächst gutartige, dann aber auch bösartige Tumoren erzeugen lassen. Dies bedeutete eine wesentliche Vereinfachung: diese kleinen Tiere waren viel leichter zu halten als Kaninchen, und man konnte deshalb mit sehr viel größeren Tierzahlen arbeiten. Auch die Zeiten, die man auf die Tumoren warten mußte, waren im wesentlichen kürzer. Mäuse wurden deshalb im Laufe der Jahre so etwas wie Standardtiere für die Experimentelle Krebsforschung, so daß scherzhafterweise gelegentlich vom „National Cancer Institute“ in Bethesda, USA, als vom „National Mouse Institute“ gesprochen wurde.

Die nächste Frage lag nun sehr nahe: Welche Substanzen der Teerpräparate erzeugten eigentlich die Papillome und Carcinome? Trotz der „bequemen“ Mäuse schien die Antwort unerreichbar, denn die Teerchemie steckte damals noch in den ersten Anfängen, und man wußte eigentlich kaum mehr, als daß sehr viele verschiedene Substanzen im Teer enthalten sind. Doch dies war nicht die einzige Schwierigkeit, denn wollte man irgendeine vorgereinigte Teerfraktion auf ihre carcinogenen Eigenschaften prüfen, so mußte man Monate warten, bis man wußte, ob man eine inaktive oder eine aktive Fraktion isoliert hatte. Es leuchtet ein, daß Reinigungsprozesse über viele Schritte, wie sie bei komplizierten Substanzgemischen die Regeln sind, sehr zeitraubend sein müssen.

Einige wenige Gramm 3,4-Benzpyren aus zwei Tonnen Teer

Trotzdem machten sich Cook, Hewitt und Hieger an die Isolierung eines reinen Carcinogens aus Steinkohlenteer. Doch neben Geduld besaßen die englischen Forscher auch Mut: sie verließen sich gar nicht auf biologische Tests, auf die sie Monate hätten warten müssen; sie benutzten ein physikalisch-chemisches „Erkennungszeichen". Man hatte nämlich herausgefunden, daß alle damals getesteten Teere das gleiche Fluoreszenzspektrum besaßen. Dieses „Signal" wurde um so wertvoller, als man fand, daß eine reine Verbindung, nämlich 1,2-Benzanthracen, fast das gleiche Spektrum besitzt. Sie konnten also damit rechnen, eine reine Substanz zu isolieren, und bei einigem Glück konnte diese Substanz dann auch ein Carcinogen sein.

Beim Städtischen Gaswerk ließ sich Cook 2 Tonnen Teer fraktioniert destillieren. Durch vielfaches Weiterdestillieren, Kristallisieren und durch die Herstellung charakteristischer Derivate gelang es ihm dann, etwa 50 Gramm einer bis dahin unbekannten Substanz zu isolieren. Die neue Substanz war 3,4-Benzpyren, und im biologischen Test erwies sie sich als brauchbares Carcinogen (1933).

3,4-Benzpyren war allerdings nicht das erste reine Carcinogen überhaupt. Schon 1929 hatte Cook den polycyclischen Kohlenwasserstoff 1,2,5,6-Dibenzanthracen (DBA) synthetisch hergestellt, der sich im Tierversuch als ein gutes Carcinogen herausstellte.

3,4-Benzpyren und 1,2,5,6-DBA gehören zur Klasse der polycyclischen Kohlenwasserstoffe. Die Mitglieder dieser Gruppe leiten sich vom Grundkörper Benzol ab, der sich in vielen Variationen zu vielgliedrigen Ringsystemen zusammenfügt (Abbildung S. 5).

Polycyclische Kohlenwasserstoffe können mehr als Hauttumoren erzeugen

Eine einmalige subcutane Injektion von 7,12-Dimethylbenzanthracen (DMBA), 3,4-Benzpyren (BP) oder einem anderen carcinogenen Kohlenwasserstoff führt nach einer längeren Latenzzeit (3—4 Monate je nach Dosierung) zu Sarkomen. Bei diesem Test sind Ratten wesentlich empfindlicher als Mäuse.

Wird DMBA neugeborenen Mäusen subcutan injiziert, so treten vermehrt Lymphome auf („Lymphdrüsengeschwülste"), und nur selten bilden sich an den Injektionsstellen die sonst üblichen Sarkome. Ovarialtumoren entstehen bei Mäusen, wenn DMBA verfüttert, intraperitoneal injiziert oder auch einfach auf die Haut gepinselt wird. Ratten wiederum reagieren auf 7,12-DMBA mit Mammacarcinomen. Schließlich lassen sich bei Ratten und Mäusen durch mehrfache intravenöse Injektionen Leukämien verschiedenen Typs erzeugen. Nach der Verfütterung von 3,4-Benzpyren wurden bei Mäusen Magen- und Lungentumoren neben Leukämien beobachtet.

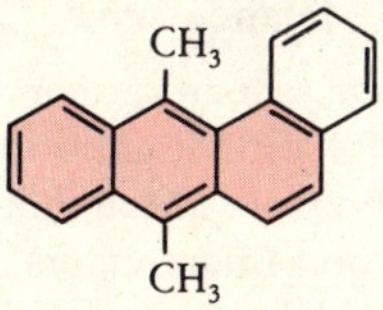 CH_3 CH_3 7,12-Dimethyl-Benz(a)anthracen	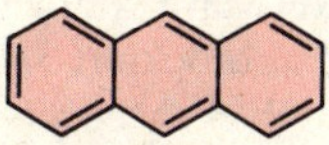 Anthracen
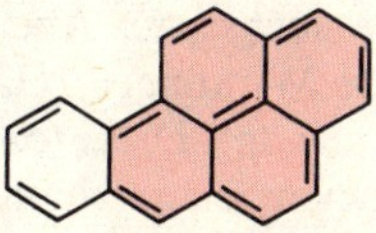 3,4-Benzpyren	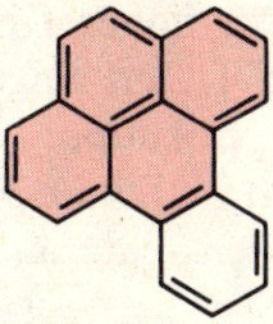 1,2-Benzpyren
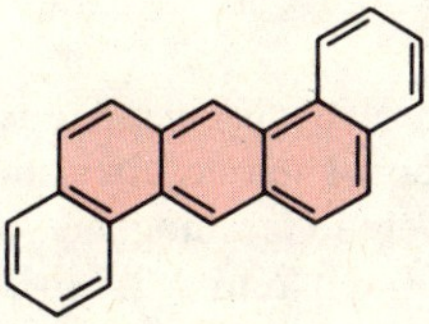 1,2 : 5,6-Dibenzanthracen	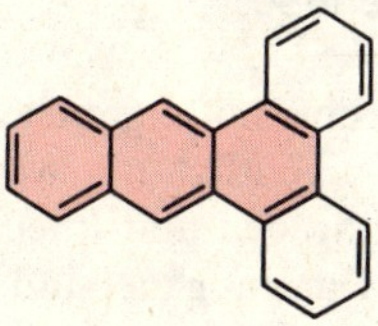 1,2 : 3,4-Dibenzanthracen
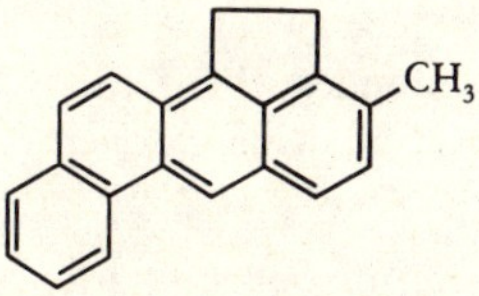 CH_3 3-Methylcholanthren	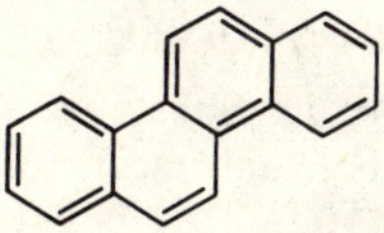 Chrysen
Carcinogene	*Nicht-Carcinogene*

Polycyclische Kohlenwasserstoffe

Hamster reagieren auf DMBA-Pinselungen mit bösartigen Melanomen, also mit Tumoren der pigment-synthetisierenden Melanocyten.

Paradoxerweise können polycyclische Kohlenwasserstoffe aber auch Krebs verhindern: so blockiert 3-Methylcholanthren (MC) die Induktion von Lebertumoren durch 3′-Methyl-4-Dimethylaminoazobenzol („Methylbuttergelb") und 2-Fluorenylacetamid (Acetamidofluoren). Die Millers untersuchten diesen antagonistischen Effekt genauer und stellten dabei fest, daß MC in der Leber mikrosomale Enzyme induziert, die wohl letzten Endes die carcinogenen Amine zu inaktiven Folgeprodukten umwandeln.

Wie die meisten Carcinogene sind auch polycyclische Kohlenwasserstoffe toxisch: bei zu hoher Dosierung sterben die Versuchstiere. Aber auch bei überlebenden Tieren zeigen sich sehr oft toxische Wirkungen (Hautnekrose bei lokaler Applikation, Nekrose der Nebennierenrinde). Diese toxischen Effekte könnten durchaus auch für die carcinogenen Eigenschaften wichtig sein; wir werden später auf diese Frage zurückkommen (S. 194).

Theorien zum chemischen Mechanismus der Kohlenwasserstoff-Carcinogenese

Aus der recht umfangreichen Liste bekannter polycyclischer Kohlenwasserstoffe sind eigentlich nur wenige carcinogen. Benzol selber, aber auch Naphthalin, Anthracen und Phenanthren sind alle keine Carcinogene. Gute bzw. sehr gute Carcinogene sind dagegen 3,4-Benzpyren und 1,2,5,6-Dibenzanthracen. (3,4-Benzpyren spielt dabei eine besondere Rolle: die gesamte menschliche Umgebung ist heute benzpyrenverseucht. Erdölrückstände, Autoabgase, Straßenstaub, Ackererde, Zigarettenrauch und sogar geräucherte Nahrungsmittel bis hin zum Kaffee enthalten teilweise recht nennenswerte Mengen dieses carcinogenen Kohlenwasserstoffes).

Die diesen Substanzen ähnlichen Verbindungen 1,2-Benzpyren und 1,2,3,4-Dibenzanthracen sind erstaunlicherweise nicht carcinogen (vgl. Abbildung S. 5).

Durch eine besondere Aktivität zeichnen sich die substituierten Kohlenwasserstoffe aus, wie 3-Methylcholanthren, 7,12-Dimethyl-1,2-Benzanthracen oder 9,10-Dimethylanthracen. Die nicht-methylierten Grundkörper sind alle nicht-carcinogen.

Wir müssen daher jetzt die Frage stellen, woher diese Unterschiede kommen. Eine plausible Erklärung macht die chemischen Reaktivitäten dieser Substanzen dafür verantwortlich. Chemisch reaktionsfähige Substanzen sind danach auch carcinogen. Bei diesen chemischen Reaktivitäten handelt es sich im wesentlichen um Additionen und Substitutionen; vor allem Additionen spielen in der Theorie der carcinogenen Aktivität dieser Verbindungen eine große Rolle. Wählen wir als Beispiel die Reaktion polycyclischer Kohlenwasserstoffe mit Osmiumtetroxid:

OsO_4

H
O
H
O
Os
O
O

Der Mechanismus ist nicht in allen Einzelheiten bekannt, aber vereinfachend können wir sagen, daß sich eine Doppelbindung „aufrichtet" und die Addition einleitet. Doppelbindungen, die sich leichter als andere „aufrichten", nennt man bei diesen Verbindungen oft „K-Region".

Die folgende Tabelle legt nun die Vermutung nahe, daß tatsächlich Reaktivität und carcinogene Aktivität parallel laufen:

Kohlenwasserstoff	Geschwindigkeit der OsO_4-Fixierung	Carcinogene Aktivität
Benzol	0	–
Phenanthren	0.2	–
1,2-Benzanthracen	1	+
1,2,5,6-Dibenzanthracen	1	++
3,4-Benzpyren	2	+++

Sehr bald kommt man aber an die Grenzen des einfachen Vergleichs: 1,2-Benznaphthacen beispielsweise ist chemisch sehr reaktiv, besitzt also eine aktive K-Region; es ist aber kein Carcinogen. Deswegen muß nun aber der Grundgedanke, daß chemische und carcinogene Aktivität etwas miteinander zu tun haben, nicht falsch sein. Sicher reflektiert die Geschwindigkeit der Osmiumfixierung nur einen kleinen Ausschnitt aus einem reichen Spektrum chemischer Reaktionsmöglichkeiten.

In Pullmans Theorie leistet zum Beispiel neben der Reaktivität der K-Region auch eine sogenannte L-Region (mit paraständigen Reaktionspartnern) einen entscheidenden Beitrag: nach dieser Theorie ermöglicht nur die Kombination einer „aktiven K-Region" mit einer „inaktiven L-Region" tumorerzeugende Eigenschaften.

Reaktivität, sowohl der K-Region als auch der L-Region, müssen nicht in vielen zeitraubenden Versuchsreihen ermittelt werden. Wellenmechanische Berechnungen, mit „Papier und Bleistift" oder mit Hilfe eines Computers, liefern Indizes, die Doppelbindungscharakter und Delokalisierungsenergien charakterisieren. Theorien dieser Art führen daher oft den Namen „Wellenmechanische Theorie der Carcinogenese". Gemeint ist aber in jedem Fall nur die Parallelisierung carcinogener mit chemischen Eigenschaften, die sich wellenmechanisch berechnen lassen.

Polycyclische Kohlenwasserstoffe werden an Proteine gebunden

Polycyclische Kohlenwasserstoffe fluoreszieren in ultraviolettem Licht kräftig weiß-blau bis gelblich-weiß. Mit Hilfe dieses sehr empfindlichen Nachweises entdeckte E. C. Miller im Jahre 1951, daß 3,4-Benzypren an Proteine der Maushaut gebunden wird. Diese Experimente waren eine konsequente Fortführung früherer Versuche, bei denen es gelungen war, die Bindung carcinogener Azofarbstoffe an Leberproteine nachzuweisen (vgl. S. 24). Carcinogene binden sich also offensichtlich an Proteine der Organe, in denen sie Tumoren erzeugen.

Heidelberger führte diese Untersuchungen mit radioaktiv markierten Kohlenwasserstoffen weiter. Dabei machte er eine enttäuschende Beobachtung: carcinogene, aber leider auch ein nicht-carcinogener polycyclischer Kohlenwasserstoff wurden an die löslichen Hautproteine gebunden. Damit schien die Reaktion Carcinogen-Protein als eine Schlüsselreaktion für die Carcinogenese auszuscheiden. Doch neue Experimente machten die „Protein-Bindung" wieder interessant: Abell und Heidelberger trennten die löslichen Proteine der Mäusehaut in der Elektrophorese (Stärke-Gel) und bei dieser Trennung entdeckten sie, daß die carcinogenen Kohlenwasserstoffe ganz bevorzugt an eine leicht basische Proteinfraktion gebunden werden, während die nicht-carcinogene Verbindung über alle Fraktionen verschmiert wurde.

Dies bedeutete nun eine wichtige Erweiterung der chemischen Theorie der Tumorerzeugung: ganz offensichtlich kommt es nicht nur auf die chemische Reaktivität der chemischen Carcinogene an, sondern auch auf die Reaktionsbereitschaft des Partners, in diesem Falle also einer bestimmten Proteinklasse.

Proteine könnten Wachstumsregulatoren sein

Schon im Falle der Azofarbstoffe hatten die Millers postuliert, daß die Bindung nicht an irgendwelche Proteine, sondern an wachstumsregulierende Proteine erfolgt. Mit dieser Vorstellung ist ein sehr einfaches Modell einer Tumorzelle möglich: der Verlust der wachstumsregulierenden Substanzen führt automatisch zu unkontrollierten Zellteilungen. Carcinogene inaktivieren diese Regulatorproteine, die nicht wieder ersetzt werden können, und so kommt es zu Tumorzellen, in denen diese Proteine für immer fehlen. Vor zwanzig Jahren war dies keineswegs eine unvernünftige Vorstellung, denn damals traute man ja gerade den Proteinen zu, für ihre eigene Vermehrung sorgen zu können (Proteinmatrize für Proteinsynthese).

Inzwischen aber hat sich ganz allgemein die Meinung durchgesetzt, daß nicht die Proteine selbst, sondern Nucleinsäuren für die spezifischen Strukturen der Proteine zuständig sind. Die Proteine sind damit (trotz ihres gewichtigen Namens: protos griech. der erste) ins zweite Glied der Zellhierarchie getreten. Müßten daher Carcinogene nicht eigentlich mit Nucleinsäuren und vor allem mit DNA reagieren?

Polycyclische Kohlenwasserstoffe reagieren auch mit DNA

Lange Zeit blieb die Bindung carcinogener Kohlenwasserstoffe an die DNA der Mäusehaut unentdeckt. Dies hatte einfache Gründe: nur sehr wenige Moleküle werden gebunden, und daher gelingt der Nachweis nur dann, wenn „hoch radioaktiv markierte" Verbindungen eingesetzt werden. Aber auch wenn mit solchen „heißen" Substanzen experimentiert wird, müssen alle meßtechnischen Vorsichtsmaßregeln ergriffen werden, um die extrem niedrigen Radioaktivitäten messen zu können.

Brookes und Lawley waren die ersten, die dann schließlich doch den Nachweis erbringen konnten, daß polycyclische Kohlenwasserstoffe an die DNA der Mäusehaut gebunden werden. Bei ihren Experimenten zeigte es sich, daß Bindung und carcinogene Aktivität der untersuchten Kohlenwasserstoffe parallel laufen. Verschieben wir aber fürs erste die genauere Diskussion dieser Experimente (vgl. Kapitel S. 169) und wenden uns einer weiteren Klasse chemischer Carcinogene zu, den Aromatischen Aminen.

Zusammenfassung

Yamagiwa und Ichikawa erzeugten die ersten Tumoren mit chemischen Substanzen (Teercarcinome bei Kaninchen, 1915). Als „carcinogenes Prinzip" des Teeres erwiesen sich vor allem polycyclische Kohlenwasserstoffe, zu denen so „berühmte" Carcinogene gehören wie 3,4-Benzpyren und 3-Methylcholanthren. Aber nicht alle polycyclischen Kohlenwasserstoffe sind carcinogen; kleine Variationen am Molekül genügen, um die carcinogene Wirkung auszulöschen (3,4-Benzpyren — 1,2-Benzpyren).

Man hat versucht, die carcinogene Aktivität und die chemische Reaktivität dieser Kohlenwasserstoffe miteinander in Verbindung zu setzen (aktive K-Region = macht Krebs). Neben der chemischen Reaktivität ist sicher aber auch die Reaktionsbereitschaft des Partners wichtig, mit dem das Carcinogen reagiert. Als Partner kommen in Frage: Proteine, aber auch DNA und RNA.

Was den Teerkrebs auslöst, weiß man also recht genau; wie er aber im einzelnen zustandekommt, ist nach wie vor weitgehend unbekannt.

Aromatische Amine: Aktivierung im Stoffwechsel

Als in der zweiten Hälfte des 19. Jahrhunderts überall in Europa kleine und große chemische Farbenfabriken aus der Erde schossen, wurden nicht nur Farbstoffe produziert, sondern auch Tumoren. Zunächst jedoch konnte niemand diese Gefahr ahnen.

Die ersten Anilinfarben waren in England und Frankreich entdeckt worden. Aber auch in Deutschland ging man sehr früh schon in die Großproduktion von Anilinfarbstoffen; Badische Anilin- und Sodafabrik erinnert noch heute an diese erste Generation von synthetischen Farbstoffen.

Alfred von Nagel schildert anschaulich die frühen Techniken: „Die Herstellung des Fuchsins erfolgte in der Fuchsinschmelze durch Oxydation des sogenannten „Anilinöls für Rot", eines Gemisches aus Anilin und Toluidinen, wie man es bei der damaligen Anilingewinnung aus unvollständig rektifiziertem Benzol erhielt. Für die Schmelze mußte ein Gemisch des „Anilinöls für Rot" mit einer Arsensäurelösung in gußeisernen, emaillierten Kesseln über offenem Feuer sechs bis acht Stunden bei 170—180 Grad Celsius gerührt werden. Dabei destillierte das unverbrauchte Anilin ab und kondensierte sich in gekühlten Bleispiralen. Die erstarrte Schmelze wurde in eisernen Kochern in Wasser gelöst. Mit Kochsalz und Salzsäure entstand salzsaures Fuchsin, das man auskristallisieren ließ. Um die Lösung möglichst langsam abzukühlen und so möglichst große Kristalle zu erzielen, deckte man sie mit schwimmenden Holzdielen ab. Gerade an diesen Dielen setzten sich die schönsten Kristalle ab. Die Kristallisation dauerte sechs Wochen, im Hochsommer etwas länger. Anschließend nahm man die Deckel weg, ließ die Flüssigkeit ablaufen, sammelte die Kristalle und legte sie zum Trocknen auf Gestellen aus. Die trockenen Kristalle wurden in mühsamer Handarbeit nach Schönheits- und Größenklassen sortiert, da die Qualität des Fuchsins nach den Aussehen der Kristalle bewertet wurde." Nach ähnlich unbesorgten Pioniermethoden wurden später auch andere „Anilinfarben" einer immer reicher werdenden Palette hergestellt.

Anilinkrebs: Anilin selber ist unschuldig

Schon 1895 beschrieb der Frankfurter Chirurg Rehn das gehäufte Auftreten von Blasenkrebs bei Arbeitern einer Anilinfarbenfabrik. Trotz des geringen „Krankenmaterials" schloß Rehn, daß Anilin an der Entstehung dieser Bla-

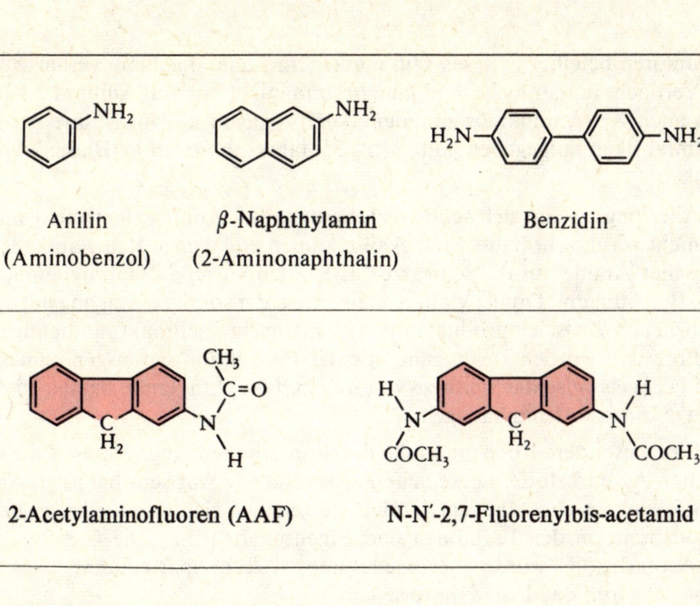

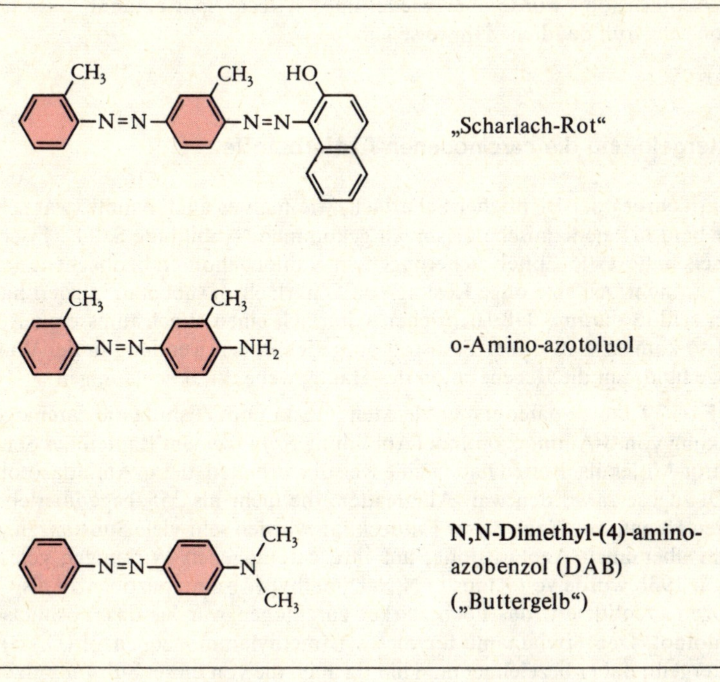

Aromatische Amine und Azofarbstoffe

sentumoren beteiligt gewesen sein mußte. Im Laufe der Jahre verhärtete sich der Verdacht immer mehr, und man begann, nicht nur von Anilinfarben, sondern auch von Anilinkrebs zu reden. Auch Arbeiter, die längst ihre Arbeit in Anilinfabriken aufgegeben hatten (bis 35 Jahre), konnten an Blasenkrebs erkranken.

Allerdings stellte sich schließlich heraus, daß Anilin selber die Tumoren gar nicht verursacht hatte. Statt Anilin kamen eine ganze Reihe anderer aromatischer Amine auf die schwarze Liste, allen voran β-Naphthylamin, aber auch Benzidin und Diphenylamin. Heute wird der sorglose Umgang mit diesen gefährlichen Zwischenprodukten immer mehr eingeschränkt, und einige dieser Produkte wurden sogar ganz aus der Produktion herausgenommen. So wird beispielsweise die Synthese von freiem β-Naphthylamin bei der Produktion von Farbstoffen umgangen.

Eine besondere Rolle innerhalb der aromatischen Amine spielen die sogenannten Azofarbstoffe. Diese neue Farbstoffklasse war sehr bald den Anilinfarben Fuchsin und Mauvein gefolgt; sie zeichnet sich durch eine große Variationsbreite in den Farbtönen und Eigenschaften aus. Die Carcinogenität der Azofarbstoffe wurde aber wiederum erst recht spät erkannt, obwohl es schon sehr früh deutliche Hinweise gab.

Buttergelb und die carcinogenen Azofarbstoffe

Scharlachrot oder Biebricher Scharlach, wie man es auch nannte, war schon sehr bald ins medizinische Gespräch gekommen (Abbildung S. 11). Fischer-Wasels hatte 1906 Epitelwucherungen an Kaninchenohren beobachtet, nachdem er mehrfach eine ölige Lösung von Scharlachrot subcutan injiziert hatte. Man schloß daraus, daß Biebricher Scharlach einen Wachstumsreiz ausübt, und so kam es, daß dieser Farbstoff ausgedehnte Verwendung in der Wundpflege fand, um die Regeneration des Hautgewebes zu beschleunigen.

Fast 30 Jahre später erst entdeckten Sazaki und Yoshida die carcinogene Wirkung von o-Aminoazotoluol (Abbildung S. 11), einem Bauteil des Scharlachrot-Moleküls. Ratten hatten eine Reisdiät erhalten, der o-Aminoazotoluol in Öl zugesetzt worden war. Alle Ratten, die mehr als 255 Tage überlebten, hatten Hepatome. Nach dieser Entdeckung wurden sehr viele Substanzen, vor allem aber auch Azofarbstoffe, auf ihre carcinogenen Wirkungen getestet. Schon 1936 wurde von Kinosita N,N-Dimethyl-(4)-aminoazobenzol als Carcinogen identifiziert, das noch stärker carcinogen war als das Yoshidasche Azotoluol. Der Trivialname für dieses Dimethylaminoazobenzol (DAB) ist Buttergelb; daher bezeichnet man häufig auch die von dieser Substanz erzeugten Tumoren als „Buttergelb-Tumoren“. Der Name rührt von dem längst aufgegebenen Versuch, winterlich-bleicher Butter oder auch Margarine mit diesem Farbstoff einen gelben Hauch sommerlicher Frische zu geben.

Acetylaminofluoren, ein verhindertes Insektizid

1940 wurde 2-Acetylaminofluoren (Abbildung S. 11) als Hauptwirkstoff eines Insektizides patentiert. Aber bevor es eingesetzt wurde, unterwarf man es einer gründlichen Prüfung, auch seiner eventuellen carcinogenen Eigenschaften. Schon 1941 zeigte es sich, daß 2-Acetylaminofluoren ein sehr wirksames Carcinogen ist: bei Ratte, Maus, Hund, Katze, Kaninchen und auch bei Hühnern lassen sich Tumoren erzeugen. Blasen- und Lebertumoren dominieren, aber auch Mammacarcinome, Lungentumoren, Uteruscarcinome kommen vor. Bei den meisten Experimenten wurde das 2-Acetylaminofluoren verfüttert. Lokal ist es unwirksam: bei Injektionen lassen sich an der Injektionsstelle keine Tumoren beobachten. Die Ergebnisse waren eindeutig; 2-Acetylaminofluoren hatte danach als Insektizid keine Chance mehr.

2-Acetylaminofluoren ist eigentlich ein Amid, und zwar ein Amid der Essigsäure. In unserem Zusammenhang können wir es aber doch zu den aromatischen Aminen rechnen. Wir haben nun die wichtigsten Vertreter dieser Amine kennengelernt: klassische wie β-Naphthylamin, die Azofarbstoffe und zuletzt die Aminofluorene. Wir müssen uns nun diese Substanzen etwas näher ansehen und vor allem ihr Verhalten im Stoffwechsel kennenlernen.

Nicht alle Aminoazofarbstoffe sind carcinogen

Keineswegs alle Aminoazofarbstoffe sind carcinogen. Der „nackte“ Grundkörper beispielsweise, das 4-Aminoazobenzol, macht, wenn überhaupt, nur sehr wenig Tumoren. N-Methyl-(4)-aminoazobenzol und N,N-Dimethyl-(4)-aminoazobenzol (Buttergelb) sind dagegen aktiv. Versieht man den „zweiten“ Benzolkern mit einer zusätzlichen Methylgruppe, dann erhält man das besonders aktive Methylbuttergelb, 3′-Methyl-N-Dimethylaminoazobenzol.

Aminoazofarbstoffe wie Buttergelb führen recht spezifisch zu Lebertumoren. Die anderen aromatischen Amine sind weniger eingleisig und induzieren Tumoren auch in anderen Organen. Dies wird am Beispiel des N,N′-2, 7-Fluorenyl-bis-acetamid besonders deutlich (Abbildung S. 11). Diese Substanz führt bei der Ratte zu Brustdrüsentumoren, Hauttumoren, Lungentumoren, Leukämien und Lymphomen, Magenkrebs, Tumoren des Darmkanals, Uteruscarcinomen, Lebertumoren und Tumoren des Gehörgangs. In der Häufigkeit des Befalls ergeben sich Unterschiede je nachdem, ob Fluorenylbisacetamid intraperitoneal gespritzt oder gefüttert wurde.

Die aromatischen Amine werden erst im Stoffwechsel zu Carcinogenen umgewandelt

Aromatische Amine sind selber gar keine Carcinogene. Diese verblüffende Schlußfolgerung mußte Bonser bei ihren Experimenten mit β-Naphthylamin ziehen. Sie hatte β-Naphthylamin mit Paraffin vermischt, zu kleinen Kügel-

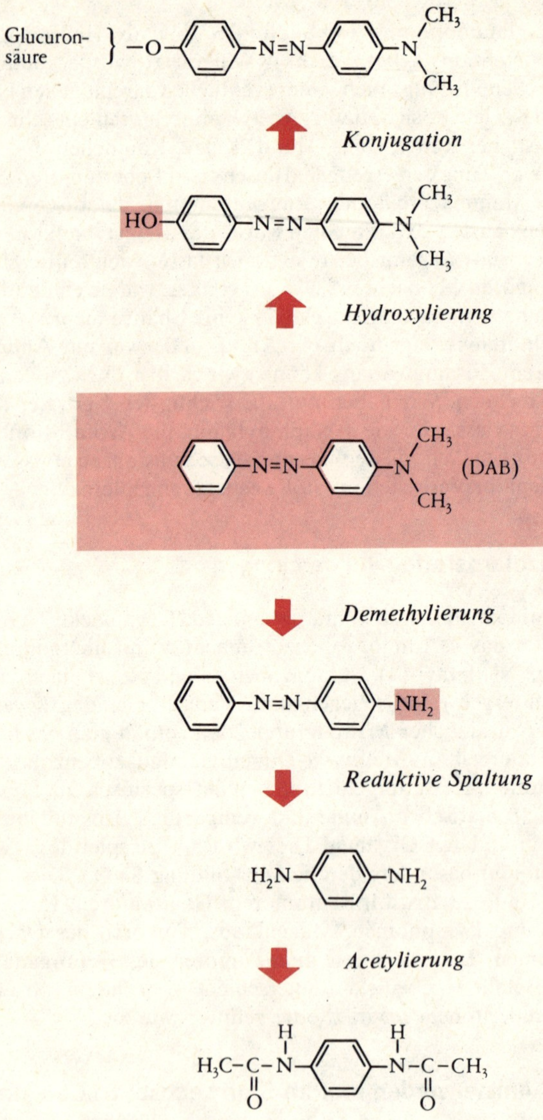

Glucuronsäure } $-O-C_6H_4-N{=}N-C_6H_4-N(CH_3)_2$

Konjugation

$HO-C_6H_4-N{=}N-C_6H_4-N(CH_3)_2$

Hydroxylierung

$C_6H_5-N{=}N-C_6H_4-N(CH_3)_2$ (DAB)

Demethylierung

$C_6H_5-N{=}N-C_6H_4-NH_2$

Reduktive Spaltung

$H_2N-C_6H_4-NH_2$

Acetylierung

$H_3C-C(=O)-NH-C_6H_4-NH-C(=O)-CH_3$

Einige Stoffwechselprodukte des DAB

chen geformt und diese dann direkt in die Blase der Versuchstiere eingeführt. Danach konnte sie aber nur sehr selten Blasentumoren beobachten, obwohl bei der Verfütterung von β-Naphthylamin nicht nur beim Hund, sondern auch beim Kaninchen und sogar beim Meerschweinchen solche Tumoren entstehen.

Dieser Versuch zeigte sehr deutlich, daß zumindest β-Naphthylamin gar nicht unmittelbar carcinogen wirken kann. Man muß annehmen, daß es irgendwo im Organismus in eine aktive Wirkform überführt werden muß. Bei der oralen Verfütterung passiert das Amin zahlreiche Organe, und es ergeben sich so viele Gelegenheiten, in diesen Organen chemisch umgewandelt zu werden. Dadurch wird es verständlich, daß β-Naphthylamin oral appliziert carcinogen, direkt in die Blase implantiert jedoch nicht carcinogen ist.

Es war daher sehr natürlich, daß man sich in vielen Laboratorien dafür interessierte, welche Stoffwechselprodukte der aromatischen Amine im Organismus gebildet werden.

Die Ergebnisse der früheren Untersuchungen lassen sich rasch zusammenfassen (Abbildung S. 14):

a) Acetylierungen und Deacetylierungen können stattfinden, d. h. eine Acetylgruppe kann an die Aminogruppe angehängt werden und wieder abgespalten werden.
b) Azofarbstoffe können reduktiv, d. h. unter Anlagerung von Wasserstoff gespalten werden. Dabei bricht das Molekül an der Azogruppe auseinander.
c) Die Methylgruppen am Stickstoff können entfernt werden.
d) Die aromatischen Ringe können hydroxyliert werden.
e) Konjugation mit Glucuronsäure (vgl. auch S. 57).

Die Entfernung der Methylgruppe ist sicher nicht die gesuchte Aktivierungsreaktion. Das im Falle des DAB entstehende AB ist — wie wir ja schon wissen — nicht mehr carcinogen. Auch die Reduktion der Azogruppe führt zu inaktiven, d. h. nicht-carcinogenen Produkten. Lediglich die Hydroxylierung kam in den Verdacht, daß sie für die Aktivierung aromatischer Amine wichtig sein könnte.

Ortho-Ring-Hydroxylierung: Erhöhung der Carcinogenität

Bei der Oxydation am aromatischen Ring entstehen Phenole. Aus β-Naphthylamin (I) wird beispielsweise die neue Substanz 1-Hydroxy-2-Aminonaphthalin (II),

NH_2 (I) ⟶ NH_2, OH (II)

ein Aminophenol, gebildet. Bezeichnenderweise — so dachte man zunächst — ist 1-Aminonaphthalin (α-Naphthylamin) (III) nicht carcinogen: die (1)-Stellung ist hier bereits besetzt, eine 1-Hydroxylierung kann hier nicht mehr erfolgen, eine Aktivierung findet daher nicht statt.

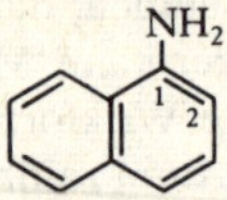

(III)

Quantitativ spielt die Entstehung von Phenolen aus aromatischen Aminen eine große Rolle. Alle untersuchten Tierarten — Ratten, Mäuse, Kaninchen und Hunde — scheiden beträchtliche Mengen 1-Hydroxy-2-aminonaphthalin (II) im Urin aus, wenn man ihnen β-Naphthylamin füttert. Aber es gibt Unterschiede: eine Tierart scheidet um so mehr Phenol aus, je carcinogener β-Naphthylamin bei dieser Tierart ist. Aus solchen vergleichenden Stoffwechseluntersuchungen zogen nun Bonser und Mayson den Schluß, daß die ortho-Amino-Phenole einen Schritt auf dem Weg zum eigentlichen Carcinogen darstellen.

Nach diesen indirekten Hinweisen bemühten sich Bonser und ihre Mitarbeiter aber auch, diese Hypothese direkter zu prüfen. Kritiker konnten nämlich einwenden, daß die Aminophenole nichts weiter als Entgiftungsprodukte dieser Amine darstellen, die leichter wasserlöslich sind als die ursprünglichen Verbindungen und die der Körper daher besser ausscheiden kann. Wäre aber die Ringhydroxylierung tatsächlich wichtig für die Aktivierung aromatischer Amine zum Carcinogen, dann müßten die Aminophenole „bessere" Carcinogene sein. Es wäre dann zu erwarten, daß künstlich hergestellte Aminophenole direkt Blasentumoren erzeugen könnten und nicht erst nach dem Umweg über den Gesamtorganismus wie β-Naphthylamin. Bonser und Mitarbeiter synthetisierten deshalb zu einer ganzen Reihe carcinogener aromatischer Amine die entsprechenden ortho-Hydroxyderivate und testeten diese Derivate direkt in der Blase von Mäusen. Dazu wurden die Phenole einfach mit Paraffin gemischt, zu Pillen geformt und in die Blase eingeführt.

Die Geschichte schien zu funktionieren: während beispielsweise β-Naphthylamin im Pillentest so gut wie keine Tumoren erzeugt, ist 1-Hydroxy-2-aminonaphthalin, das entsprechende o-Hydroxyderivat, deutlich carcinogen. Jedoch gab es auch o-Hydroxyamine, die in diesem Test nicht carcinogen waren. Einige waren nur im Pillentest, nicht aber beim Verfüttern aktiv.

Man kann nun nicht sagen, daß die ortho-Hydroxylierungs-Hypothese falsch wäre, denn es gibt nun eben doch eine gewisse Anzahl von aromatischen Aminen, die sicher carcinogener sind, wenn sie im Ring hydroxyliert wurden. Jedoch ist diese Hypothese wohl nicht allgemein anwendbar. Neuere Arbeiten haben nun eine neue Reaktionsreihe aufgefunden, die mehr erklären kann.

N-Hydroxylierung, ein wohl notwendiger, aber nicht ausreichender Schritt zur Aktivierung aromatischer Amine

1960 berichteten die Millers über eine neue Substanz, die sie aus dem Urin von Ratten isoliert hatten, denen über längere Zeit 2-Acetylaminofluoren (AAF) gefüttert worden war: dieser neue Metabolit unterschied sich vom verfütterten Acetylaminofluoren

$$\text{(AAF)} \xrightarrow[O_2]{\text{Ratte}} \text{(N-OH-AAF)}$$

durch einen am Stickstoff eingefügten Sauerstoff. Zu seiner Bezeichnung dient der Name N-Hydroxy-2-acetylaminofluoren (N-OH-AAF).

Der Stoffwechsel des 2-Acetylaminofluoren war früher schon recht gründlich und detailliert von den Weisburgers am National Cancer Institute in Bethesda studiert worden. Sie hatten aber nie die Ausscheidungsprodukte über längere Zeit verfolgt. Gerade dies aber ermöglichte den Millers die Entdeckung des N-Hydroxy-Acetylaminofluorens, weil erst im Laufe der Zeit größere Mengen dieses neuen Metaboliten ausgeschieden werden.

Bei all diesen Untersuchungen spielte die Papierchromatographie eine große Rolle. Auch die Millers hatten aus dem Langzeiturin einfach einen „neuen Fleck" auf ihren Papierchromatogrammen erhalten. Natürlich genügt es nicht, einen neuen Fleck auf dem Papier zu entdecken. Er muß charakterisiert werden, d. h. es müssen Analysen in Mikromaßstab durchgeführt werden, bevor man sagen kann, von welcher Substanz dieser neue Fleck herrührt. Am Ende dann konnte der neue Metabolit chemisch synthetisiert und mit dem aus den Ratten isolierten Produkt verglichen werden.

Das N-Hydroxy-2-acetylaminofluoren wurde nun in größeren Mengen synthetisiert und an Ratten verfüttert. Dabei stellte sich heraus, daß N-OH-AAF carcinogener ist als AAF, d. h. daß es schneller zu Tumoren führt und auch an Stellen, wo Acetylaminofluoren selber keine Tumoren induzieren kann. Man konnte zeigen, daß N-OH-AAF sogar bei Meerschweinchen Tumoren erzeugt, obwohl AAF selber bei diesen Tieren nicht carcinogen ist. N-Hydroxylierungen können ganz allgemein bei Ratte und Mensch ablaufen. Die aus vielen carcinogenen aromatischen Aminen entstehenden N-Hydroxy-Derivate sind carcinogener als die nicht-hydroxylierten Ausgangsverbindungen. Nie erwies sich ein N-Hydroxyamin als weniger carcinogen als das „einfache" Amin, in einigen Fällen konnten sogar aus nicht-carcinogenen aromatischen Aminen durch N-Hydroxylierung „neue" Carcinogene hergestellt werden. Allerdings ist diese Aktivierung nicht immer möglich, einige Amine bleiben auch nach der N-Hydroxylierung nicht-carcinogen.

Dennoch stellt sich immer mehr heraus, daß die N-Hydroxylierung einen notwendigen Schritt bei der Aktivierung carcinogener aromatischer Amine darstellt; allein dürfte sie allerdings nicht ausreichen. Die Millers prägten für die durch N-Hydroxylierung aktivierten Carcinogene den Ausdruck „proximate Carcinogens", d. h. also Substanzen, die schon näher an der eigentlichen Wirkungsform der aromatischen Amine sind als diese Amine selber. Doch die Entwicklung blieb nicht bei diesen „proximate carcinogens" stehen. Ebenfalls wieder aus dem Millerschen Labor kamen Hinweise, wie noch weiter aktivierte „ultimate carcinogens" aus den „proximate" Aminen entstehen können. Geplante Experimente spielten dabei ebenso eine Rolle wie bloßer Zufall.

Auch Amino-Azofarbstoffe bilden N-Hydroxyderivate

Als man das N-Hydroxylierungsschema auch auf die Aminoazofarbstoffe übertragen wollte, gab es Schwierigkeiten, die entsprechenden N-Hydroxyverbindungen zu synthetisieren. N-Hydroxy-(4)-aminoazobenzol (I) und auch N-Hydroxy-N-(4)-acetyl-aminoazobenzol (II) ließen sich darstellen:

$C_6H_5{-}N{=}N{-}C_6H_4{-}N(H)OH$ (I)

$C_6H_5{-}N{=}N{-}C_6H_4{-}N(OH){-}C(=O)CH_3$ (II)

(Diese Verbindungen konnten auch aus dem Urin von Ratten isoliert werden).

Aber alle Versuche, auch zu dem entsprechenden N-Hydroxy-Derivat (III) des N-Methyl-(4)-aminoazobenzols zu kommen, scheiterten.

$C_6H_5{-}N{=}N{-}C_6H_4{-}N(CH_3)OH$ (III)

Doch gerade diese Verbindung wäre wichtig gewesen, denn N-Methyl-(4)-aminoazobenzol ist carcinogen, 4-Aminoazobenzol ist es gar nicht.

Man versuchte es daraufhin mit einem Umweg: die einfache N-Hydroxyverbindung (III) war zwar nicht zugänglich, aber ein Derivat, und zwar der N-Hydroxy-benzoylester (IV) ließ sich elegant synthetisieren:

$$C_6H_5{-}N{=}N{-}C_6H_4{-}N(CH_3)H \xrightarrow{\text{Benzoëpersäure}} C_6H_5{-}N{=}N{-}C_6H_4{-}N(CH_3){-}OC(=O){-}C_6H_5$$

(IV)

Dieser Ester ist sehr leicht zu hydrolysieren und könnte dabei, wenn auch nur „vorubergehend“, freies N-Hydroxy-N-methylaminoazobenzol (III) liefern:

CH_3 N=N N O C O $\xrightarrow{H_2O}$ N=N N CH_3 OH

(III)

Es wurden daher größere Mengen des N-Hydroxyesters (IV) hergestellt, und man begann damit, seine carcinogenen Eigenschaften zu prüfen.

Doch bevor wir die Ergebnisse dieser biologischen Experimente diskutieren, wollen wir uns eine andere Arbeitsrichtung im Millerschen Laboratorium etwas genauer ansehen, die zunächst nichts mit der N-Hydroxylierung zu tun hatte.

Azofarbstoffe reagieren mit Methionin

Die Stoffwechselprodukte der Azofarbstoffe waren hauptsächlich mit Hilfe der Säulenchromatographie analysiert worden. Bei solchen Analysen wird Ratten beispielsweise Dimethylaminoazobenzol (Buttergelb) intraperitoneal, d. h. in die Bauchhöhle injiziert. Nach einem Tag werden die Tiere getötet, die Lebern entnommen und homogenisiert, mit KOH „digeriert“ und schließlich mit einem Benzol/Hexan-Gemisch extrahiert. Dieses Extrakt enthält dann Farbstoffe, die auf einer Aluminiumoxyd-Säule in einzelne Komponenten aufgetrennt werden. Neben unverändertem Dimethylaminoazobenzol konnte dabei das Monomethylaminoazobenzol und auch „bloßes“ Aminoazobenzol nachgewiesen werden. Wir haben dieses Demethylierungsprodukt schon in Abbildung S. 14 kennengelernt.

In den späten fünfziger Jahren war eine neue Trennmethode weithin in Gebrauch gekommen, die sogenannte Gaschromatographie. Hier wird das Substanzgemisch verdampft und in ein Trennrohr eingeführt. Durch das Trennrohr wird dann ein „Trägergas“, z. B. Argon, geleitet und je nach Art der verwendeten „stationären Phase“, d. h. des Füllmaterials des Rohres, werden die im Gas mitwandernden Moleküle verschieden stark zurückgehalten. Auf diese Weise können Substanzen voneinander getrennt werden. Diese Methode der Gaschromatographie war nun nicht nur neuer als die klassischen Chromatographiemethoden mit Papier und Säule, sie war auch trennschärfer.

Bei der gaschromatographischen Analyse der Metaboliten des N-N-(Dimethyl-(4)-aminoazobenzols fand man nicht nur drei Farbstoffkomponenten wie bei der Säulenchromatographie, sondern vier.

Was war das nun für ein neuer Farbstoff? Um diese Frage zu beantworten, mußte man zunächst einmal ausreichende Mengen dieser Verbindung isolieren. Viele Ratten mußten sterben, viele Lebern mußten extrahiert werden, bis schließlich 250 Mikrogramm gewonnen waren und man daran denken konnte, die Struktur des Farbstoffes zu ermitteln. Infrarotspektren gaben dabei die entscheidenden Fingerzeige:

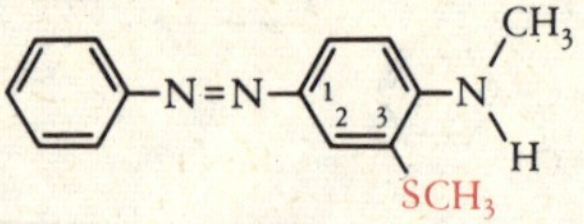

$$C_6H_5{-}N{=}N{-}C_6H_3(3{-}SCH_3){-}N(CH_3)H$$

(V)

Der neue Metabolit ist: 3-Methylmercapto-methylaminoazobenzol; eine Methylgruppe ist über eine S-Brücke dem Ring angefügt.
Die Vermutung lag auf der Hand, daß die Mercaptogruppe (CH_3S-) vom Methionin — einer schwefelhaltigen Aminosäure — herkommt. Wenn dies aber zutrifft, dann müßte sich die neue Verbindung eigentlich aus N-Methylaminoazobenzol (MAB) und Methionin herstellen lassen. MAB selber war offensichtlich ein schlechter Kandidat für eine direkte Reaktion mit Methionin. Viel besser geeignet müßten — so dachte man — die N-Hydroxyamin-Derivate sein: sie waren fast überall als Stoffwechselprodukte der carcinogenen Amine aufgefunden worden und sie hatten sich im Carcinogentest als wesentlich aktiver als die einfachen Amine erwiesen.

Die N-Hydroxyverbindung des MAB ist aber, wie wir gesehen haben, gar nicht zugänglich, wohl aber der entsprechende Benzoylester, der Ester der Benzoësäure. Tatsächlich gelang es, aus einer Mischung von N-Benzoyloxy-MAB und Methionin das 3-Methylmercapto-MAB zu isolieren:

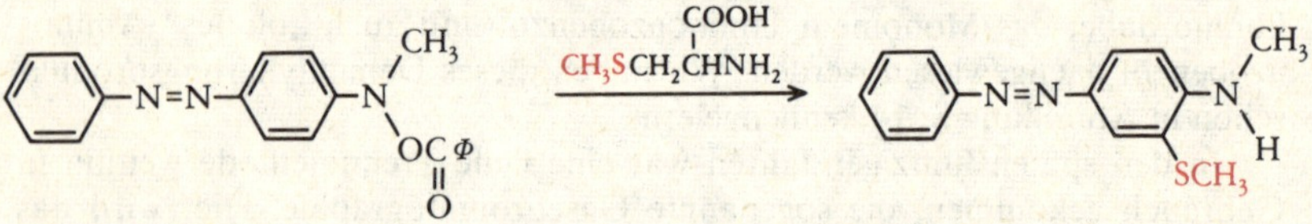

$$C_6H_5{-}N{=}N{-}C_6H_4{-}N(CH_3){-}OC(=O)\Phi \xrightarrow{CH_3SCH_2CH(COOH)NH_2} C_6H_5{-}N{=}N{-}C_6H_3(SCH_3){-}N(CH_3)H$$

Das einzige, was man außer dem Zusammenmischen tun mußte, war eine Behandlung mit Alkali, aber das war auch bei der Isolierung der neuen Verbindung aus Ratten erfolgt. Die Anwesenheit irgendeines Enzyms war nicht erforderlich.

Damit war im Reagenzglas ein „aktiviertes" aromatisches Amin direkt mit einem Bestandteil der Zellen (eben mit Methionin) in Reaktion getreten. Hätte man diese Reaktion mit dem unveränderten Azofarbstoff versucht, so wäre man gescheitert. Die N-Hydroxy-ester waren also ganz eindeutig reaktiver als die Ausgangsverbindung. Die Frage war nun, sind sie auch carcinogener?

N-Hydroxy-ester als Endstufen der Aktivierung zum eigentlichen Carcinogen („ultimate carcinogens")

N-Hydroxy-ester sind tatsächlich carcinogener als die nicht-veresterten Amine. Die Ester wurden intramuskulär in die Oberschenkel von Ratten gespritzt. Im Gegensatz zu den „bloßen" Aminen wirken diese Ester lokal, an der Injektionsstelle entstehen Sarkome.

Man war daher ziemlich sicher, daß N-Hydroxy-ester die eigentlichen carcinogenen Wirkformen vieler aromatischer Amine sind, Wirkformen, die dann unmittelbar mit Zellbestandteilen reagieren können. Unmittelbar heißt hier: ohne Vermittlung irgendwelcher Enzyme. Die Millers prägten dafür den Ausdruck „ultimate carcinogen".

Welche Ester werden aber nun wirklich in der Zelle gebildet? Benzoësäureester, mit denen man die ersten Versuche gemacht hatte, kommen kaum in Frage; die Benzoësäure spielt im normalen Zellstoffwechsel keine Rolle. Bessere Kandidaten wären Essigsäure, Phosphorsäure oder auch Schwefelsäure. Alle diese Säuren stehen einer Zelle in reichlicher Menge zur Verfügung. Aber mehr noch, alle diese Säuren gibt es in „aktivierter" Form, in

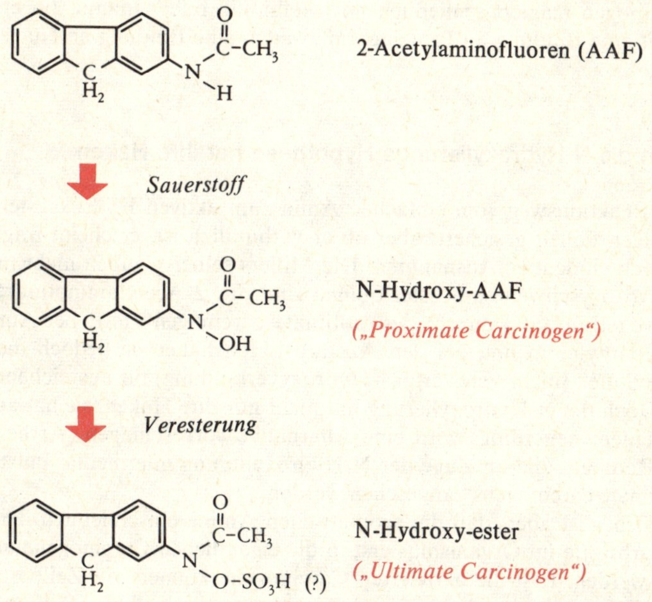

Aktivierung zum Carcinogen

der sie besonders leicht mit einem geeigneten Partner reagieren können (Acetyl-CoA u. ä.). Die Frage war nun, welcher dieser physiologischen Kandidaten an der Entstehung der „ultimate carcinogens" beteiligt ist.

Welche Ester sind die „ultimate carcinogens" (Wirkformen)?

Im Laboratorium wurden eine ganze Reihe verschiedener Ester hergestellt: außer den Benzoësäureestern auch Schwefelsäure- und Essigsäureester. Diese Ester reagierten *in vitro* alle mit Methionin, die Sulfate waren besonders reaktiv.

King und Phillips glaubten nach Experimenten mit Leberextrakten, daß Schwefelsäure- und Phosphorsäureester gebildet werden, die Millers bestätigten dann aber nur die Bildung von Sulfaten.

Die Umwandlung eines aromatischen Amins in seine carcinogene Wirkform läßt sich daher nun folgendermaßen formulieren (Abbildung S. 21): das Amin wird zunächst im Stickstoff zur N-Hydroxyverbindung oxydiert. In der Millerschen Terminologie ist dies das „proximate carcinogen". Das am Stickstoff oxydierte Amin wird dann offensichtlich mit Schwefelsäure verestert. Dabei entsteht das „ultimate carcinogen". Dieses „vollaktivierte" Carcinogen reagiert schließlich mit Methionin oder Guanin. Im ersten Fall findet eine Bindung an Proteine, im zweiten eine Bindung an Nucleinsäuren statt.

Auch die N-Hydroxylierungs-Hypothese hat ihre Haken

Der Reaktionsweg vom einfachen Amin zum aktiven Hydroxyester ist zwar in vielen Fällen gesichert, aber ob er verbindlich ist, erscheint fraglich, gibt es doch eindeutige Ausnahmen. Die Millers selber glauben nicht mehr, daß N-Hydroxyschwefelsäureester obligat sind: für 2-Acetylaminofluoren halten sie weiterhin am Konzept des „ultimate carcinogen" fest; bei Aminen wie β-Naphthylamin und bei den Azofarbstoffen halten sie jedoch die „proximate Stufe" (nicht-veresterte N-Hydroxyverbindung) für ausreichend.

Doch die N-Hydroxylierung hat nicht nur ihre Haken, sie hat auch Konkurrenten: neuerdings wird eine Alternative vorgeschlagen (Arrhenius), bei der Radikale, die im Zuge der N-Hydroxylierung intermediär entstehen, als „ultimate carcinogens" angesehen werden.

Sicher ist aber, daß die aromatischen Amine einschließlich der Aminoazofarbstoffe im Organismus erst in die eigentlichen Carcinogene umgewandelt werden. Erst die aktivierten Carcinogene können mit Zellbestandteilen reagieren, und wie wir gesehen haben, kommt vor allem Methionin in Betracht. Die Bindung an Methionin bedeutet, daß die aromatischen Amine an Proteine gebunden werden. Tatsächlich war schon sehr früh aufgefallen, daß Proteine carcinogene Azofarbstoffe binden können.

Carcinogene aromatische Amine werden an Proteine gebunden

Schon 1947 hatten die Millers beobachtet, daß Leberproteine von Ratten, denen Dimethylaminoazobenzol (DAB) verfüttert worden war, in saurer Lösung rosa und im alkalischen Milieu hellgelb gefärbt waren. Die Farbe ließ sich mit organischen Lösungsmitteln nicht extrahieren. Wollte man die Farbe freisetzen, dann mußte man die Proteine zerstören, entweder mit Alkali oder mit proteolytischen Enzymen wie Trypsin. Die Bindung an die Leberproteine setzt gleich nach Beginn der Fütterung ein und erreicht ungefähr nach einem Monat ein Maximum. Später fällt dann der Gehalt der Leber an „gefärbten" Proteinen wieder ab.

Nicht alle Azofarbstoffe werden gleich gut gebunden. 3′Methyl-N,N-Dimethyl-(4)-aminoazobenzol wird besser als N-N-Dimethyl-(4)-aminoazobenzol gebunden und dieses wiederum besser als 4-Aminoazobenzol (AB).

Sollte die Bindung der Farbstoffe an die Leberproteine etwas mit der Entstehung eines Hepatoms zu tun haben? Diese Frage wurde schon sehr früh gestellt. Wenn ja, dann wäre zu erwarten, daß stark carcinogene Azofarbstoffe gut gebunden werden, weniger carcinogene auch weniger gut. Tatsächlich besteht eine weitgehende Übereinstimmung zwischen carcinogener Wirkung und Bindung an die Leberproteine.

Ordnet man beispielsweise die erwähnten Azofarbstoffe nach ihrer carcinogenen Aktivität, so ergibt sich genau die gleiche Reihe wie für die Proteinbindung: 3′Methyl-DAB ist stärker carcinogen als DAB, AB selber ist nur fraglich carcinogen.

Je stärker das Carcinogen, um so besser die Bindung an Proteine

Die Parallelität zwischen Proteinbindung und Carcinogenität gilt für eine ganze Reihe von Aminoazofarbstoffen und auch für andere aromatische Amine. Der Verdacht, daß die Bindung der Azofarbstoffe an Proteine der Leber etwas mit der Carcinogenese zu tun haben müßte, wurde dadurch zu einer gut fundierten Hypothese.

Zusätzlich wurde diese Hypothese durch eine Reihe weiterer Befunde gestützt:

a) Wird Ratten zu ihrer DAB-Diät Riboflavin zugefüttert, so entstehen keine Hepatome mehr. Gleichzeitig aber ist auch die Bindung der Azofarbstoffe an Proteine blockiert.
b) Ratten reagieren sehr empfindlich auf Buttergelb, Mäuse kaum. Dem entspricht, daß die Proteine der Rattenleber mehr Farbstoff binden als die Proteine der Mausleber.
c) Die gleichzeitige Verfütterung von 3-Methylcholanthren zur Buttergelbdiät verhindert die Entstehung von Lebertumoren (vgl. S. 6). Auch hier ist wieder gleichzeitig die Bindung des Buttergelbs an die Proteine der Leber reduziert.

Alle diese Befunde deuten darauf hin, daß die Entstehung von Lebertumoren davon abhängig ist, ob Buttergelb an die Leberproteine gebunden wird oder nicht.

Carcinogene aromatische Amine werden bevorzugt an h_2-Proteine gebunden

Eine Leber enthält sehr viele verschiedene Proteine. Die einzelne Leberzelle arbeitet nicht nur für ihre eigene Erhaltung, ihr sind eine ganze Reihe gemeinnütziger Aufgaben zugewiesen. Sie muß Glykogen speichern, um in Notzeiten dem Gesamtorganismus den Betriebsstoff Glucose (= Blutzucker) zur Verfügung zu stellen. Die über die Pfortader herantransportierten Nahrungsmittel müssen umgebaut, abgebaut und neu zusammengebaut werden. Auch ein Teil der Wärmeproduktion fällt der Leber zu. Zu allen diesen Arbeiten werden Enzyme gebraucht, alle diese Enzyme sind Proteine, und so erklärt sich der große Proteinreichtum der Leber.

Eine wirkungsvolle Methode, um ein Proteingemisch auseinanderzutrennen, ist die Elektrophorese. Viele Proteine unterscheiden sich in ihrer elek-

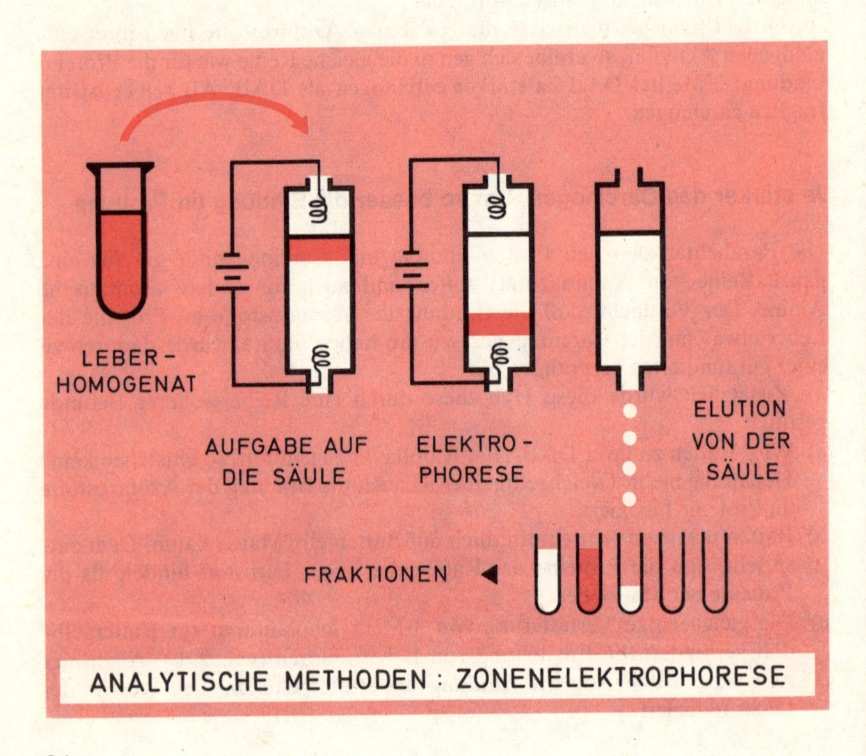

ANALYTISCHE METHODEN: ZONENELEKTROPHORESE

trischen Ladung, einige sind stärker negativ, einige stärker positiv geladen. Auch neutrale, ungeladene Proteinmoleküle kommen vor. Wird nun an eine Proteinlösung ein elektrisches Feld angelegt, dann wandern die positiv geladenen Proteine zum negativen Pol, die negativ geladenen zum positiven Pol (Elektrophorese von griech. pherein = tragen).

Die Trennung läßt sich auch auf einer Säule ausführen (Zonenelektrophorese) (Abbildung S. 24). Die zu trennenden Proteine werden auf eine Säule aus beispielsweise chemisch modifizierter Cellulose gegeben. Danach werden sie zunächst einmal dem elektrischen Feld ausgesetzt. Zumeist wird das untere Säulenende positiv gepolt, so daß dann die Proteine um so schneller vom Start weg nach unten laufen, je negativer sie geladen sind. Nach einiger Zeit wird der Strom abgeschaltet, die einzelnen Proteinfraktionen haben sich dann zumindest teilweise als separate Zonen voneinander getrennt. Die Säule wird nachgewaschen, die einzelnen Zonen können getrennt in verschiedenen Reagenzgläsern aufgefangen werden (Abbildung S. 25).

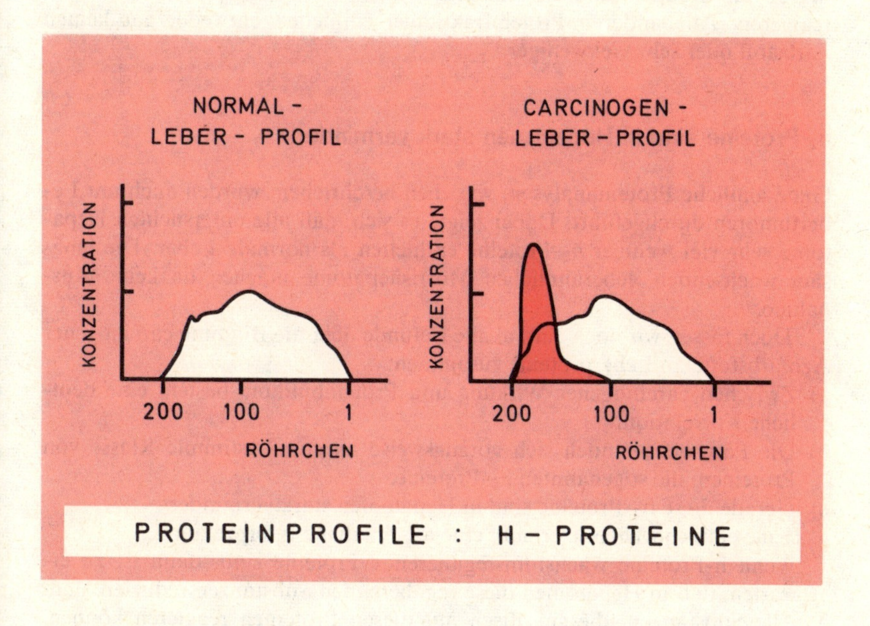

Diese zeigt ein sogenanntes Elutionsdiagramm einer Elektrophorese normaler Leberproteine. Jedes Röhrchen wurde auf seine Durchlässigkeit bei 280 nm geprüft und der gemessene Wert (= Extinktion) auf der Ordinate aufgetragen. Diese Extinktionen sind ein Maß für die Proteinkonzentrationen. Alle Spitzen des Diagramms entsprechen distinkten Proteinfraktionen. Man sieht, daß die Trennungen nicht vollkommen sind; einzelne Proteinfraktionen überlappen sich, zum Teil sogar beträchtlich. Die „deutlichen“

Fraktionen wurden nach dem Alphabet benannt, Untergruppen erhielten Zahlenindizes.

Die gleichen Proteinanalysen mit Hilfe der Elektrophorese wurden nun auch mit Leberproteinen solcher Ratten durchgeführt, denen zuvor ein carcinogener Azofarbstoff gefüttert worden war (3'Methyl-DAB). Die löslichen Proteine wurden wieder auf eine Elektrophoresesäule aufgegeben und getrennt. Abbildung S. 25 gibt auch das Ergebnis einer solchen Trennung wieder. Hier wurde nun jedes Röhrchen nicht nur bei 280 nm, sondern auch bei 525 nm gemessen. Dadurch lassen sich gleichzeitig Angaben über Protein- und Farbstoffkonzentrationen machen. Das rote „Feld" gibt die Meßwerte bei 525 nm wieder, es ist ein Maß für die Farbstoffkonzentration, das weiße „Feld" zeigt wieder die Meßwerte bei 280 nm, gibt also die Proteinkonzentrationen an.

Der Azofarbstoff erscheint vor allem in den Röhrchen 130—140 an einer Stelle, an der die sogenannten h_2-Proteine eluiert werden. Daraus wurde nun der Schluß gezogen, daß die Aminoazofarbstoffe bevorzugt mit h-Proteinen reagieren. Alle anderen Proteinfraktionen enthielten entweder gar keinen Farbstoff oder sehr viel weniger.

h_2-Proteine sind in Hepatomen stark vermindert

Ganz ähnliche Proteinanalysen, wie eben beschrieben, wurden auch mit Lebertumoren durchgeführt. Dabei zeigte es sich, daß alle untersuchten Hepatome sehr viel weniger h_2-Proteine enthielten als normale Leber. Die langsam wachsenden, leberähnlichen Morrishepatome machen da keine Ausnahme.

Doch fassen wir noch einmal alle Befunde über die Bindung carcinogener Azofarbstoffe an Leberproteine zusammen:

a) Zwischen carcinogener Wirkung und Proteinbindung besteht eine deutliche Korrelation.
b) Die Farbstoffe binden sich vorzugsweise an eine bestimmte Klasse von Proteinen, die sogenannten h_2-Proteine.
c) Gerade diese h_2-Proteine sind in Hepatomen stark vermindert.

Eine einfache Theorie erlaubt eine anschauliche Interpretation:

1. Wenn h-Proteine wachstumsregulierende Proteine sind, dann ist zu erwarten, daß in Hepatomen diese regulierenden Substanzen reduziert sind.
2. Alle Substanzen, die spezifisch mit diesen Proteinen reagieren können, wären danach Carcinogene.

Diese Theorie wurde schon in den vierziger Jahren von Miller und Potter formuliert und sie ist unter dem Namen „Deletionshypothese" bekannt geworden. Tumorzellen unterscheiden sich nach dieser Theorie dadurch von Normalzellen, daß ihnen wachstumsregulierende Substanzen fehlen (lat. *deletio* = Zerstörung). Die Deletion der h-Proteine erscheint als der entscheidende Schritt zur Cancerisierung einer Leberzelle.

Diese Schlußfolgerung hat eine unmittelbar experimentell nachprüfbare Konsequenz. Wenn h-Proteine Wachstumsregulatoren sind, dann müßte es gelingen, mit Präparationen dieser Proteine bestimmte Zellen in ihrem Wachstum zu hemmen.

h_2-Proteine hemmen das Wachstum von Zellkulturen (in vitro)

Diesen Versuch hat Sorof gemacht. Er verwendete HeLa- und L-Zellen (HeLa-Zellen sind menschliche Tumor-Zellen, L-Zellen sind aus Mäusefibroblasten hervorgegangen). Angereicherte h-Proteinfraktionen wurden zu Kulturen dieser Zellen gegeben, und es zeigte sich, daß tatsächlich das Wachstum der Zellen gehemmt war. Die Hemmung war reversibel: wenn die h-Proteine wieder ausgewaschen wurden, fingen die Zellen wieder an zu wachsen. Dadurch war die triviale Möglichkeit ausgeschlossen, daß h-Proteine lediglich toxisch waren und die Zellkulturen einfach abgetötet hatten.

Damit war die Geschichte der h-Proteine auf einem Höhepunkt angekommen. Diese Proteine schienen im Zentrum der entscheidenden Umwandlungen einer Normalzelle in eine Tumorzelle zu stehen. Doch dann kamen Rückschläge. H-Proteine sollten eigentlich nur Leberzellen hemmen, ein Leberwachstumsregulator müßte spezifisch auf Leberzellen wirken. Aber weder HeLa- noch L-Zellen sind Leberzellen.

Der Verdacht kam auf, daß Sorofs Hemmung irgendeine triviale Ursache haben müßte. Tatsächlich stellte es sich wenig später heraus, daß die hemmende Wirkung der h-Proteine auf ihrem Gehalt an Arginase beruhte. Dieses Enzym spaltet das in der Nährlösung enthaltene Arginin, das für das Wachstum der Zellen erforderlich ist, und hungert so die Zellen aus. Zusatz von Arginin kompensierte die Hemmwirkung der „h-Proteine".

Die „Arginase" aber war nicht der einzige Rückschlag. Es kamen andere Hiobsbotschaften: die Korrelation zwischen Carcinogenität und Proteinbindung ist nicht streng gültig. So ist 2-Methyl-Dimethylaminoazobenzol ein schwaches Carcinogen, aber es wird gut an Leberproteine gebunden.

Auch die Vorrangstellung der h-Proteine wurde in Frage gestellt. Im Zellkern binden sich carcinogene Farbstoffe hauptsächlich an albuminähnliche Proteinfraktionen.

Schließlich aber — und das war eigentlich der härteste Schlag für die Freunde der Proteinbindung — stellte es sich heraus, daß carcinogene Amine auch mit Nucleinsäuren reagieren können. Damit stellt sich die Frage, welche der beiden Bindungsreaktionen strategisch wichtig ist, die Bindung an Proteine oder die an die DNA. Bestehen bleibt, daß aufs Ganze gesehen die carcinogenen Azofarbstoffe zu einem Löwenanteil an die h-Proteine gebunden werden. Es gibt eigentlich nur einen Ausweg, diese große Spezifität auf triviale Weise zu erklären: h-Proteine und aktivierende Enzyme müßten miteinander identisch sein; die aktivierten, reaktionsbereiten Azofarbstoffderivate würden mit dem „nächstliegenden" reagieren, und dies wären eben diese Enzyme.

Eine Bindung der Carcinogene an die DNA spielt quantitativ kaum eine Rolle, aber sie „paßt" so außerordentlich gut in die Denkschemen der modernen Biologie. So ist die bemerkenswerte Eigenschaft von Tumorzellen, „fortwährend Tumorzellen zu gebären", auch dann, wenn schon längst kein äußeres Carcinogen mehr wirkt, mühelos erklärbar: jede Veränderung am genetischen Material, d. h. aber eben auch an der DNA muß notwendigerweise an die Tochterzellen weitergegeben werden. Tumorzellen müssen sich daher genetisch von den entsprechenden Normalzellen unterscheiden; ein notwendiger Schluß, meint man, aber im Grunde ist er nur bequem.

In neuerer Zeit wurden sehr viele Arbeiten über die Rolle der DNA bei der Cancerisierung veröffentlicht, so daß es gerechtfertigt erscheint, in einem eigenen Kapitel darauf einzugehen (S. 169).

Zusammenfassung

Carcinogene aromatische Amine (Buttergelb = N,N-Dimethyl-(4)-aminoazobenzol und andere Aminoazofarbstoffe, β-Napthylamin, Benzidin, N-2-Acetylaminofluoren) werden wohl erst durch eine Hydroxylierung (d. h. eine Oxydation) zu den eigentlichen Carcinogenen aktiviert.

Die Oxydation kann am aromatischen Ring stattfinden (z. B. ortho-Hydroxylierung) oder am Stickstoff. Die Stickstoffhydroxylierung scheint eine wichtige Rolle zu spielen: N-Hydroxyamine sind (zumeist) bessere und vielseitigere Carcinogene als die Ausgangsamine; sie wurden von den Millers als „proximate carcinogens" bezeichnet. Ihre Veresterungsprodukte reagieren schon im Reagenzglas mit Zellbestandteilen (z. B. Methionin). In der Zelle selber dürften Schwefelsäureester die eigentlich carcinogenen Wirkformen der aromatischen Amine darstellen („ultimate carcinogens").

Aromatische carcinogene Amine werden an eine bestimmte Klasse löslicher Proteine bevorzugt gebunden (h_2-Proteine). Carcinogenität und Proteinbindung laufen weitgehend parallel, die h-Proteine sind in Hepatomen stark reduziert. Die „Deletionshypothese" fordert, daß die h-Proteine wachstumsregulierend wirken. Der Verlust dieser Substanzen würde dann unmittelbar das unkontrollierte Wachstum der Tumoren verursachen. Die Behandlung von Zellkulturen mit h-Proteinpräparaten führte tatsächlich zu einer reversiblen Wachstumshemmung.

Allerdings erwies sich verunreinigende Arginase als wirksamer Faktor. Dieses Enzym entfernt das zum Wachstum notwendige Arginin aus dem Nährmedium.

Carcinogene aromatische Amine reagieren aber nicht nur mit Proteinen, sondern auch mit Nucleinsäuren. Vor allem die Bindung an die DNA erscheint als bedeutsamer Schritt für die Carcinogenese.

Chemische Carcinogenese näher betrachtet: Quantitative Aspekte

„Ich behaupte aber, daß in jeder besonderen Naturlehre nur so viel *eigentliche* Wissenschaft angetroffen werden könne, als dort *Mathematik* anzutreffen ist", meinte einmal Kant und mit diesem strengen Maßstab sprach er beispielsweise der Chemie seiner Zeit den „sicheren Weg einer Wissenschaft" ab: „... so kann Chymie nicht mehr als systematische Kunst oder Experimentallehre, niemals aber eigentliche Wissenschaft werden." Die Chemie ist längst über Kants Verdikt hinausgewachsen, Thermodynamik und Atomtheorie haben sie mit einem sicheren mathematischen Unterbau versehen.

Auch die Biologie unserer Tage und mit ihr die naturwissenschaftliche Medizin verstehen sich immer mehr als exakte Naturwissenschaft. Die „Faszination der Phänomene des Lebendigen" ist noch immer wichtige Triebkraft biologischer Forschung, doch der *„vis vitalis"* und der *„vis regenerativa"* gab man halb mißmutig, halb erleichtert den Abschied. Einfache DNA-Moleküle haben das Rennen gewonnen, und die nüchterne Sprache der Nachrichtentechniker beherrscht heute Grundphänomene der Biologie wie Vererbung und Anpassung. Die Krebsforschung allerdings blieb weitgehend „systematische Kunst", und es ist ihr bisher nicht so recht gelungen, ein allgemein gültiges und allgemein anerkanntes Gedankengebäude zu errichten. Ganz auf Mathematik verzichtet hat aber die Cancerologie auch nicht: Vor allem quantitative Untersuchungen zur chemischen Carcinogenese führten zu ersten Ansätzen einer „mathematischen Theorie" der Tumorentstehung.

Lange Zeit hatte man sich damit begnügt anzugeben, ob eine Substanz ein gutes oder schlechtes Carcinogen ist. Noch 1948 benutzte Badger beispielsweise ein einfaches semiquantitatives System zur Klassifizierung chemischer Carcinogene:

Sehr ausgeprägte	carcinogene Aktivität	+ + + +
Ausgeprägte	carcinogene Aktivität	+ + +
Mäßige	carcinogene Aktivität	+ +
Leichte	carcinogene Aktivität	+
Inaktiv:	carcinogene Aktivität	0

Dabei mußte Badger zugeben, daß wegen der Schwierigkeiten der biologischen Teste die Genauigkeit sehr wohl um „ein Kreuz" in der Beurteilung schwanken kann. Dies würde aber bedeuten, daß bei einer Wiederholung eines Carcinogenitätstestes einmal eine Substanz als nicht carcinogen (Index = 0), einmal als schwaches Carcinogen (Index = +) klassifiziert werden könnte. Die Entscheidung, ob eine Substanz wirklich nicht-carcinogen ist,

ist überaus schwierig, und immer wieder zwingen neue Untersuchungen an größerem Tiermaterial und mit höheren Dosen zu Revisionen. Die neu entbrannte Diskussion um Pille und Süßstoff (Östrogen und Cyclamat also) illustriert, wie vorsichtig man mit endgültigen Gutachten sein muß. Das Problem der „borderline-activity" bleibt grundsätzlich unlösbar.

Lösbar, jedenfalls prinzipiell, ist dagegen das Problem, an die Stelle qualitativer Bezeichnungen bei der Beurteilung carcinogener Aktivitäten „Maß und Zahl" zu setzen. Viele Autoren haben ihre eigenen Systeme erfunden (Berenblum, die Millers zum Beispiel), am bekanntesten jedoch ist der sogenannte *Iball-Index* geworden, den der Amerikaner Iball schon im Jahre 1939 vorgeschlagen hat.

Index Carcinogenicus (Iball)

Betrachten wir zwei Beispiele aus der Hautcarcinogenese: Mäuse, von gleichem Alter, Geschlecht und Stamm, wurden in gleichgroße Gruppen aufgeteilt, etwa 30 Mäuse pro Gruppe. Eine 0,3%ige Lösung der auf Carcinogenität zu prüfenden Substanz wurde auf den zuvor rasierten Rücken der Maus getropft (0,1 ml); als Lösungsmittel für Kohlenwasserstoffe benutzte man früher Benzol, heute zieht man allgemein das leidlich „hautfreundliche" Aceton vor. Die „Tropfung" wurde (2x pro Woche) wiederholt, bis die ersten Papillome (= Warzen) sichtbar wurden und ausgezählt werden konnten. Die folgende Tabelle protokolliert einen solchen Versuch mit zwei verschiedenen organischen Substanzen:

Rechenbeispiele für den Iball-Index:

Substanz	Zahl der Tumorträger (%)	Latenzzeit (Tage)	Iball-Index
7,12-Dimethyl-1,2-Benzanthracen	65%	43	157
1,2,5,6-Dibenzacridin	24%	350	7

Die beiden aufgeführten Substanzen verhalten sich sehr verschieden: Dimethylbenzanthracen erzeugt im Mittel nach 43 Tagen Tumoren, und insgesamt werden 65% der Tiere befallen. Dibenzacridin dagegen macht nur 24% zu Tumorträgern und es braucht, bis die ersten Tumoren auftreten, wiederum im Mittel, 350 Tage, also fast ein ganzes Jahr.

Ein „gutes“ Cacinogen kann also zweierlei:

1. Es kann bei *mehr* Tieren Tumoren erzeugen als ein „schlechtes“ Carcinogen.
2. Es schafft die Tumorerzeugung in *kürzerer* Zeit.

Dies bedeutet, jedenfalls zunächst, daß sowohl Tumorausbeuten, als auch Latenzzeiten ein Maß für die carcinogene Aktivität sein können. Iball hatte daher folgenden Quotienten als Index für Carcinogenität vorgeschlagen:

$$I_{\text{Carcin.}} = \frac{\text{Tumorausbeute in \%}}{\text{Latenzzeit}} \times 100 = \frac{A}{L} \times 100$$

wobei der Faktor 100 lediglich dazu dient, zu ganzzahligen Indizes zu kommen. Die so berechneten Größen sind in der letzten Spalte der Tabelle S. 30 eingetragen.

Es ist selbstverständlich, daß diese Zahlen nur für das verwendete System gelten: Die Indizes unseres Beispiels gelten nur für Mäuse eines bestimmten Stammes, und die Substanzen müssen auf die Haut aufgetropft werden. Würde man etwa vergleichen wollen, wie gut die gleichen Substanzen nach subcutaner Injektion bei Ratten Sarkome erzeugen können, so wird man mit anderen carcinogenen Aktivitäten und damit auch mit anderen Indizes rechnen müssen. (DMBA ist beispielsweise ein hervorragendes Hautcarcinogen, aber nur ein durchschnittlicher Sarkominduktor.) Es ist ebenso selbstverständlich, daß es nicht genügt, einfach 0,3%ige Lösungen irgendwelcher carcinogener Substanzen miteinander zu vergleichen: Ein starkes Carcinogen wirkt schon bei niedrigen Konzentrationen, ein schwaches wird man höher dosieren müssen. Daher besteht die Gefahr, starke Carcinogene zu unterschätzen, wenn man sich auf eine einzige Konzentration beschränkt. Man kommt aus diesem Grund eigentlich nicht darum herum, für jedes Carcinogen eine ganze Konzentrationsskala durchzuprüfen.

Dosis-Wirkungs-Kurven

Zwischen der Injektion eines Carcinogens und der Entstehung eines tast- und meßbaren Tumors können viele Monate vergehen. Trotzdem lassen sich exakte Dosis-Wirkungskurven auch für carcinogene Aktivitäten ermitteln, vorausgesetzt, die Variabeln des biologischen Systems (Tierart, Stamm, Geschlecht, Alter, Diät etc.) werden konstant gehalten.

Die Abbildung S. 32 gibt ein von Bryan und Shimkin studiertes Beispiel wieder: Steigende Mengen der angegebenen carcinogenen Kohlenwasserstoffe wurden Mäusen subcutan injiziert und die nach dieser einmaligen Behandlung an der Injektionsstelle auftretenden Sarkome gezählt. Aus der Abbildung geht hervor, daß eine 100%ige Sarkomproduktion bei Verwendung von Methylcholanthren (20-MC) schon mit etwa 0,1 mg Substanz gelingt, bei der Verwendung von 3,4-Benzpyren (3,4-BP) dagegen erst mit einer etwa zehnfach höheren Dosis.

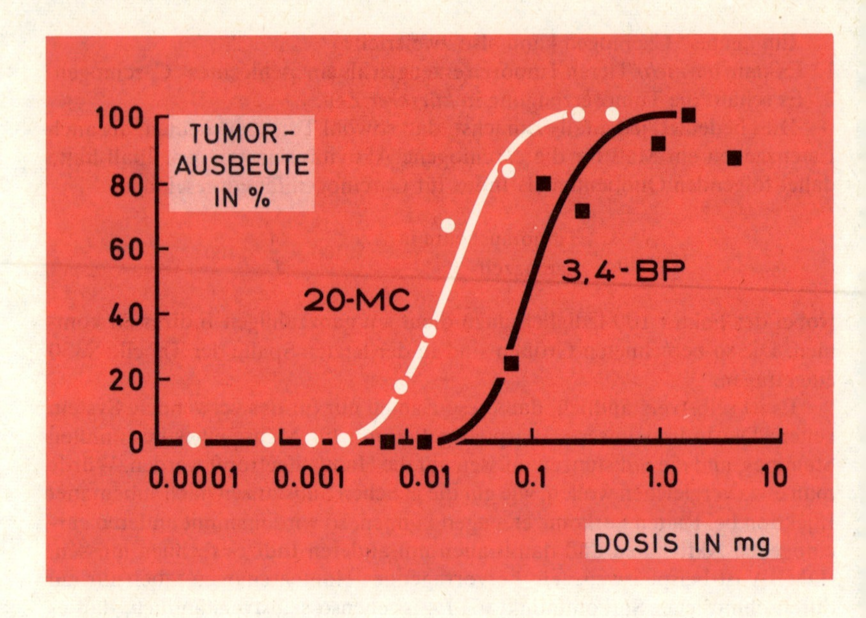

Im allgemeinen lassen sich Tumoren nicht durch eine einmalige Behandlung der Tiere erzeugen; im Regelfall sind Fütterungen über längere Zeiträume erforderlich, um beispielsweise Hauttumoren oder auch Leberkrebs zu induzieren. Doch auch bei diesen „chronischen" Fütterungen gelten strenge mathematische Gesetzmäßigkeiten. Wählen wir als Beispiel die Erzeugung von Hepatomen bei Ratten durch Buttergelb, ein Beispiel, das Druckrey und Kuepfmueller schon 1948 quantitativ genau analysiert haben. Die nächste Tabelle faßt ihre Ergebnisse zusammen:

Die Induktion von Leberkrebs bei Ratten durch N,N-Dimethyl-(4)-aminoazobenzol (Buttergelb) durch tägliche Fütterung.

d tägliche Dosis (mg/Ratte)	*t* Latenzzeit (Tage)	*D* Gesamtdosis (= *d* x *t*) (mg/Ratte)
30	34	(30 x 34 =) 1020
20	52	(20 x 52 =) 1040
10	95	(10 x 95 =) 950
5	190	(5 x 190 =) 950
3	350	(3 x 350 =) 1050
1	700	(1 x 700 =) 700

Die letzte Spalte dieser Tabelle überrascht: Unabhängig davon, ob die Dosis 3 mg/Ratte oder 30 mg/Ratte betrug, die Gesamtmenge Buttergelb, die notwendig war, um Hepatome zu erzeugen, belief sich immer auf etwa 1 g. Bei niedrigen täglichen Dosen dauerte es etwa ein Jahr, bis die Gesamtdosis erreicht war, bei hohen Dosen wurden schon etwa nach einem Monat Lebertumoren erhalten. In eine mathematische Formel gekleidet liest sich dieser Befund als

$$D = d \times t; \tag{1}$$

wobei D für die Gesamtdosis, d für die tägliche Dosis und t für die Latenzzeit steht.

Die Wirkung des Buttergelbs (d. h. die Tumorerzeugung) ist also von der Summation aller Einzeldosen abhängig („Summationswirkung"): „Diese Ergebnisse legten es nahe, daß die primären carcinogenen Effekte aller Einzeldosen, auch wenn sie noch so klein waren, erhalten bleiben und sich *irreversibel* über der Lebensspanne der Ratte zur „Tumorerzeugung" aufaddieren" (Druckrey).

Cancerogene Wirkungen sind irreversibel

Von den „cancerogenen Effekten" eines chemischen Carcinogens kann sich ein Gewebe, oder besser gesagt, können sich die Zellen eines Gewebes offensichtlich nicht erholen. Würden nämlich „Erholungsvorgänge" eine entscheidende Rolle spielen, dann dürfte es nicht gleichgültig sein, wie lange im Einzelfall ein Carcinogen verfüttert wird: Bei langen Fütterungszeiten, das heißt also bei niedrigen Dosierungen, müßten Erholungsreaktionen sich deutlicher bemerkbar machen, als bei kurzen Fütterungszeiten. Da nun aber trotz verschiedener Latenzzeiten immer wieder die gleiche Gesamtmenge erreicht wurde, kommen solche Reaktionen nicht in Betracht; die Wirkung von Buttergelb auf Leberzellen ist also „irreversibel".

Buttergelb ist kein Einzelfall: Zahlreiche Untersuchungen haben immer wieder bestätigt, daß die cancerogenen Wirkungen irreversibel sind. Allein die Tatsache, daß sich mit einer einmaligen Applikation (beispielsweise nach einmaliger subcutaner Injektion carcinogener Kohlenwasserstoffe) Tumoren erzeugen lassen, weist in diese Richtung. Aber auch bei chronischen Versuchen läßt sich die Irreversibilität überzeugend demonstrieren: Schmähl hat zu einem solchen Versuch statt Buttergelb ein moderneres Carcinogen, nämlich Dimethylaminostilben, verwendet. Dieses Carcinogen erzeugt bei Ratten mit ungeheurer Präzision Gehörgangtumoren. Bei allen Tieren einer Versuchsgruppe können diese Geschwülste „gleichzeitig" (innerhalb von 5 Tagen) palpiert werden. „Ein Kollektiv von Ratten wurde ständig mit einer Tagesdosis von 1 mg/kg bis zum Auftreten der Gehörgangtumoren behandelt. Ein anderes Kollektiv erhielt wöchentlich abwechselnd entweder die doppelte Dosis also 2 mg/kg und Tag oder Normalfutter, so daß die Gesamtdosen in beiden Versuchsserien gleich waren. Sind ‚Erholungsvorgänge' von der cancerogenen Wirkung möglich, dann könnten diese in der behandlungsfreien Woche ablaufen, und die zur Krebserzeugung benötigte Gesamtdosis müßte in der Versuchsgruppe mit der alternierenden Fütterung größer werden als bei ständiger Gabe der Substanz. Das war aber nicht der Fall: Die mittleren Gesamtdosen waren bei beiden Versuchsgruppen praktisch gleich und betrugen im Dauerversuch $D = 373 \pm 75$ mg/kg und im alternierenden Versuch $D = 348 \pm 70$ mg/kg, so daß auch bei dieser Versuchsanordnung die Irreversibilität der cancerogenen Wirkung nachgewiesen werden konnte" (Schmähl).

Summationswirkung und Irreversibilität charakterisieren also die chemische Carcinogenese, doch damit ist sie noch nicht ausreichend quantitativ beschrieben. Auch die Zeit selber ist wichtig, sie erscheint neben den eigentlichen Carcinogenen als selbständiger Faktor bei der Tumorentstehung.

Carcinogenese als beschleunigter Prozeß

Schon bei der quantitativen Analyse der Hepatomerzeugung durch Buttergelb fällt auf (Tabelle S. 32), daß bei sehr kleinen täglichen Dosen (1 mg/kg und Tag) die zur Tumorinduktion erforderliche Gesamtdosis signifikant absinkt. Statt 950—1050 mg werden nur noch 700 mg gebraucht.

Diese Verringerung der Gesamtdosis bei kleineren täglichen Dosen zeigt sich bei anderen Carcinogenen wesentlich deutlicher als beim Buttergelb. Bei Diäthylnitrosamin — ebenfalls einem Lebercarcinogen — sinkt die Gesamtdosis über den gesamten Bereich der täglichen Dosen; je kleiner die tägliche Dosis, um so kleiner auch die Gesamtdosis. Hier gilt also die für Buttergelb angegebene Summenformel:

$$D = d \times t \text{ (Summationswirkung)} \qquad (1)$$

nicht mehr. Statt dessen muß man jetzt angenähert schreiben:

$$d \times t^2 = \text{const} \qquad (2)$$

Die Zeit summiert also nicht einfach die täglichen Einzeldosen zu einer konstanten Gesamtdosis. Dies bedeutet, daß die Zeit selber bei der Carcinogenese eine Rolle spielt, daß sie sozusagen einen „eigenen Beitrag" zur Tumorbildung liefert.

Man hat in diesem Zusammenhang von einer „Verstärkerwirkung" und von „beschleunigten Reaktionen" gesprochen, und tatsächlich ähnelt Gleichung (2) einer altbekannten Gleichung aus der klassischen Physik, nämlich der Formel, die den freien Fall beschreibt:

$$S = \frac{g}{2} \times t^2; \qquad (3)$$

mit S = Fall*weg*, g = Erd*beschleunigung* und t = Fall*zeit*. Diese Begriffe aus der Mechanik lassen sich leicht in Größen umdeuten, die für die Carcinogenese wichtig sind: t entspräche dann der Fütterungszeit, $g/2$ der täglichen Dosis, und schließlich wäre S dem „Weg zum Tumor" gleichzusetzen, einem Weg, der naturgemäß um so schneller zurückgelegt wird, je größer die „Beschleunigungskraft" ist.

Nach dieser Vorstellung ist ein Carcinogen eine „Kraft", die konstant auf eine Zielzelle wirkt. In der Physik führt eine konstante Kraft zu einer beschleunigten Bewegung, und ganz analog also erscheint die chemische Carcinogenese als „beschleunigter Prozeß".

Die physikalischen Gesetze fordern, daß auch nach Wegfall der bewegenden Kraft die Bewegung nicht zum Stillstand kommt; lediglich die Beschleunigung entfällt, und der Körper bewegt sich dann mit konstanter Geschwindigkeit weiter. Wenn wir nun auch diese Verhältnisse auf die Carcinogenese übertragen, so würde man folgern müssen, daß auch dann Tumoren entstehen, wenn das Carcinogen nur über eine begrenzte Zeit verfüttert wurde. Abbildung S. 35 zeigt einen solchen „Stop-Versuch", den wiederum Druckrey mit Buttergelb durchgeführt hat:

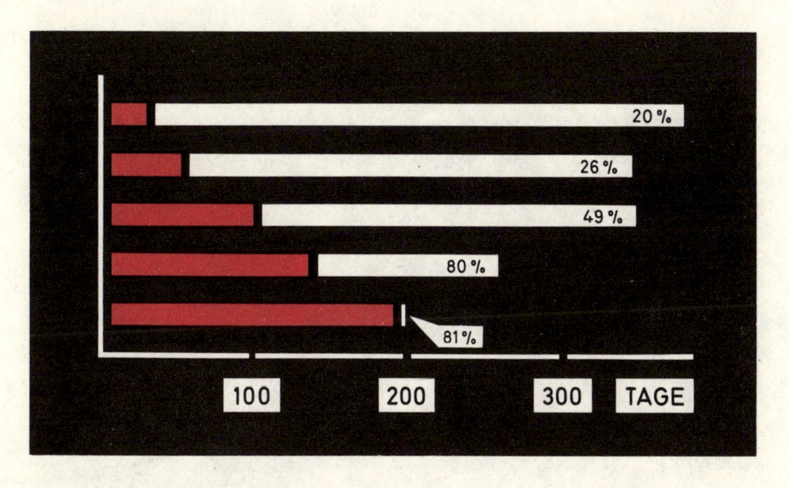

Latenzzeiten (weiß) und Tumor ausbeuten (%)
bei verschieden langen Fütterungszeiten (rot)
[5 mg/Tier und Tag]

Auch dieser Versuch zeigt wieder, daß die carcinogene Wirkung irreversibel ist, denn auch nach dem Absetzen des Carcinogens wird die Wirkung dieser Substanz nicht wieder rückgängig gemacht. Allerdings entstehen immer weniger und auch immer später Hepatome je kürzer gefüttert wurde, aber dies ist zu erwarten, denn wenn die beschleunigende Dauerfütterung aufhört, muß die „Carcinogenese“ mit konstanter Geschwindigkeit weiter fahren.

Ganz folgerichtig muß es möglich sein, auch mit einem einzigen Stoß (die Physiker würden von einem Impuls sprechen: $p \times t = m \times v$) die Carcinogenese in Bewegung zu bringen, und genau dies ist auch der Fall: Wir haben schon mehrfach darauf hingewiesen, daß es gelingt, mit einer einmaligen Behandlung Tumoren zu erzeugen.

Das Konzept der Carcinogenese als eines beschleunigten Prozesses ganz nach Art einer beschleunigten Bewegung der klassischen Mechanik hat also durchaus seine Berechtigung. Doch Tumorentstehung und freier Fall sind zwei grundverschiedene Systeme, und wir werden bald auf die Grenzen dieser Analogie stoßen.

Es gibt keine unterschwelligen carcinogenen Dosen

Kehren wir noch einmal kurz zur Erzeugung von Hepatomen durch Diäthylnitrosamin zurück. Wir haben gesagt, daß hier zwischen Latenzzeit und täglicher Dosis folgender Zusammenhang besteht

$$d \times t^n = \text{const} \tag{4}$$

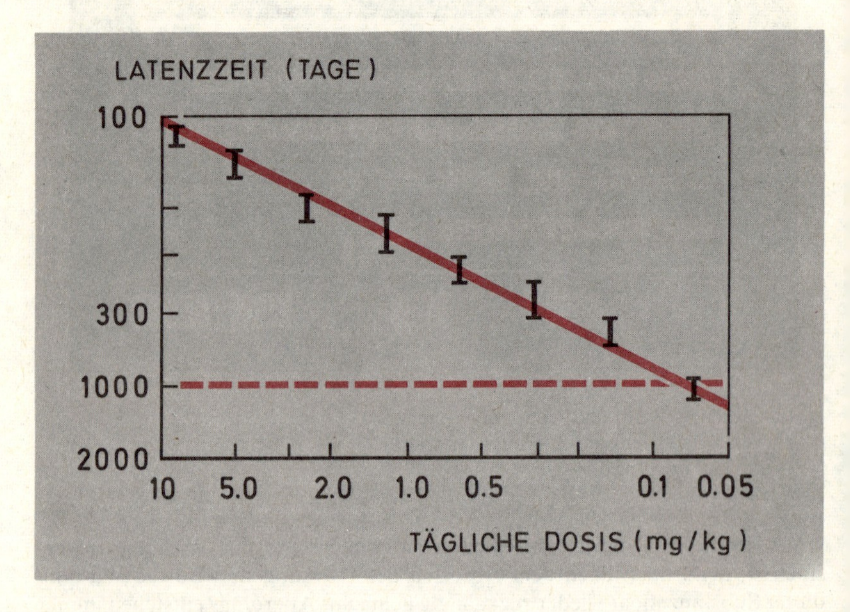

Tägliche Dosis und Latenzzeiten

Wenn wir diese Gleichung logarithmieren, so erhalten wir

$$\log d = \text{const} - n \log t \qquad (5)$$

Diese Gleichung besagt einfach, daß man eine Gerade erhalten müßte, wenn man d (tägliche Dosis) und t (Latenzzeit) doppelt logarithmisch aufträgt. Abbildung S. 36 zeigt nun, daß Gleichung (5) streng erfüllt ist:

Bis hinunter zu den kleinsten täglichen Dosen liegen die Meßpunkte auf einer Geraden, und dies erlaubt einen wichtigen Schluß: Es gibt keinen Grund anzunehmen, daß hinreichend kleine Dosierungen keinen Krebs mehr erzeugen. Anders ausgedrückt: Es gibt keine unterschwellige carcinogene Dosis. Bei sehr niedrigen Dosen allerdings fallen die Latenzzeiten nicht mehr in die Lebenserwartung der Versuchstiere, die Ratten sterben dann eines natürlichen Todes, ohne daß sich Tumoren entwickelt haben.

Aus der Steigung der Geraden im doppelt logarithmischen Netz läßt sich der Exponent (n) der Gleichung (4) ermitteln: $\mathrm{tg}\alpha = n$. Die Zeichnung liefert $\alpha = 66{,}5°$ und damit $\mathrm{tg}\alpha = 2{,}3$. Gleichung (4) lautet also für Diäthylnitrosamin-induzierte hepatozelluläre Carcinome:

$$d \times t^{2 \cdot 3} = \text{const}$$

Die Übereinstimmung mit der „Beschleunigungstheorie“ ist recht gut, und auch andere Nitrosamine fügen sich ein. So beträgt für Di-n-propylnitrosamin $n = 2.2$ und für N-Nitrososarcosinester wurde 2.5 ermittelt. Doch bei anderen Carcinogenen ist n sehr viel größer als 2.

Carcinogene unterscheiden sich in ihrem „Beschleunigungsverhalten“

Stellen wir einmal ein paar Carcinogene zusammen und vergleichen wir ihre Exponenten entsprechend der Gleichung $d \times t^n = \text{const}$ (Tabelle S. 38). Buttergelb, das hatten wir schon ganz zu Beginn dieser Diskussion festgestellt, folgt einem reinen Summationsgesetz, wenn man von den niedrigsten verwendeten Dosierungen absieht. Unabhängig von der Latenzzeit muß immer die gleiche Gesamtmenge an Carcinogen erreicht werden. Diese Unabhängigkeit von der Zeit bedeutet aber $n = 1$.

Für Dimethylaminostilben errechnet sich n zu 3.0; 3.4-Benzpyren wirkt mit einer „Steigung“ von 4.0, wenn es dreimal wöchentlich gepinselt wird. Bei subcutaner Injektion von carcinogenen Kohlenwasserstoffen wurden Exponenten von sogar 4.7 „gemessen“.

Auch die Erfahrungen mit menschlichen Tumoren fügen sich ein. Nordling stellte fest, daß die Krebssterblichkeit mit der 6. Potenz des Alters zunimmt, wenn man allgemeine Krebsstatistiken aus England, Frankreich, Norwegen und den USA zugrunde legt. Doll berichtete über ähnliche Befunde, die er bei der Analyse von Lungenkrebsfällen bei Rauchern erhoben hatte; auch hier nimmt die Sterblichkeit mit der 5. oder 6. Potenz der Zeit zu. „Dies beweist", schreibt Druckrey, „daß die Carcinogenese durch dauernde Exposition sowohl im Tierexperiment als auch in der menschlichen Statistik den gleichen Dosis-Wirkungs- und den gleichen Zeitgesetzen folgt."

„Beschleunigungsfaktoren" von Carcinogenen

Verbindung	Tierart	Tumor	*n*
Dimethylamino-azobenzol	Ratte	Leber	1.1
Di-n-Butyl-nitrosamin	Ratte	Blase	1.4
Diäthylnitrosamin	Ratte	Leber	2.3
N-Nitrososarcosin-ester	Ratte	Speiseröhre	2.5
Dimethylamino-stilben	Ratte	Gehörgang	3.0
3,4-Benzpyren	Maus	Haut	4.0

Biologische Bedeutung der Beschleunigung

Eine Beschleunigung, wie sie die Newtonsche Mechanik kennt und wie wir sie zunächst unterstellt haben, ist mit den höheren Exponenten der Dosis-Latenzzeit-Gleichungen unvereinbar. Dies überrascht nicht allzusehr, denn das System: Zelle/Organismus/Carcinogen hat sicher nur sehr oberflächliche Ähnlichkeit mit einem frei fallenden Körper, wie Galilei ihn beschrieben hat.

Wie könnte man sich anschaulich eine „Beschleunigung" bei der Carcinogenese vorstellen? Skizzieren wir einige Möglichkeiten:

1. Unterstellen wir, daß ein Carcinogen grundsätzlich zwei Wirkungen hat, daß es 1. Tumorzellen erzeugt und daß es 2. diese Tumorzellen vermehrt. Aus dieser Annahme folgt — wenn gewisse Randbedingungen eingehalten werden — ein $D = d \times t^n$-Gesetz.
2. Bei niedrigen Dosierungen und dementsprechend langen Latenzzeiten reicht die Zeit der Tumorentwicklung bis in das hohe Alter der Tiere; hohes Alter aber bedeutet erhöhtes Krebsrisiko. Wir werden später diskutieren, was dieses erhöhte Risiko biologisch bedeuten kann. In unserem Zusammenhang würde es mithelfen zu erklären, warum bei langen Latenzzeiten insgesamt weniger Carcinogen gebraucht wird.
3. Man könnte daran denken, daß die „Zeit" etwas Ähnliches „macht" wie ein Carcinogen selber. Carcinogene induzieren beispielsweise Zellteilungen, und solche Zellteilungen finden auch von allein im Gewebe statt. Je länger also die Latenzzeiten werden, um so mehr kommen die „natürlichen" Zellteilungen zum Zug und um so weniger Carcinogen wird gebraucht.

4. So gut wie alle Carcinogene sind toxisch, d. h. sie können Zellen abtöten. Dies bedeutet, daß vor allem bei hohen täglichen Dosen immer wieder Zellen ausfallen; mit anderen Worten, „das Carcinogen steht sich selber im Weg". Bei hohen täglichen Dosierungen würde also wiederum mehr Carcinogen gebraucht als bei niedrigen Dosierungen.
5. Richtet sich die toxische Wirkung der Carcinogene bevorzugt gegen normale Zellen, so werden „resistente" Tumorzellen durch Carcinogene selektioniert. Auch diese Selektion könnte einen „Beschleunigungsbeitrag" leisten, der um so mehr zu Buche schlägt, je länger die Latenzzeiten sind.

Schon diese wenigen Beispiele zeigen, wie kompliziert die Wechselwirkungen im System: Zelle/Organismus/Carcinogen sein können und wie kompliziert daher auch die zeitliche Abhängigkeit der Tumorentstehung sein muß. Verzichten wir auf eine mathematische Behandlung der angeschnittenen Probleme und kommen zum Schluß dieses Kapitels noch einmal auf die Frage zurück, was ein „gutes Carcinogen" kennzeichnet.

Latenzzeiten und Tumorausbeuten sind nicht notwendig miteinander gekoppelt

Ein gutes Carcinogen kann — so haben wir es jetzt mehrfach gesehen — schon bei niedrigen Dosierungen in kurzer Zeit viele Tumoren erzeugen. Man hatte deshalb stillschweigend angenommen, daß hohe Tumorausbeuten und kurze Latenzzeiten die gleiche Sache meinen. Doch je mehr Erfahrungen man auf dem Gebiet der chemischen Carcinogenese sammelte, um so mehr stellte es sich heraus, daß Latenzzeiten und Tumorausbeuten keineswegs immer miteinander gekoppelt sein müssen. Dies bedeutet nun aber, daß sich die carcinogene Wirkung, beispielsweise eines ungesättigten zyklischen Kohlenwasserstoffes, mindestens aus zwei Komponenten zusammensetzt, von denen eine über die Zahl der entstehenden Tumoren befindet, die andere die Zeit festlegt, die vergehen muß, bis die Tumoren manifest werden.

Besonders klar lassen sich diese beiden carcinogenen Komponenten bei der Erzeugung von Hauttumoren bei der Maus trennen, und wir müssen uns daher jetzt dem Spezialgebiet der Hautcarcinogenese zuwenden.

Zusammenfassung

Trotz der langen Latenzzeiten für die Tumorentstehung gibt es exakte Dosis-Wirkungs-Beziehungen.

Es gibt keine Anhaltspunkte dafür, daß für chemische Carcinogene eine Schwelle existiert, unterhalb der sie nicht mehr wirken.

Die Wirkungen chemischer Carcinogene sind irreversibel. Auch die Zeit leistet einen „eigenen Beitrag" zur Carcinogenese, sie addiert nicht nur die täglichen Carcinogen-Dosen („beschleunigte Wirkungen").

Latenzzeiten und Tumorausbeuten müssen nicht gekoppelt sein.

Mehrstufenhypothesen der chemischen Carcinogenese

Seit Yamagiwas Pionierexperimenten an Kaninchenohren war die Haut immer wieder bevorzugtes Zielorgan bei Experimenten zur „künstlichen Carcinogenese“. Die Gründe liegen auf der Hand: Die Haut ist leicht zugänglich und eine Pipette genügt, um irgendwelche carcinogenen Substanzen zu applizieren. Ebensowichtig ist aber, daß man die Tumoren beobachten kann. Palpieren oder gar Sezieren entfällt; ein Blick genügt, um festzustellen, ob und wieviel Tumoren auf dem Rücken einer Maus oder auf einem Kaninchenohr entstanden sind.

Das Berenblum-Experiment: Zwei Stufen führen zu Papillomen

Um Hauttumoren zu erzeugen, tropft man gewöhnlich einmal oder mehrmals wöchentlich 0,1 ml einer 0,3%igen acetonischen Lösung von Methylcholanthren, 3,4-Benzpyren oder 7,12-Dimethylbenzanthracen (DMBA) auf den zuvor rasierten Rücken einer Maus. Doch auch mit einer einmaligen hochdosierten „Pinselung“ gelingt es, Papillome und Hautcarcinome zu machen, allerdings nur mit recht mäßigen Ausbeuten.

Neben diesen „klassischen Methoden“ kann man nun auch auf eine raffinierte Art zu Hauttumoren kommen:

1. Die Mäuse werden zunächst mit einer niedrigen Dosis von carcinogenen Kohlenwasserstoffen gepinselt oder gefüttert (2γ pro Rücken oder 2 mg pro Maus). Diese Dosis reicht nicht aus, um zu Lebzeiten der Mäuse Tumoren zu erzeugen.
2. Im Anschluß daran werden die so vorbehandelten Mäuse wöchentlich mit einer 1%igen acetonischen Lösung von Crotonöl (einem Samenöl aus der Wolfsmilchpflanze *Croton tiglium*) betropft, bis nach 10—12 Wochen die ersten Papillome sichtbar werden. Wird Crotonöl *allein* aufgetropft, ohne daß also die Tiere zuvor mit Carcinogen behandelt worden waren, so entstehen keine Papillome; Crotonöl ist also kein Carcinogen.

Für dieses Experiment hat sich der Name Berenblum-Experiment eingebürgert. Es zeigt, daß die Kombination zweier nicht-carcinogener Ereignisse zu Tumoren führen kann:

1. *Unterschwellige Dosis eines Carcinogens* + 2. *Nicht-carcinogenes Crotonöl* → *Tumor*

Ein Vergleich mit dem photographischen Prozeß liegt nahe: Auf einer lichtempfindlichen Platte kann Licht nach gründlicher Belichtung direkt ein

Bild erzeugen. Normalerweise aber setzt man die Platte nur kurz dem Licht aus („unterschwellige Dosis"), erzeugt so zunächst einmal ein latentes Bild und entwickelt hinterher mit einem chemischen Entwickler die unsichtbaren Silberkeime zu sichtbaren Silberkörnern. Die Kombination: unterschwellige Belichtung + chemische Entwicklung führt dabei im Prinzip zum gleichen Endergebnis wie eine ausreichende Belichtung allein.

Das Berenblum-Experiment können wir nun also folgendermaßen interpretieren: DMBA oder ein anderer carcinogener Kohlenwasserstoff erzeugt *latente* Tumorzellen, die dann durch Crotonöl zu Tumoren entwickelt werden. Die Erzeugung der latenten Tumorzellen wird meist als Initiierung, die eigentliche Tumorerzeugung als Promotion bezeichnet. Die Initiierung wäre also der unterschwelligen Belichtung einer photographischen Platte analog, der chemischen Entwicklung entspräche die Wirkung des Crotonöls (Promotion).

Würden wir eine photographische Platte zuerst entwickeln und dann erst kurz belichten, so käme kein Bild zustande; die Reihenfolge von Belichtung und Entwicklung ist naturgemäß nicht umkehrbar. Entsprechend bleiben auch die Tumoren aus, wenn man das Behandlungsschema umkehrt und zuerst über mehrere Wochen mit Crotonöl und danach mit einer unterschwelligen Dosis von Carcinogen behandelt.

Die Initiierung bestimmt die Tumorausbeuten

Quantitative Analysen von Berenblum-Experimenten ergaben, daß die Initiierung für die Tumorausbeuten zuständig ist, während die Promotion die Latenzzeiten definiert. Die beiden nächsten Abbildungen fassen die Berenblumschen Ergebnisse schematisch zusammen:

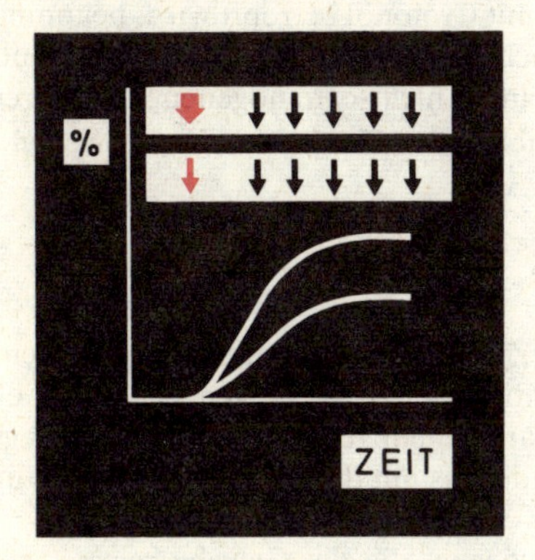

Die *Tumorausbeuten* (%) sind von der initiierenden Carcinogen*dosis* abhängig.

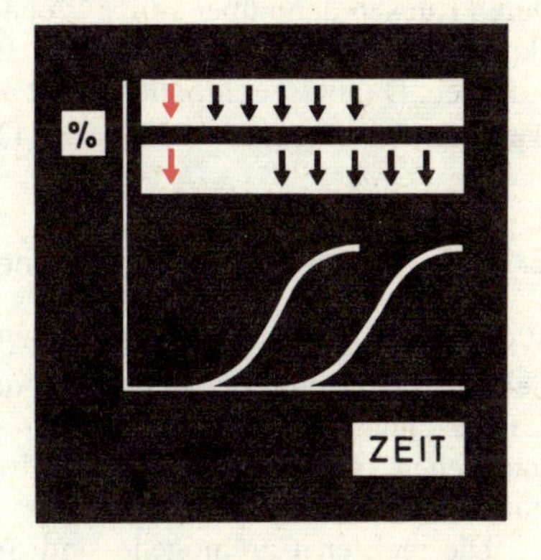

Die *Latenzzeiten* werden durch den *Zeitpunkt* der Crotonölbehandlung festgelegt.

Berenblum-Experiment mit Initiierung (↓) und Promotion (↓).

Nicht nur Crotonöl kann promovieren

Crotonöl führte zur Entdeckung der Promotion von latenten Tumorzellen, es ist aber keineswegs die einzige Substanz, die dazu in der Lage ist. Folgende Tabelle gibt weitere Beispiele.

Initiierung	Promotion
Alle vollständigen Carcinogene, z. B. DMBA, Benzpyren etc.	
Urethan	Crotonöl
1,2-Benzpyren	Phenole
2-Acetylaminofluoren (gefüttert)	Anthralin
	Tween

„Vollständige Carcinogene" können natürlich sowohl initiieren als auch promovieren. Die schon mehrfach erwähnten Kohlenwasserstoffe sind Beispiele. Werden sie nur einmal und dann auch noch niedrig dosiert, so können sie nur initiieren.

Die Zwei-Stufen-Hypothese erlaubt eine Voraussage: Es müßte Substanzen geben, die nur initiieren, nicht aber promovieren können; sie wären das eigentliche Gegenstück zu Crotonöl.

Eine solche Substanz wurde tatsächlich entdeckt: Urethan ist für die Maushaut ein reiner Initiator. Eine Maus, der Urethan gefüttert wurde und deren Rücken dann über einige Wochen mit Crotonöl betropft wird, bekommt Papillome. Urethan allein, auch mehrfach verabreicht, führt nicht zu Hauttumoren. Damit ist es möglich, mit 2 scheinbar nicht-carcinogenen Substanzen Tumoren zu erzeugen. Tabelle S. 42 gibt außer Urethan weitere Beispiele.

Exkurs: Reizung und Carcinogenese

Wie war Berenblum eigentlich auf die Zwei-Stufen-Hypothese gekommen? Sein Ausgangspunkt waren nicht quantitative Überlegungen, wie und ob Latenzzeiten und Tumorausbeuten zusammenhängen. Er wollte der Frage nachgehen, ob „Reizung als solche irgendetwas mit der Carcinogenese zu tun hat."

Die meisten Carcinogene sind Substanzen, die die Gewebe reizen, und daher ist diese Frage sehr naheliegend. Man war eigentlich überzeugt, daß zwischen Gewebereizung und Tumorentstehung eine klare Beziehung besteht. Bei der Haut äußert sich eine Reizung in einer sogenannten Hyperplasie (s. Abbildung S. 236): Eine vermehrte Zellteilung sorgt für den Ersatz der geschädigten Zellen. Hier lautet also die Frage: Hat Carcinogenese etwas mit Hyperplasie zu tun? Folgen wir einem späteren Bericht Berenblums:

„Zunächst wurden verschiedene einfache Reizsubstanzen auf der Maushaut ausgetestet und auf carcinogene Wirkung geprüft. Sie alle erzeugten zwar eine Hyperplasie aber keine Tumoren. Danach schien es klar zu sein, daß Hyperplasie als solche nicht für die carcinogene Wirkung verantwortlich gemacht werden kann.

Danach wurden verschiedene nicht-carcinogene Reizstoffe zusammen mit einem Carcinogen appliziert, um herauszufinden, ob die zusätzliche Reizung die carcinogene Wirkung verstärkt. Die Ergebnisse waren verwirrend: Einige Reizstoffe wie vor allem Senfgas (das Giftgas aus dem ersten Weltkrieg) und Cantharidin (das Gift der spanischen Fliege) reduzierten drastisch die Tumorentstehung, wenn sie in sehr verdünnten Lösungen aufgetragen wurden (und dementsprechend nur eine sehr milde Hautreizung verursachten); diese Reizstoffe waren also „anti-carcinogen". Andere wiederum, unter ihnen vor allem Crotonöl, verstärkten ganz offensichtlich die cancerogene Wirkung, sie waren „co-carcinogen". Schließlich gab es auch gewebe-reizende Substanzen, die

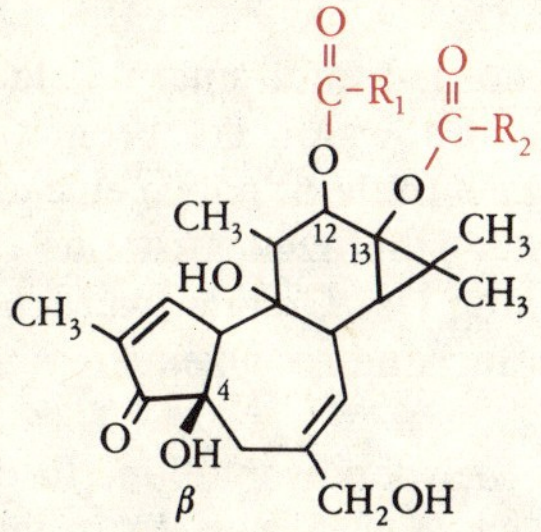

Phorbol-Ester			**Iso-Phorbol-Ester**		
Trivialname	12	13	Trivialname	12	13
A-1	C_{14}	C_2			
Di-C_{10}	C_{10}	C_{10}	Iso-Di-C_{10}	C_{10}	C_{10}

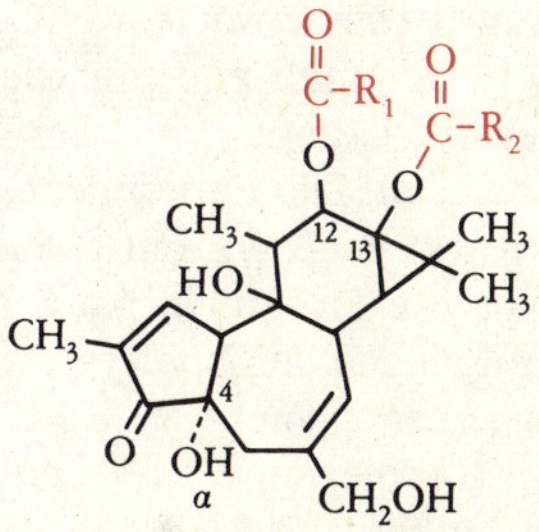

Zur Chemie tumor-promovierender Wirkstoffe (Crotonölfaktor):
Der natürliche Wirkstoff ist an den Positionen 12 und 13 des Phorbolgerüstes mit Myristyl- bzw. Essigsäure verestert (Phorbol-12-myristat-13-acetat bzw. 12-0-Tetradecanoyl-phorbol-13-acetat). Ein synthetischer Wirkstoff trägt dort je eine Fettsäure mit 10 C-Atomen („Di-C_{10}"). Der dazu stereoisomere Iso-Phorbolester („Iso-Di-C_{10}") ist biologisch inaktiv.

weder anti- noch co-carcinogen waren. Es schien daher, daß die irritierenden Wirkungen für die Carcinogenese nicht als kritischer Faktor in Frage kommen, auch nicht als zusätzliche Hilfe."

Doch Berenblum ging noch einen Schritt weiter: „In der nächsten Phase der Untersuchung ersetzten wir während eines Teiles der Behandlung das Carcinogen durch ein nicht-carcinogenes Agens. Wir wählten Crotonöl als Irritans und wir fanden heraus, daß, wenn wir Crotonöl mehrere Monate vor der Behandlung mit Carcinogen applizierten, weder die Tumorbildung beschleunigt, noch die Tumorausbeuten erhöht wurden. Umgekehrt aber stellten wir fest, daß die Tumorausbeuten deutlich erhöht wurden, wenn wir die Behandlung mit Carcinogenen frühzeitig abgebrochen hatten und anschließend Crotonöl applizierten."

Dieses Experiment war nun der unmittelbare Vorgänger der Experimente, die wir weiter oben schon kennengelernt haben und die zur Vorstellung führten, daß die Hautcarcinogenese ein Zwei-Stufenprozeß ist.

Bevor wir aber diese Versuchsanordnung noch etwas genauer betrachten wollen, müssen wir noch einmal kurz auf die Frage zurückkommen, die Berenblum zu Anfang seiner Untersuchungen gestellt hatte: Hat Carcinogenese etwas mit Reizung, oder, im speziellen Fall der Hautcarcinogenese, hat die Tumorerzeugung etwas mit Hyperplasie zu tun?

Die Frage muß nun präzisiert werden, und man muß unterscheiden, ob die Hyperplasie etwas mit der Initiierung oder aber mit der Promotion zu tun haben soll. Die Experimente mit Urethan als Initiator haben eine eindeutige Antwort gegeben: Für die Bildung latenter Tumorzellen ist eine Hyperplasie *nicht* erforderlich. Nach der Verfütterung von Urethan wurden keine Beschädigungen der Epidermis und dementsprechend auch keine reparativen Vorgänge beobachtet.

Viel weniger eindeutig sind die Befunde bei der Promotion. In diesem Zusammenhang sind die Arbeiten Heckers wichtig geworden: Es ist ihm und seinen Mitarbeitern gelungen, eine Substanz aus Crotonöl zu isolieren und bis in feinste chemische Details aufzuklären, die sich als ein starker Promotor herausgestellt hat (Abbildung S. 43). Mit dieser Substanz ist es nun möglich geworden, Berenblum-Experimente auf exakt quantitativer Grundlage mit genau bekannten molaren Lösungen des Wirkstoffes auszuführen. Heckers Wirkstoff ist nicht nur co-carcinogen, sondern auch stark entzündlich (eine Lösung von wenig mehr als 1 γ pro Mausrücken erzeugt praktisch eine einzige „Brandblase" unter der Rückenhaut — die Mediziner sprechen von einem „Ödem"). Entzündliche Wirkung mit Hyperplasie und co-carcinogener Effekt könnten also durchaus eng miteinander gekoppelt sein. Ob sie es notwendigerweise sind, ist heute so ungeklärt wie eh und je.

Der Heckersche Wirkstoff bietet rationelle Möglichkeiten, dieses Problem zu lösen: die genaue Kenntnis der Molekülstruktur erlaubt es, genau definierte Änderungen an diesem Molekül vorzunehmen und so nach und nach abzutasten, welche Bauteile des Moleküls seine biologische Wirksamkeit mitentscheiden. Bei diesen „Tastversuchen" könnte es dann gelingen, Verbindungen zu finden, die entweder nur entzündlich oder aber auch nur co-carcinogen sind. „Reine" Wirkstoffe mit „rein" cocarcinogenen Effekten waren bisher noch nicht dabei.

Rous entdeckt Zwei-Stufen-Prozeß am Kaninchenohr

Im gleichen Jahr (1941), in dem Berenblum seine Experimente mit Crotonöl an der Maushaut veröffentlichte, berichtete Rous über Beobachtungen an Kaninchenohren, die ihn zu den gleichen Schlußfolgerungen führten. Die entscheidenden Experimente Rous' sind folgende:

1. Wurden die Ohren von Kaninchen mit Teer behandelt, so entstanden Tumoren. Wurde die Teerbehandlung unterbrochen, so verschwanden in vielen Fällen die Tumoren wieder. Wurde dann erneut mit Teer gepinselt, so konnten die Tumoren exakt an den gleichen Positionen wieder auftreten.
2. Nicht nur erneute Teerpinselung konnte die verschwundenen Tumoren wieder erwecken; eine Behandlung mit Terpentin oder Chloroform, die selber keine Tumoren erzeugt, konnte das zum Stillstand gekommene Tumorwachstum wieder anstoßen. Auch einfache Wundheilung genügte: Stanzte man ein Loch in das Ohr, mit Hilfe eines Korkbohrers etwa, so genügte der „Reiz" dieser Wunde zur Tumorerzeugung.

Auch diese Beobachtungen führten zur Schlußfolgerung, daß (mindestens) zwei Prozesse zur Tumorentstehung führen:

a) Die Erzeugung „schlafender" Tumorzellen, die dann
b) auch durch nicht-carcinogene Ereignisse „geweckt" werden können.

Crotonöl ist keine „chemische Kneifzange"

Rous' Beobachtung, daß einfache Wundheilung nach mechanischer Verletzung das Tumorwachstum entscheidend fördert, könnte zu der Meinung führen, daß Crotonöl als eine „chemische Kneifzange" aufzufassen ist. Danach setzte Crotonöl einfach eine Wunde, und die darauffolgende Wundheilung machte den eigentlichen co-carcinogenen Effekt.

Gegen diese Auffassung spricht aber die Erfahrung, daß viele entzündliche Substanzen, die zu regenerativen Hyperplasien („Wundheilungen") führen, nicht co-carcinogen sind.

Besonders überraschend aber ist ein Vergleich zwischen einer synthetischen Wirksubstanz und einer stereoisomeren Verbindung, die sich in der räumlichen Anordnung eines einzigen Substituenten unterscheidet (Phorbol-di-12, 13-decanoat bzw. Iso-phorbol-di-12, 13-decanoat). Der synthetische Wirkstoff verhält sich wie der natürliche Crotonölfaktor A1 (vgl. wieder Abbildung S. 43); er ist in niedriger Dosierung co-carcinogen und er ist stark entzündlich. Das Isophorbolderivat dagegen ist als Co-carcinogen völlig unbrauchbar. Dies könnte auf eine sehr delikate Wechselwirkung zwischen Zielgewebe und co-carcinogener Substanz hinweisen, und man hat in diesem Zusammenhang an spezifische Rezeptoren gedacht, die zwar mit Phorbol, nicht aber mit Isophorbolderivaten reagieren können. Allerdings — und dies mindert den Wert des Argumentes — ist Isophorbol nicht nur nicht co-carcinogen, es ist auch nicht entzündlich; m. a. W. es ist überhaupt biologisch inaktiv.

Auch die morphologische Untersuchung einer Haut, die mit Crotonölfaktor behandelt wurde, weist auf eine spezifische Wirkung: es kommt gar nicht zuerst zu einer Wunde, zu einem Verlust von Epidermiszellen. Zuerst schwellen die Basalzellen an mitsamt Zellkern, und anschließend kommt es zu einer beachtlichen Zellvermehrung (Hyperplasie). Die vermehrten Zellteilungen erfolgen nicht, um eine Wunde zu schließen, sondern gewissermaßen „aus dem Stand". Später erst kommt es dann zur Ablösung ganzer Zellschichten, zu „echten Wunden".

Zwei Stufen reichen nicht aus

Boutwell ist es gelungen, die Promotionsphase, also die Entwicklung der latenten Tumorzelle, weiter zu unterteilen: Mäuse wurden mit DMBA initiiert und dann mit Crotonöl und Terpentin weiterbehandelt. Das folgende Schema gibt Einzelheiten wieder:

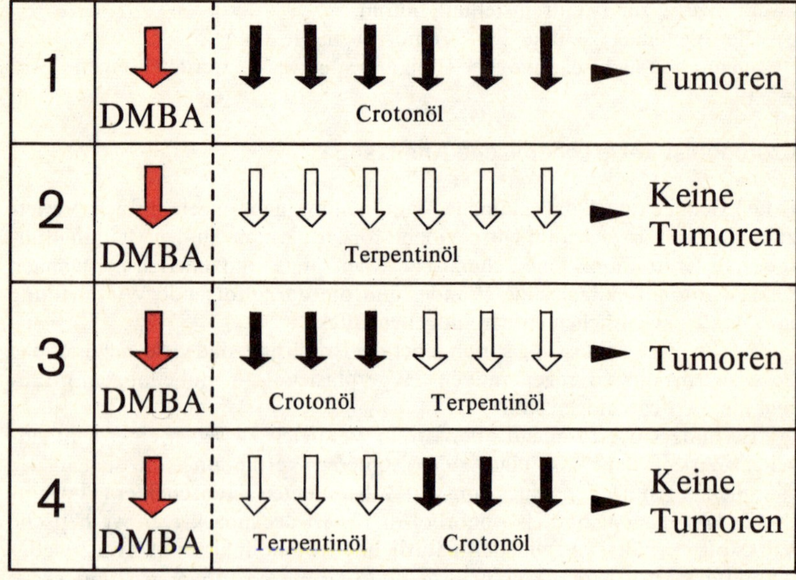

↓ = DMBA-Initiierung; ↓ = Crotonöltropfung; ⇩ = Terpentinbehandlung

Terpentin kann danach „späte Wirkungen“ des Crotonöls ersetzen, nicht aber frühe Effekte. Terpentin kann also offensichtlich die Promotion zu Ende führen, nicht aber sie in Gang setzen.

Boutwell hat für den ersten Abschnitt der Promotion den Namen Conversion vorgeschlagen, womit er andeuten wollte, daß dabei latente Tumorzellen in mehr oder weniger „echte“ Tumorzellen umgewandelt werden, die dann im Laufe der weiteren Promotion nur noch vermehrt werden müssen.

Die Promotion ist reversibel

Es ist keineswegs gleichgültig, in welchem zeitlichen Abstand eine Maus mit Crotonöl behandelt wird. Zweimal wöchentliche, einmal wöchentliche und auch 14-tägige „Pinselungen“ mit 0.1 %igen Crotonöllösungen erzeugen bei „initiierten“ Mäusen Papillome. Wird dagegen nur alle vier Wochen gepinselt, so lassen sich keine Tumoren entwickeln. Dies bedeutet, daß die Wirkung des Crotonöls nach 4 Wochen verloren geht, die Promotion ist also ein *reversibler* Prozeß. Ganz anders sieht es mit der Initiierung aus.

Die Initiierung ist irreversibel

Es ist durchaus gleichgültig, wie lange man nach der Applikation einer unterschwelligen Carcinogendosis („Initiierung“) mit der Crotonölnachbehandlung wartet. Ob man sofort damit beginnt oder erst nach 40 Wochen, die Latenzzeiten bleiben gleich und auch die Tumorausbeuten. Dies bedeutet, daß die einmal transformierten Zellen erhalten bleiben und gewissermaßen auf den Abruf durch das Crotonöl warten. Diese Stabilität ist eigentlich sehr erstaunlich, denn während 40 Wochen hat sich die Population der Epidermiszellen (die schließlich auch zur Tumorbildung beitragen) sehr oft erneuert, und die ursprünglich mit Carcinogen behandelte Zellgeneration hat längst jüngeren Zellen Platz gemacht. Die veränderten Informationen der transformierten Zellen müßten also mehrfach weitergegeben worden sein.

Zwingend ist dieser Schluß allerdings nicht, denn es könnte durchaus sein, daß die transformierten Zellen einfach „liegenbleiben“, daß sie also von der ständigen Zellerneuerung ausgeschlossen werden. Diese auf den ersten Blick etwas willkürlich erscheinende Alternative gewinnt an Wahrscheinlichkeit, wenn man einmal die genaueren Mechanismen des Zellnachschubs in der Epidermis analysiert. Abbildung S. 48 skizziert zwei Denkmodelle, die sich in der räumlichen Anordnung der Mitosen unterscheiden.

Modell (B) würde gut erklären, warum auch noch nach längerer Zeit immer noch die gleiche Zahl der Tumorkeime erhalten bleibt und dementsprechend auch noch nach einem Jahr die gleichen Tumorausbeuten erreicht werden. Dieses Modell hat nur den Nachteil, daß es sehr wahrscheinlich gar nicht stimmt.

Wahrscheinlicher ist Modell (A), denn „ausgequetschte" Zellen, wie sie dieses Modell fordert, wurden tatsächlich im Mikroskop beobachtet (Iversen), und auch Bullough berichtet, daß er zeigen konnte, daß in der Mäuseepidermis die Ebene einer Mitose in der Regel so liegt, daß beide Tochterzellen in der Basalzellschicht verbleiben: „Es könnte lediglich der erhöhte Druck sein, der dann schließlich Zellen in die oberen Zellschichten abdrückt". Auch radioautographische Studien stützen das Modell (A). Iversen beispielsweise hat Epidermiszellen mit Tritium-Thymidin markiert (dabei werden alle Zellen in S-Phase gekennzeichnet) und verfolgt, wie die Markierung weiterwandert. Dabei zeigte es sich, daß nur etwa 10% der markierten Zellen sofort in die oberen Zellschichten abwandern und der überwiegende Teil der markierten Basalzellen auch nach der Mitose in der Basalschicht verbleibt. Karatschai hat diese Befunde mit der neuen Methode der „Reliefautoradiographie" bestätigt.

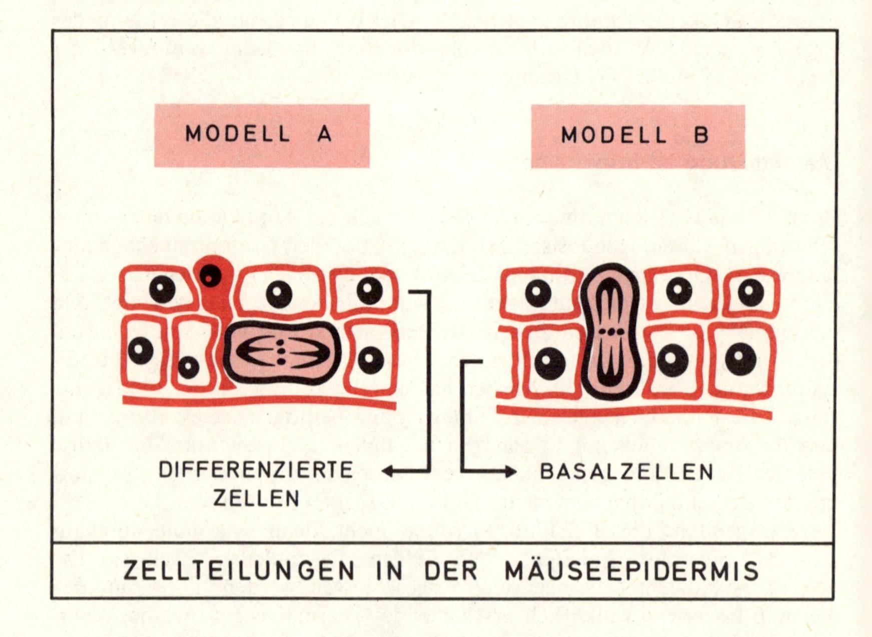

ZELLTEILUNGEN IN DER MÄUSEEPIDERMIS

Auch Modell A würde erklären, daß sich die Zahl der latenten Tumorzellen im Laufe der Zeit (im Mittel) nicht verändern wird. Man würde aber erwarten, daß doch gelegentlich latente Tumorzellen völlig verloren gehen, da sie nach oben abgedrückt werden, oder aber auch, daß mehr als durchschnittlich viele latente Tumorzellen erhalten bleiben, weil sie zufällig nicht nach den oberen Schichten abgedrängt werden. Kurz, je länger man mit der Crotonölnachbehandlung wartet, um so stärker müßten die Tumorausbeuten schwanken, d. h. die Zahl der Tumorträger müßte abnehmen. Dies hat man nicht beobachtet. Einen Ausweg bietet die schon erwähnte Vorstellung, daß die initiierten Tumorzellen einfach liegen bleiben.

Allgemeingültigkeit der Zwei-Stufen-Hypothese ist fraglich

Kaninchenohren und Maushaut sind die wichtigsten Beispiele für Zwei-Stufen-Experimente, sie sind aber nicht die einzigen Fälle.

Eine sehr merkwürdige Beobachtung hat Huggins gemacht: Ratten eines Stammes, in dem keine spontanen Sarkome auftreten, erhielten subcutane Injektionen von Sesamöl (dieses Öl wird oft als Vehikel für wasserunlösliche, fettlösliche Substanzen verwendet). Ein zweite Gruppe wurde mit einer Diät gefüttert, die Methylcholanthren enthielt. Beide Gruppen blieben tumorfrei. Wurde nun aber Methylcholanthren-gefütterten Ratten Sesamöl subcutan injiziert, so bekamen diese Tiere an der Injektionsstelle Sarkome. Die Interpretation liegt nahe, daß das verfütterte Carcinogen die Bindegewebszellen, zumindest zum Teil, in latente Tumorzellen umgewandelt hat, die dann durch den Reiz der Injektion, ganz wie im Falle der Kaninchenohren, zum Wachsen gebracht werden können.

Trotzdem erscheint die Tumorerzeugung nach dem Zwei-Stufen-Schema keineswegs als die Regel. Die Entstehung von Leukämien scheint sich einzufügen, dagegen gibt es noch kein gutes System, Hepatome nach Art des Berenblum-Experimentes zu erzeugen. Schon Maushaut ist nicht immer gleich Maushaut: Die Schwanzhaut einer Maus ist sogar gegen Dauertropfung mit DMBA resistent, und am Maus*ohr* gelingt es nicht, nach Verfüttern von DMBA (Initiierung) mit Crotonölfaktor Papillome zu induzieren. Bei Ratten läßt sich das Berenblum-Experiment noch nicht einmal mit der Rückenhaut durchführen, und bei Hamstern entstehen nach einer Behandlung mit carcinogenen Kohlenwasserstoffen ganz bevorzugt Melanome und nicht Papillome. Man trifft also eine ganz andere Zielzelle!

Syncarcinogenese: Carcinogene können sich gegenseitig vertreten

Die Entdeckung sehr vieler und auch sehr verschiedenartiger chemischer Carcinogene hatte bald zu der Frage geführt, ob alle diese Substanzen einen eigenen Mechanismus in Gang setzen, der schließlich zur Entstehung von Tumorzellen und zur Bildung eines Tumors führt. Carcinogene kommen in sehr vielen chemischen Substanzklassen vor: sie gehören beispielsweise zu den ungesättigten cyclischen Kohlenwasserstoffen, zu den aromatischen Aminen, zu den Nitrosaminen. Urethan ist ein Beispiel für Amid und Ester zugleich, Thioharnstoff ist ein Schwefelderivat des Harnstoffs.

Diese Vielfalt der chemisch-physikalischen Eigenschaften ließ den Verdacht aufkommen, daß beispielsweise die Erzeugung von Hepatomen durch

Buttergelb (N,N-Dimethyl-(4)-aminoazobenzol = DAB) oder durch Diäthylnitrosamin (DÄNA) auf ganz verschiedenen Wegen zustande kommt. Doch dieser Verdacht bestätigte sich nicht, ganz im Gegenteil: DÄNA und DAB können sich bei der Hepatominduktion weitgehend vertreten. In einem Experiment, in dem beide Carcinogene verfüttert wurden, waren nur etwa 60 % der Einzeldosen notwendig um zu Hepatomen zu kommen, Diäthylnitrosamin ersetzt also weitgehend Buttergelb (Schmähl).

Dieser Befund ist kein Einzelfall: Schon in den 30er und 40er Jahren hatten Hieger und Rush gefunden, daß 3,4-Benzpyren und Dimethylbenzanthracen austauschbar sind. F. Freksa (1940) beschrieb, daß auch 3-Methylcholanthren durch 3,4-Benzpyren ersetzt werden kann und umgekehrt. Allerdings sind diese Kohlenwasserstoffe chemisch eng miteinander verwandt und ihre Austauschbarkeit erscheint daher sehr plausibel. Doch auch die chemisch sehr verschiedenen Hautcarcinogene 4-Nitrochinolin-N-oxyd und 3-Methylcholanthren können sich vertreten (Nakahara). Besonders überraschend aber waren Versuche, Hautkrebs gleichzeitig mit chemischen Carcinogenen und mit Strahlungen zu erzeugen. Auch bei diesen Versuchen ergab sich eine Summation von chemischen und physikalischen Wirkungen.

Hoshino und andere applizierten Lösungen von 4-Nitrochinolin-N-oxyd und die β-Strahlung einer ^{90}Sr-Strahlenquelle, beides in submanifesten Dosen, das heißt also in Dosierungen, die allein keine Tumoren erzeugen können. Die Kombination der beiden unterschwelligen Behandlungen führte dann aber doch zu Tumoren (Papillomen, Fibrosarkomen und Carcinomen). Die Autoren schlossen daher, daß „die Effekte, die 4-Nitrochinolin-N-oxyd und β-Strahlen erzeugen, für die Tumorerzeugung einander qualitativ äquivalent sind."

Auch Schmähl hatte aus seinen Experimenten geschlossen: „Die Addition der carcinogenen Effekte zwingt zu der Annahme, daß der Angriffspunkt der carcinogenen Wirkung in der Zelle an den gleichen Zellbestandteilen erfolgen muß; wäre dies nicht so, dann könnte man die Addition nicht verstehen."

Bei Hoshino allerdings steckt der Teufel im Detail. Es ist nicht gleichgültig, ob 4-Nitrochinolin-N-oxyd *vor* der Bestrahlung appliziert wird oder *hinterher.*

Es könnte durchaus sein, daß die Vertretbarkeit der „carcinogenen Reize" sich nicht auf den gesamten Ablauf der Carcinogenese bezieht. In der Terminologie von Berenblum/Rous könnte dies bedeuten, daß verschiedene Carcinogene ganz verschiedene Primärereignisse auslösen, daß sie sich aber in ihrer Eigenschaft als Promotoren gegenseitig voll vertreten können.

Syncarcinogenese und Co-Carcinogenese: Mehr als ein Streit um Worte

Die beiden Begriffe Syncarcinogenese (K. H. Bauer) und Co-carcinogenese sind nur scheinbar Synonyme: Syncarcinogenese meint das Zusammenwirken von Carcinogenen, Co-carcinogenese bezieht sich auf Maßnahmen, die die

Carcinogenese unterstützen und die selber keineswegs tumorerzeugend sein müssen. Crotonöl war ein Beispiel für eine co-carcinogene Substanz, die selber nicht-carcinogen ist.

Streng genommen ist aber Crotonöl gar nicht nicht-carcinogen — bei hoher Dosierung treten in signifikanter Zahl Papillome auf. Crotonöl ist ein Gemisch aus verschiedenen Substanzen und es bestand die Möglichkeit, daß carcinogene Wirkung und cocarcinogene Wirkungen verschiedenen Substanzen zugeordnet werden können. Hecker hatte gerade aus diesen Gründen die Fraktionierung von Crotonöl in Angriff genommen, reine Substanzen isoliert und charakterisiert. Doch die ursprüngliche Frage blieb ungelöst, denn auch die reinen „Cocarcinogene“ erwiesen sich bei hoher Dosierung als schwache Carcinogene.

Daraus wurde gelegentlich der Schluß gezogen, daß das Berenblum-Experiment eigentlich nur ein Sonderfall der Syncarcinogenese ist, daß es sich hier also „nur“ um eine Wechselwirkung verschiedener Carcinogene handelt, wobei in diesem Falle allerdings keine additive, sondern eine potenzierende Wechselwirkung zu fordern wäre. Nach dieser Auffassung bestünde dann aber gar kein grundsätzlicher Unterschied zwischen Initiierung und Promotion.

Dies steht aber nun doch in einem recht krassen Gegensatz zu den Befunden, die wir oben diskutiert haben: nämlich zur irreversiblen Initiierung und zur reversiblen Promotion. Außerdem entscheidet — wie wir gesehen haben — die Reihenfolge der Applikation über die Tumorentstehung. Eine Crotonölbehandlung *vor* der Carcinogenapplikation ist wirkungslos. Schließlich lassen sich angeblich carcinogene Effekte von Crotonöl und Crotonölfaktoren bequem vom Tisch diskutieren: Es ist experimentell unmöglich, eine spontane Initiierung von Zellen der Maushaut (etwa durch UV- und Höhenstrahlung) ganz auszuschließen. Crotonöl entwickelt dann eben einfach diese spontan erzeugten latenten Tumorzellen.

Zusammenfassung

Die chemische Induktion von Papillomen läßt sich am Beispiel der Maushaut in zwei Phasen zerlegen: Die erste Phase (Initiierung) erzeugt sogenannte latente Tumorzellen, die zweite (Promotion) entwickelt dann diese Zellen zu Tumoren (Berenblum-Experiment).

Die Promotion ist auch mit nicht-carcinogenen Substanzen möglich; Crotonöl ist das bekannteste Beispiel eines solchen „Co-carcinogens“. Die Initiierung ist irreversibel, die Promotion reversibel.

Die Allgemeingültigkeit der „Zwei-Stufen-Hypothese“ erscheint fraglich.

Wirtsfaktoren bei der Tumorentstehung

Kleine Ursachen können große Wirkungen haben. In Newtons Mechanik war das noch anders; dort entsprach jeder Kraft eine gleich große Gegenkraft, zur *actio* gehörte dort immer spiegelbildlich eine *re-actio*.

In komplizierten Steuersystemen dagegen können kleine und kleinste Steuerkräfte große und größte Wirkungen hervorrufen. Aber auch schon beim Öffnen eines Wasserhahnes zeigt sich die Unangemessenheit von Steuerenergie (der Hand) und freigesetzter Nutzleistung (des Wasserwerkes). Wer alles über den Zündschlüssel eines Automobils weiß, kennt damit noch nichts von den Mechanismen, die schließlich zur Fortbewegung des Fahrzeugs führen. Auch wer seine Carcinogene genau kennt, weiß noch nicht allzuviel über die Vorgänge, die von diesen Substanzen ausgelöst werden. Auch hier treten — wie so oft — an die Stelle einfacher Ursache-Wirkungsbeziehungen sogenannte „Auslöserkausalitäten". In solchen Systemen verrät die intimste Kenntnis des Auslösers noch gar nichts über das, was ausgelöst wird.

Kleine Veränderungen eines Moleküls können zu dramatischen Veränderungen seiner biologischen Eigenschaften führen (Abbildung S. 53). Androgene und Oestrogene, männliche und weibliche Sexualhormone, sind in ihrem Grundgerüst recht ähnlich; beide gehören zu den Steroiden, in denen vier Kohlenstoffringe zusammengefaßt sind. Ihre Wirkungen sind aber durchaus verschieden, wobei die Einzeleffekte von trivialen Stoffwechselwirkungen über morphologische Veränderungen bis zu psychischen Variationen reichen.

Besonders eindrucksvolle Beispiele für die Abhängigkeit biologischer Eigenschaften von der chemischen Feinstruktur liefern die Viren. Behandelt man beispielsweise eine gesunde Tabakpflanze mit einer Ribonucleinsäurepräparation aus Tabakmosaikvirus, so zeigen sich schon nach wenigen Tagen die ersten Anzeichen einer schweren Erkrankung; nach kurzer Zeit werden die Blätter welk, und die Pflanze stirbt ab.

Eine Virus-RNA dagegen, in der im Durchschnitt nur ein einziger der 2000 Bausteine verändert wurde, versagt (Abbildung S. 53): die Pflanzen bleiben gesund, als ob nichts geschehen wäre. Solche „minimalen" Veränderungen lassen sich beispielsweise mit Natriumnitrit erzeugen, wobei lediglich ein Austausch einer NH_2-Gruppe eines Adenins oder Guanins durch eine OH-Gruppe stattfindet; der Rest des Moleküls bleibt unverändert. Dennoch genügt diese geringfügige Modifikation an nur einem einzigen Baustein der RNA, um aus einer hochinfektiösen Ribonucleinsäure ein harmloses Molekül zu machen.

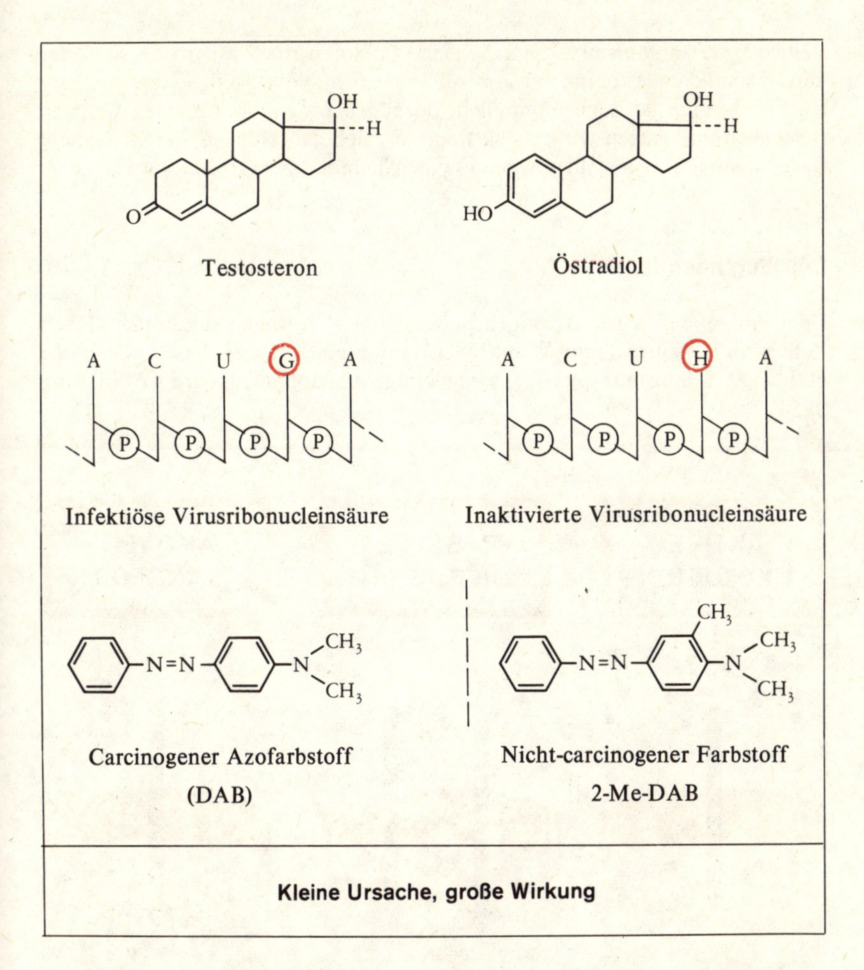

Kleine Ursache, große Wirkung

Auch die Unterschiede zwischen carcinogenen und nicht-carcinogenen Substanzen können geringfügig sein. Tropft man auf die Rückenhaut einer Maus eine Lösung von 3,4-Benzpyren, so lassen sich Papillome und Carcinome erzeugen. Tropft man dagegen das sehr ähnliche 1,2-Benzpyren, so kommt es zu Lebzeiten der Versuchstiere nicht zur Tumorbildung. Oder um ein anderes Beispiel zu nennen: N,N-Dimethyl-(4)-aminoazobenzol (Buttergelb) ist carcinogen, 2-Methyl-dimethyl-aminoazobenzol aber nicht-carcinogen; die Einführung einer einzigen Methylgruppe hat die carcinogenen Eigenschaften ausgelöscht (Abbildung S. 53).

Wir haben bisher die Carcinogenese im wesentlichen aus der Perspektive des chemischen Carcinogens betrachtet. Wir müssen nun nachholen, welche

Beiträge der Organismus liefert, welche Faktoren die Carcinogenese außer dem eigentlichen Carcinogen kontrollieren. Eine vollständige Beschreibung dieser Faktoren ist noch unmöglich, begnügen wir uns mit einigen wenigen Beispielen und fragen wir zunächst einmal nach den Hürden, die sich einem Carcinogen entgegenstellen, wenn es einen Tumor erzeugen soll.

Der Weg nach Innen

Erste Aufgabe für ein Carcinogen ist es, in eine Zelle hineinzukommen. Doch Zellen sind exklusiv, ihre Membranen treffen eine strenge Auswahl, welche und wieviel Substanz aus der Umgebung aufgenommen wird (Abbildung S. 54).

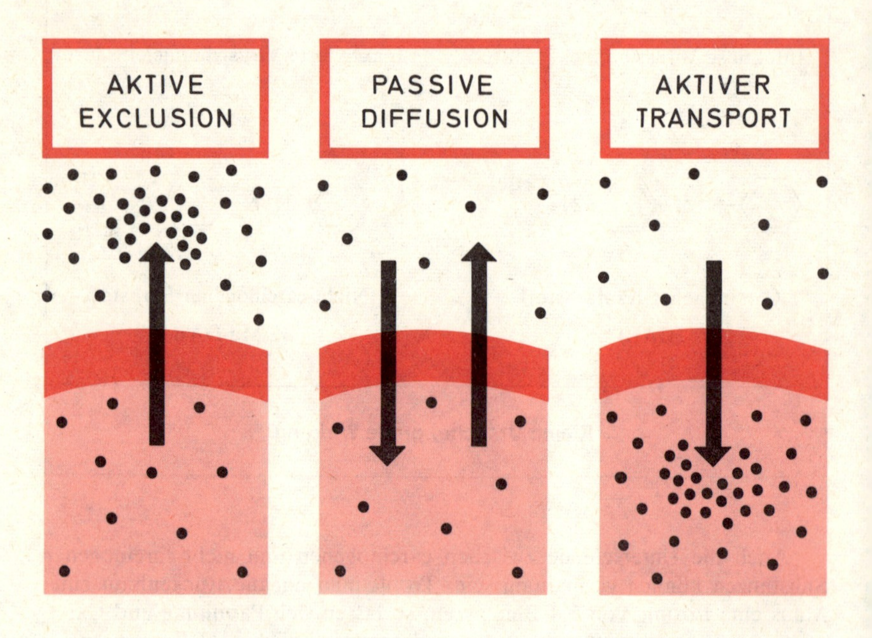

Zellmembranen bestehen vorwiegend aus lipophilen Bausteinen, und allein dadurch ist schon eine Zensur über den Transport in eine Zelle gewährleistet: Eine nur fettlösliche Substanz wird in den Membranen hängenbleiben, und sie wird beim Überqueren wäßriger Zwischenschichten nur sehr schlecht vorankommen. Umgekehrt wird eine vorwiegend wasserlösliche Verbindung lipidhaltige Membranen kaum durchdringen können; sie wird wie ein Wassertropfen von einer öligen Oberfläche abgestoßen.

Die relative Löslichkeit einer Substanz in hydrophilen (wasserfreundlichen) und hydrophoben (wasserabstoßenden) Lösungsmitteln läßt sich quantitativ messen. Dazu „verteilt“ man die zu untersuchende Substanz zwischen „wäßrigen“ und „lipoiden“ Lösungsmitteln und bestimmt dann die Konzentrationen dieser Substanz in den beiden — natürlich nicht mischbaren — Flüssigkeiten.

Hansch und Fuyita haben carcinogene Azofarbstoffe zwischen n-Octanol und Wasser verteilt. Dabei ergaben sich bemerkenswerte Korrelationen zwischen dem „Verteilungskoeffizienten“ eines Farbstoffes und seiner carcinogenen Aktivität. Besonders gute Wasserlöslichkeit, aber auch besonders gute Löslichkeit in n-Octanol waren Hinweise auf eine reduzierte Carcinogenität.

Allerdings fanden Hansch und Fuyita auch Ausnahmen, überraschen sollten sie aber nicht, denn Zellmembranen sind sicher mehr als lediglich passive Barrieren, die bestimmte Substanzen vom Zellinnern fernhalten können.

An vielen Beispielen konnte gezeigt werden, daß lebende Zellen in der Lage sind, bestimmte Verbindungen aktiv anzureichern. In einigen Fällen hat man die dazu erforderlichen „Permeasen“ (das sind „Mechanismen“, die eine Permeation auch gegen ein Konzentrationsgefälle ermöglichen) genauer analysiert. Permeasen für carcinogene Verbindungen sind bisher noch nicht beschrieben worden, mit ihrer Existenz muß aber gerechnet werden.

Möglicherweise jedoch besteht für ein Carcinogen das Problem gar nicht darin, in eine Zelle hineinzukommen, es könnte durchaus sein, daß die weit schwierigere Aufgabe darin besteht, nicht wieder hinausgeworfen zu werden. Schutzmechanismen, die es einer Zelle erlauben, unerwünschte Substanzen wieder loszuwerden, könnten auch Carcinogenen gefährlich werden. Auch hierüber liegen keine experimentellen Beweise vor. Lediglich für Cortisol konnte es wahrscheinlich gemacht werden, daß L-Zellen einmal eingedrungenes Cortisol aktiv wieder aus der Zelle ausschleusen können. Wird nämlich die Energieproduktion einer L-Zelle zeitweilig blockiert, so wird von diesen Zellen *mehr* Cortisol aufgenommen als von L-Zellen unter normalen Bedingungen

Der Weg eines Carcinogens in einer Zelle wird daher wohl sicher nicht allein von seinen Lösungseigenschaften abhängen. Doch es gibt noch mehr Gründe, warum Hansch Ausnahmen finden mußte.

Aktivierung der Carcinogene als limitierender Schritt bei der chemischen Carcinogenese

Auch wenn es einem Carcinogen gelungen ist, von einer Zelle aufgenommen zu werden, ist damit noch lange nicht sichergestellt, daß die Carcinogenese auch wirklich in Gang kommt. Viele Carcinogene müssen erst im Stoffwechsel der Zelle zu den eigentlichen carcinogenen Substanzen aktiviert werden. Doch hier scheiden sich die Zellen: einige Zellen können aktivieren, andere aber können es nicht. Dies ist jedenfalls die Meinung vieler Autoren, wenn es darum geht zu erklären, warum bestimmte Carcinogene in bestimmten Organen und Geweben ganz bevorzugt Tumoren erzeugen. (Man hat diese Bevorzugung bestimmter Zellen gelegentlich Organotropie genannt.)

Weil nun — im allgemeinen — die Carcinogene aktiviert werden müssen, ist es wichtig, wie und vor allem wo ein Carcinogen appliziert wird. Ein Beispiel aus der Hautcarcinogenese zur Illustration: Wird Acetylaminofluoren (AAF) einer Maus direkt auf die Haut getropft, so gelingt es nicht, durch anschließende Behandlung mit Crotonöl Papillome zu erzeugen. Sehr wohl dagegen lassen sich mit AAF und Crotonöl Hauttumoren erzeugen, wenn Acetylaminofluoren nicht direkt „gepinselt", sondern verfüttert wird. Auf dem Umweg über die Leber erreichen dann aktivierte AAF-Derivate auch Hautzellen. Am Beispiel der aromatischen Amine haben wir gesehen, wie solche Aktivierungen aussehen können:

$$\Phi{-}N{<}^{COCH_3}_{H} \xrightarrow{O_2} \Phi{-}N{<}^{COCH_3}_{OH} \longrightarrow \Phi{-}N{<}^{COCH_3}_{OCOCH_3}$$

Sogenannte N-Hydroxylierungen führen zusammen mit einer Veresterung zum „ultimate carcinogen" (Miller).

Auch Nitrosamine werden im Zellstoffwechsel in reaktive Zwischenprodukte umgewandelt, und auch hier spielt eine Oxydation die entscheidende Rolle:

$$ON{-}N{<}^{CH_3}_{CH_3} \xrightarrow[TPNH]{O_2} ON{-}N{<}^{CH_2OH}_{CH_3} \longrightarrow [CH_3^+]$$

Dimethylnitrosamin

Bei den sehr nahe verwandten Nitrosamiden (z. B. Nitrosomethylharnstoff) ist dagegen offensichtlich keine Aktivierung erforderlich: einfache Hydrolyse genügt hier, um zu reaktiven Folgeprodukten zu kommen.

$$O{=}C{<}^{NH_2}_{N(CH_3)NO} \xrightarrow{H_2O} [CH_3{-}\underset{H}{N}{-}NO] \longrightarrow [CH_3^+]$$

Nitrosomethylharnstoff

Doch dürften solche Carcinogene, die ohne Aktivierung auskommen und nicht erst im Stoffwechsel brisant gemacht werden müssen, die Ausnahme sein.

Gelegentlich werden die aktivierenden Reaktionen als *Giftung* bezeichnet, denn erst im Organismus werden die „eigentlichen" Gifte erzeugt. Gegenstück zu diesen Prozessen sind die schon viel länger bekannten Entgiftungsreaktionen. Auch diese Reaktionen spielen für die Carcinogenese eine wichtige Rolle: sie sind Fallen, denen die Carcinogene entgehen müssen. (Giftung und Entgiftung sind natürlich „anthropomorphe“ Vorstellungen; in Wirklichkeit sind Giftung und Entgiftung nur zwei Seiten der gleichen Medaille).

Gefahr für Carcinogene: Entgiftungsreaktionen

Füttert man einer Maus oder einer Ratte carcinogene Kohlenwasserstoffe wie 3,4-Benzpyren oder 3-Methylcholanthren, so scheiden die Tiere eine Vielzahl veränderter Kohlenwasserstoffe aus. Sehr oft wurde einfach Sauerstoff „eingeschoben“ (Hydroxylierung). Man hat nun einige dieser oxydierten Kohlenwasserstoffe in größeren Mengen hergestellt und sie auf Carcinogenität geprüft, aber dabei immer wieder gefunden, daß aus hochwirksamen Carcinogenen völlig inaktive Verbindungen entstanden waren.

Sicher ist die Schlußfolgerung, daß es sich also um Entgiftungsprodukte handelt, allerdings nicht. Könnten hydroxylierte carcinogene Kohlenwasserstoffe nur schwer die Zellmembranen passieren — etwa weil sie wasserlöslicher geworden sind —, so ließen sich mit ihnen keine Tumoren erzeugen, auch wenn sie innerhalb einer Zelle noch „carcinogen“ wären. Der direkte Carcinogentest kann dann keine klaren Ergebnisse liefern.

Reaktivierung der Glucuronide im Urin: Blasenkrebs

Aktivierte Carcinogene können zu Glucuroniden verestert werden:

$$O{=}CH-(CHOH)_4-C\begin{smallmatrix}{=}O\\ \diagdown OR\end{smallmatrix}$$

Sie werden dann durch die Nieren ausgeschieden und kommen so schließlich über den Harnleiter in die Harnblase. Doch hier kann ihre carcinogene Aktivität noch einmal „aufflackern“: Urin enthält Glucuronidase, ein Enzym, das die Carcinogene wieder freisetzen kann.

Für die Entstehung von Blasenkrebs durch aromatische Amine („Anilinkrebs“) scheint dieser Mechanismus von entscheidender Bedeutung zu sein: Hunde und Menschen besitzen die erwähnte Glucuronidase, Mäuse und Ratten nicht. Ganz folgerichtig sind daher Hunde und Menschen anfällig, Mäuse und Ratten dagegen nicht.

Die Entstehung von Blasentumoren durch aromatische Amine wird also durch ein Wechselspiel zwischen aktivierenden, desaktivierenden und reaktivierenden Reaktionen determiniert. Einfacher gesagt: sowohl die „Stärke“ eines verabreichten Carcinogens als auch die Stelle, an der es einen Tumor erzeugt, hängt ganz wesentlich vom Stoffwechsel dieser Substanzen ab.

Alle Prozesse, die wir bisher kennengelernt haben, entscheiden darüber, ob es zur Entstehung eines Tumors kommen kann oder nicht. Im Mittelpunkt stehen die Carcinogene selber, ihre Permeation durch Zellmembranen, ihre Aktivierung im Zellstoffwechsel und ihre Entgiftung. Doch ein Carcinogen muß nicht nur eine geeignete Zelle finden, es muß sie auch im „geeigneten Moment“ treffen.

Phasenregel der Carcinogenese ("Meet the phase")

Eine einzige Mahlzeit kann genügen, um Brustkrebs zu erzeugen.

Huggins hat bei 50—65 Tage alten weiblichen Sprague-Dawley-Ratten durch einmaliges Verfüttern von Methylcholanthren bzw. Dimethylbenzanthracen (100 bzw. 20mg pro Ratte) in Sesamöl zu 100% Brustdrüsencarcinome induzieren können. Verfütterung zu einem früheren, aber auch zu einem späteren Zeitpunkt reduzierten drastisch die Tumorausbeuten. Das richtige Lebensalter entscheidet also über Erfolg und Mißerfolg; zwischen 50 und 65 Tagen befinden sich die Brustdrüsenzellen offensichtlich in einer besonders sensitiven Phase.

Allerdings wird man hier auch mit indirekten Effekten rechnen müssen: Gerade Brustdrüsenzellen sind hormonabhängig, und es könnte durchaus sein, daß die besondere Sensibilität auf einer besonders günstigen hormonalen Konstellation beruht. Solche indirekten Effekte sind bei *in vitro* Versuchen ausgeschlossen. Aber auch bei der Carcinogenese „im Reagenzglas“ zeigte es sich, daß es wichtig ist, die Zellen in der richtigen Phase zu treffen (vgl. S. 177).

Waren bisher alle Weichen richtig gestellt, so ist es zwar zur Bildung einer Tumorzelle gekommen, bis zu einem ausgewachsenen Tumor ist dann immer noch ein weiter Weg.

Tumorzellen können „schlafen“

Kliniker müssen immer wieder die enttäuschende Erfahrung machen, daß ihre Patienten Jahrzehnte nach einer erfolgreichen Tumoroperation den gleichen Tumor — dann allerdings oft an einer anderen Stelle — wieder bekommen können, sog. Spätmetastasen. Nach der operativen Entfernung eines primären Mammacarcinoms können z. B. nach 25—30 Jahren schließlich Metastasen in einem Lendenwirbel auftreten. Solche Fälle zeigen, daß Krebszellen „buchstäblich über Jahre und Jahrzehnte latent im Organismus zu leben vermögen“ (K. H. Bauer). In der englischen Literatur hat sich die Bezeichnung „dormant“ eingeführt, nicht etwa „sleeping“. Im Deutschen müssen wir dagegen das unwissenschaftlich klingende „schlafende Tumorzellen“ verwenden.

Doch nicht nur abgewanderte Tumorzellen können „schlafen“; Tumorzellen bleiben gelegentlich auch an Ort und Stelle ihrer Entstehung zunächst noch „eingefroren“. Auch dafür kennt die Klinik zahlreiche Beispiele: so z. B. das sogenannte *carcinoma in situ,* sozusagen bösartige Tumoren vor dem Start, die in der Haut, im Kehlkopf, im Brustgewebe, vor allem aber an der Portio des Uterus häufig diagnostiziert werden (Abbildung S. 238). Gerade im Falle des Portiocarcinoms *in situ* können größere Zellmengen mit eindeutig neoplastischem Charakter (hyperchrome Kerne, Mitosen) gebildet werden, die aber die Basalmembran, — die das Epithel vom darunterliegenden Gewebe trennt —, noch nicht durchbrechen. Die Zellmassen sitzen deutlich abgetrennt auf dem Untergewebe auf, sie haben das invasive Wachstum noch nicht begonnen. Kleine Chirurgie erlaubt hier — frühzeitige Diagnose vorausgesetzt — eine völlige Heilung. So groß die Bedeutung dieses Carcinoms *in situ* für die Medizin ist, im Tierexperiment fehlen geeignete Modelle.

Doch auch bei Ratten und Hamstern gelang der Existenzbeweis „schlafender Tumorzellen“. Fisher und Fisher benutzten dazu Walker-Carcinomzellen, die sie in die Pfortader von Ratten injizierten: werden zur Injektion nur 50 Zellen eingesetzt, so bilden sich keine Tumoren, weder in der Leber noch anderswo. Operiert man dagegen mehrfach die Tiere Wochen oder Monate nach der Injektion der Tumorzellen (einfaches Öffnen und Schließen der Bauchhöhle mit Betasten der Leber genügt), so konnten nach einiger Zeit in der Leber Walkercarcinome diagnostiziert werden. Dieses Experiment zeigt, daß schlafende Walkerzellen in der Leber existierten und daß sie durch einfache traumatische Prozesse geweckt werden können.

Paradoxe Einflüsse der Ernährung

Tumorzellen haben es im allgemeinen in einem unterernährten Wirt schwerer (Tannenbaum). Neben anderen hat Boutwell Versuche zur Hautcarcinogenese unter solchen Mangelbedingungen gemacht. Wenn seine Mäuse nur 60% der Futtermenge, die sie *ad libitum* gefressen hätten, bekamen, dann hatten nach 16 Wochen nicht 50% der Tiere Tumoren, sondern nur 14%, und die durchschnittliche Papillomzahl pro Maus war von knapp 6 auf weniger als 2 gesunken.

Bullough hat eine eigenwillige Deutung dieser Experimente vorgeschlagen: unterernährte Tiere leben unter dauerndem Stress, was bedeutet, daß Stresshormone, beispielsweise Adrenalin und Cortison dauernd erhöht sind. Gerade von diesen Hormonen weiß man aber, daß sie Mitosen hemmen können. Die Hemmungen der Tumorausbeuten findet dadurch eine einfache Erklärung. Cortison selber hat jedenfalls den erwarteten Effekt auf die Tumorausbeuten: im Berenblum-Experiment sank bei 0,5 mg Cortison/Maus und Tag in der Diät die Zahl der Carcinomtiere auf 10% der Kontrollwerte (Boutwell). Doch nicht immer hilft Mangelernährung gegen Tumoren: Buttergelbhepatome beispielsweise lassen sich nur dann induzieren, wenn die Tiere auf einer Proteinmangeldiät gehalten werden. Eine vollwertige Proteindiät schützt hier gegen die Tumorentstehung.

Schließlich sei noch als Kuriosum angemerkt: Cholinmangel allein genügt, um Hepatome bei Ratten zu erzeugen.

Hormonabhängiges Tumorwachstum

Viele Tumoren sind auf Hormone angewiesen. Ein besonders dramatisches Beispiel hat Foulds bei Mäusen beobachtet: Spontane Mammacarcinome wuchsen stark während einer Schwangerschaft, nach der Geburt verlangsamten sie das Wachstum oder bildeten sich sogar wieder zurück. Bei der nächsten Schwangerschaft jedoch setzte eine neue Wachstumswelle ein. Das Tumorwachstum hängt daher in diesem Fall besonders deutlich von hormonalen Konstellationen ab, die Mammacarcinome sind — zunächst jedenfalls — „hormonabhängig". Im Laufe ihrer weiteren Entwicklung jedoch, fand Foulds, verloren diese Mäusecarcinome ihre Abhängigkeit, sie wuchsen dann auch ohne weitere Schwangerschaften, bis die Tiere schließlich starben.

Auch bei Ratten sind Brustdrüsencarcinome so gut wie immer hormonabhängig. Ein einfaches Experiment beweist diese Abhängigkeit: Rattenbrustkrebs geht nach operativer Entfernung der Eierstöcke zurück. Sogar für virusinduzierten Brustkrebs ist die „cocarcinogene" Wirkung weiblicher Sexualhormone erforderlich; wir werden auf das Beispiel des Bittner-Virus im Viruskapitel noch einmal zurückkommen (S. 133).

Gelegentlich kann aber gerade die Entfernung von Keimdrüsen zu bösartigem Wachstum Anlaß geben. Erfahrene Jäger kennen den Perückenhirsch, mit fehlgebildeten Geweihansätzen, die schließlich durch die Schädeldecke wachsen und das Tier töten. Die Jäger kennen auch die Ursache für diese malignen Fehlbildungen: Der Hirsch hatte sich früher eine Hodenverletzung zugezogen. Perückenhirsche sind zwar Raritäten im Nimrodschen Kuriositätenkabinett, aber auch sie zeigen die Bedeutung eines ausgeglichenen Hormonhaushaltes für die Wachstumsregulation.

Neben den Sexualhormonen ist vor allem die Hypophyse für das Tumorwachstum entscheidend. Anstelle die Eierstöcke zu entfernen, kann man auch die Hypophyse exstirpieren, um Brustdrüsencarcinome zu stoppen. Umgekehrt lassen sich Mammacarcinome experimentell erzeugen, wenn man einer Maus eine zweite Hyphophyse implantiert. Die zusätzliche Hypophyse kann unter die Haut, in die Milz oder auch unter die Nierenkapsel geschoben werden: in jedem Fall führt das Überangebot von Hypophysenhormon zu neoplastischem Wachstum.

Das Brustdrüsengewebe ist auch schon normalerweise von (weiblichen Sexual-)Hormonen abhängig; eine Abhängigkeit des davon abgeleiteten Tumorgewebes ist daher sehr plausibel. Doch auch in Organen, die normalerweise keine Zielorgane für Hormone sind, können Hormoneffekte für die Carcinogenese wichtig sein. So fand Reuber, daß Hepatome durch Verfüttern von Acetylaminofluoren nur dann erzeugt werden können, wenn Thyroxin und Testosteron anwesend sind. Beide Hormone lassen sich durch Kastration bzw. Entfernung der Schilddrüse ausschalten: nach dieser Doppeloperation bleiben die Lebertumoren aus. Durch zusätzliche Verabreichung von Thyroxin und Testosteron gelingt es dann aber wieder, hepatozelluläre Carcinome zu induzieren (Abbildung S. 61).

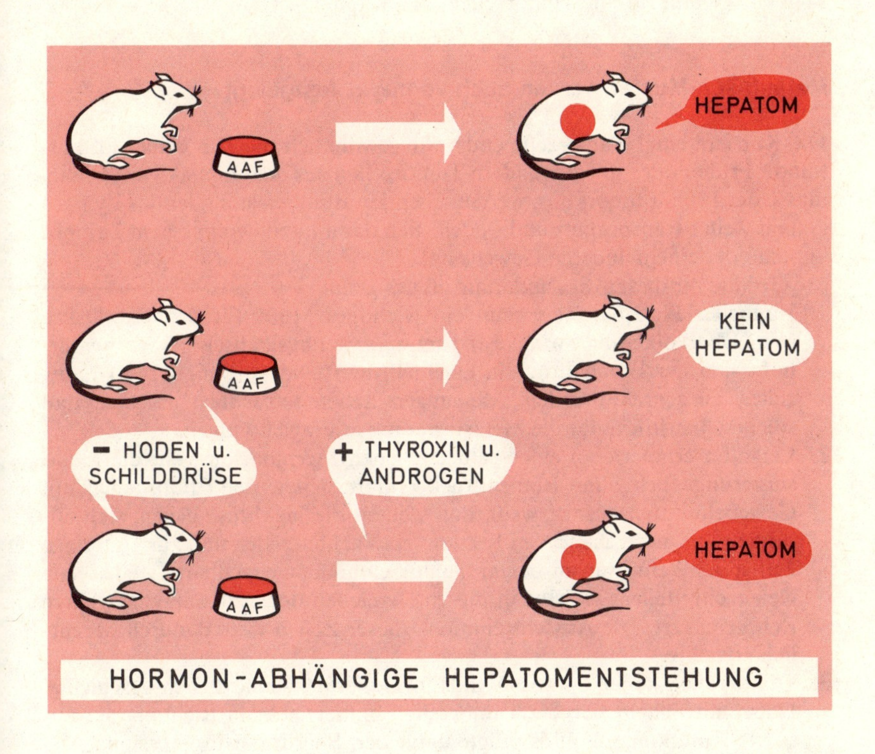

HORMON-ABHÄNGIGE HEPATOMENTSTEHUNG

Der Einfluß der Hormone auf die Tumorentstehung und das Tumorwachstum ist in hohem Maße individuell, jeder Tumor verfährt nach eigenem Rezept. Man kennt die Rezepte im einzelnen nicht genau; daß aber Tumorwachstum hormonal beeinflußbar ist, weiß man schon seit über 100 Jahren: Cooper hat schon 1836 einen Zusammenhang zwischen Mammacarcinomen und Menstruation konstatiert.

Tumorzellen müssen die Immunabwehr unterwandern

Sehr viel jünger sind unsere Kenntnisse über eine Beeinflussung des Tumorwachstums durch das Immunsystem des Wirtsorganismus. Dieses System mit seinen Antikörper-produzierenden Zellen und seinen aktiven Lymphocyten, die fremde Zellen direkt abtöten können, dieses System registriert alles

„Fremde" in einem Organismus: fremd, das sind Bakterien und Viren, und gegen sie wird das ganze Arsenal von Antikörpern aufgeboten; fremd sind aber offensichtlich auch Tumorzellen, die aus den Normalzellen eines Gewebes entstanden sind. Diese körpereigene Abwehr ist daher eine grundsätzliche Gefahr für alle Tumorzellen (vgl. Kapitel S. 106).

Metastasen-Muster werden auch vom Wirt festgelegt

Die Karriere einer Tumorzelle endet für gewöhnlich nicht in einem Primärtumor. Früher oder später wandern Tumorzellen aus der kompakten Gewebemasse des Primärtumors aus, werden über den Blutkreislauf oder das Lymphsystem weiter transportiert und siedeln sich dann irgendwo in einem Lymphknoten oder einem anderen Gewebe an.

Gründe für diese Auswanderung gibt es genug:

1. Einfacher Platzmangel scheint ein wichtiges Motiv für den Exodus zu sein, Übervölkerung zwingt zur Emigration. Physikalisch gesprochen erhöht sich der Binnendruck in einem Primärtumor so lange, bis Tumorzellen ausgepreßt werden. Messungen haben tatsächlich ergeben, daß solche Überdrucke für die Metastasierung in Frage kommen.
2. Leighton erinnerte an einen sehr einfachen Mechanismus, der die Metastasierung auch ohne Binnendruck erklärt. Jeder, der Erfahrungen mit Gewebekulturen besitzt, weiß, daß Zellen, die in Mitose gehen, sich abrunden und weitgehend den Kontakt zu Nachbarzellen und zur Unterlage verlieren. Wenn nun in einem Tumor einander benachbarte Zellen sich gleichzeitig teilen, so wird in diesen Bereichen der Zellkontakt für kurze Zeit gelockert. Die Ausschwemmung dieser Zellen wäre dadurch wesentlich erleichtert.
3. Tumorzellen haben — wie Foulds formulierte — eine Lebensgeschichte. Dabei entwickeln sich die Tumorzellen immer mehr in Richtung auf absolute Autonomie. Foulds prägte dafür den Begriff der Progression: „Die Grundidee der Progression ist die gleiche wie die der epigenetischen Entwicklung während der Embryogenese." Invasives Wachstum und metastasierendes Wachstum sind Stationen dieser Progression; Voraussetzung für beide ist der Verlust gutnachbarlicher Beziehungen.

Wann und ob ein Tumor metastasiert, hängt also offensichtlich von den Tumorzellen selber und von ihrer unmittelbaren Umgebung ab. Wohin aber die ausgestoßenen Zellen wandern, wo sie sich niederlassen und wo sie dann zu Tochtergeschwülsten auswachsen, dabei hat der Wirt ein wichtiges Wort mitzureden.

Schon lange war es Klinikern und experimentellen Krebsforschern aufgefallen, daß sich Metastasen normalerweise nicht gleichmäßig über den Organismus verteilen, sondern bevorzugt in bestimmten Geweben auftreten. So wird die Milz fast immer ausgespart, während Leber, Lunge und Lymphknoten bevorzugt befallen werden. Die Vorliebe bestimmter Tumorzellen für bestimmte Organe kann sehr weit gehen: Kinsey fand beispielsweise ein Mäusemelanom (S-91) mit einer besonderen Affinität zu Lungengewebe. Wurde dieses Melanom auf Mäuse verimpft, denen man in den Oberschenkel zusätzliches Lungengewebe implantiert hatte, so wuchsen die Melanome zwar nur in den Lungengeweben der Maus, aber sowohl in der richtigen Lunge, als auch in den Lungenstückchen im Oberschenkel.

Gerade Experimente dieser Art führten zu der Vermutung, daß bestimmte Gewebe für bestimmte Tumorzellen einen besonders günstigen Nährboden abgeben („congenial soil“). Doch dürften die Nährbodenverhältnisse nicht ausreichen, um alle Metastasenmuster zu erklären. Foulds beispielsweise vermutete, daß „einige Organe, vor allem die Milz, der Etablierung sekundärer Zellablagerungen durch einen lokalen Mechanismus Widerstand bieten, der den Mechanismen ähnelt, die sich dem Angehen einer Gewebetransplantation widersetzen“. Schließlich könnten einfach hämodynamische Effekte den Transport und die Ablagerung wandernder Tumorzellen wesentlich beeinflussen: nur dort, wo Tumorzellen auch wirklich hinkommen können, wo sie „hängen bleiben“, kann es überhaupt zu einer Metastase kommen (Walther). Viele Untersuchungen allerdings haben gezeigt, daß die rein mechanische Verteilung von Tumorzellen über den gesamten Organismus kein Problem darstellt.

Schmähl und Riesenberg beispielsweise injizierten Ratten intravenös hohe Zellzahlen eines transplantablen Ascitestumors, der bei dieser Art der Applikation in der Lunge anwächst. Sie töteten die Tiere nach bestimmten Zeiten, stellten aus den Organen jeweils einen Brei her und verabreichten ihn gesunden Ratten intraperitoneal (= in die Bauchhöhle). Das „Angehen“ eines Ascitestumors beweist dann das Vorhandensein von Geschwulstzellen in dem verwendeten Organbrei. Auf diese Weise konnten noch eine Stunde nach intravenöser Gabe von Walkertumorzellen in allen untersuchten Organen (Lunge, Leber, Niere, Milz und Gesamtblut) virulente Tumorzellen nachgewiesen werden. Nach 24 Std gelang es nur noch mit Lungenbrei, Tumoren zu erzeugen. Daraus ist der Schluß zu ziehen, daß die Verteilung der Tumorzellen kaum Hindernisse kennt und daß manche anfänglich mit Tumorzellen übersäten Organe nach gewisser Zeit keine virulenten Tumorzellen mehr enthalten. Das Argument, die Lunge sei in diesem Experiment das erste Filter, ist nicht stichhaltig, da andere Tumoren in der gleichen Versuchsanordnung nach ganz anderen Verteilungsmustern „metastasieren“.

„Man neigt heute zu der Auffassung, daß biochemische Metastase-Theorien (wie die der geeigneten Nährböden oder auch einer gewebespezifischen Abwehrreaktion) auf der einen Seite und mechanozirkulatorische Theorien auf der anderen Seite sich nicht gegenseitig ausschließen, sondern sich ergänzen (Leighton).“

Zusammenfassung: Wirtsfaktoren oder die Gewinnstrategie der Tumorentstehung

Die chemische Carcinogenese ist ein Weg mit Hindernissen: an vielen Stellen dieses Weges kann die Entscheidung gefällt werden, ob es im Endeffekt zu einer Tumorzelle kommt oder nicht. Schwierigkeiten gibt es beim Eindringen in eine Zelle, bei der Aktivierung zur eigentlichen Wirkform und bei der „Entgiftung“ der Carcinogene. Nur wenn genügend Carcinogen in eine Zelle hineinkommt, nur wenn es zu reaktiven Produkten umgebaut wird und wenn es nicht durch entgiftende Enzyme wieder inaktiviert wird, dann und nur dann hat ein Carcinogen eine Chance, eine Zelle zu transformieren. „Carcinogene müssen in viele Schlüssellöcher passen.“

Doch sie müssen nicht nur passen, sondern auch im rechten Augenblick aufschließen: ob es zu einer neoplastischen Transformation kommt oder nicht, hängt offensichtlich auch von der Phase des Zellzyklus ab, in der ein Carcinogen eine Zelle antrifft.

Alle diese Entscheidungen zusammengenommen tragen dazu bei, daß bestimmte Zelltypen mehr oder weniger bevorzugt von einem gegebenen

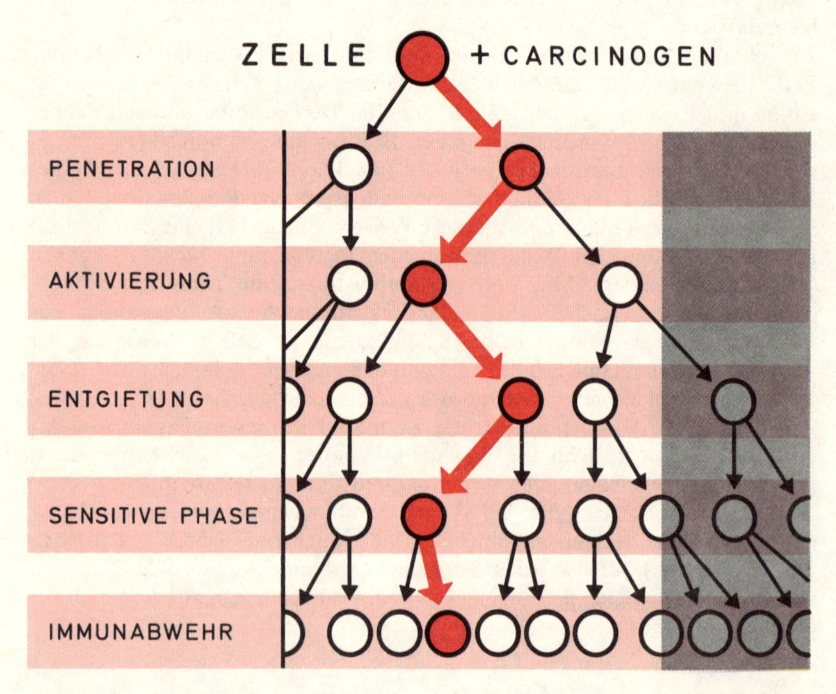

„Entscheidungsbaum“ der Carcinogenese oder: nur wenige Entscheidungen sind „richtige“ Entscheidungen

Carcinogen in Tumorzellen umgewandelt werden; für diese selektive Empfindlichkeit hat man den Ausdruck Organotropie geprägt.

Auch fertigen Tumorzellen drohen Gefahren: sie müssen das Immunabwehrsystem des Wirtes unterlaufen und sie sind im Regelfall darauf angewiesen, daß ihnen bestimmte Hormone zur Verfügung stehen. Am Beispiel des von Foulds studierten Mäusemammacarcinoms wurde deutlich, wie wechselnde „Hormonfelder" wechselndes Tumorwachstum bedingen können. Immunabwehr und Hormonspiegel sind aber nur Beispiele für viele mögliche Regulationsfelder des Organismus, mit denen sich eine Tumorzelle auseinandersetzen muß. Vor allem die Regulationsfelder eines Gewebes selber sind für eine Tumorzelle lebenswichtig. Die gewebeeigenen Steuerungsmöglichkeiten haben wir bisher aus der Diskussion ausgeklammert, gerade sie dürften bei der Carcinogenese eine ganz entscheidende Rolle spielen. Wir wollen sie daher im nächsten Kapitel ausführlicher behandeln.

Auch in der Endphase der Naturgeschichte einer Tumorzelle, beim Weg in die Metastase, ist die Tumorzelle vom Wirtsorganismus abhängig: hämodynamische Faktoren determinieren zusammen mit „biochemischen" Besonderheiten der Zielgewebe die Ansiedelungsmuster.

Schließlich können einfache Veränderungen in der Ernährung des Wirtes die Tumorentstehung beeinflussen: Buttergelbhepatome beispielsweise lassen sich nur bei einer Proteinmangeldiät erzeugen. Eine kalorienarme Diät dagegen verzögert die Carcinombildung (Tannenbaum).

Im „Schachspiel" Carcinogen gegen Zelle sind nur wenige Entscheidungen „richtige" Entscheidungen. Das Carcinogen „spielt" nicht nur gegen seine Zielzelle, sondern gegen den ganzen Organismus.

Gewebsspezifische Wachstumsregulation („Chalone")

Die Größe eines Organismus wird keineswegs vom bloßen Zufall bestimmt: „Der Mensch, als Lungentier, kann nicht so klein wie ein Insekt sein und natürlich auch umgekehrt. Nur gelegentlich — wie im Falle des Goliathkäfers — treffen und überlappen sich die Größen von Käfern und Mäusen. Jede Tiergruppe hat so ihre untere und obere Größenbegrenzung" (D'Arcy Thompson).

Einfache physikalische Gesetze scheinen die Maßstäbe zu setzen: Warmblüter müssen ihren Wärmeverlust durch eine ständige Wärmeproduktion ausgleichen. Die Wärmeabstrahlung ist der Oberfläche, die Produktion jedoch dem Gewicht proportional. Deswegen muß ein kleineres Tier mehr Wärme erzeugen als ein größeres, und deswegen brauchen kleinere Tiere mehr Nahrung: ein Mensch verbraucht täglich etwa 1/50 seines Gewichtes an Nahrungsmittel, eine Maus frißt dagegen in zwei Tagen ihr ganzes Körpergewicht. Kleinere Warmblüter als Mäuse sind daher „verboten".

Bei Insekten setzt das besondere Atmungssystem dieser Tiere dem Größenwachstum eine Grenze: die Tracheen bringen den Sauerstoff direkt in den Insektenkörper, doch die einfache Diffusion durch dieses Röhrensystem funktioniert nur im kleinen Maßstab reibungslos.

Wenn wir nun wissen, warum eine Maus nicht kleiner sein kann, als sie ist, wissen wir noch lange nicht, warum sie oder beispielsweise eine Ratte oder auch ein Kaninchen nur eine bestimmte Größe erreicht und im Normalfall nur wenig davon abweicht. Gewiß, die individuelle Größe ist vom Erbmaterial und von Umgebungsfaktoren determiniert, aber dies sagt nichts darüber aus, welche Faktoren, welche Kräfte nun wirklich dem Wachstum eine Grenze setzen.

Auch die einzelnen Organe eines Organismus unterliegen strengen Wachstumsbeschränkungen, auch für sie gelten „unsichtbare Grenzen", über die hinauszuwachsen nicht erlaubt ist. Besonders eindrucksvoll treten diese unsichtbaren Grenzen bei der Leberregeneration auf: entfernt man beispielsweise einer Ratte 2/3 ihrer Leber, so wächst die Restleber binnen kurzer Zeit wieder zu einer normalen Leber heran. Dieses vehemente Wachstum wird aber abgebremst, sobald die ursprüngliche Größe wieder erreicht ist.

Auch die Größe eines Organs wird also keineswegs vom bloßen Zufall bestimmt. Es stellt sich nun die Frage, welche Steuerkräfte hier wirksam werden. Indirekte Mechanismen, wie nervöse Stimulationen oder auch hormonale Umstimmungen, sind wohl sicher beteiligt; die entscheidenden Steuerimpulse dürften aber vom Gewebe selber ausgehen. Wir wollen daher das „Regulationsfeld“ des Gewebes etwas genauer unter die Lupe nehmen, denn gerade dieses Feld scheint bei der Carcinogenese eine wichtige Rolle zu spielen.

Kybernetisches Modell der gewebsspezifischen Wachstumsregulation

Wie löst die Technik das Problem, beispielsweise eine bestimmte Flüssigkeitsmenge konstant zu halten? Schon mit einer einfachen Vorrichtung kann ein ständiger Verlust aus einem Flüssigkeitsgefäß (etwa durch Verdunsten) automatisch kompensiert werden (Abbildung S. 67): eine Waage muß die Abweichung vom Sollwert anzeigen und diese Abweichung auf ein Ventil übertragen, das den Zufluß aus einem Vorratsgefäß regelt. Ist der Sollwert der Flüssigkeitsmenge erreicht, wird das Ventil geschlossen und dadurch die weitere Zufuhr zusätzlicher Flüssigkeit gestoppt (Prinzip der negativen Rückkoppelung).

Nach dem gleichen Prinzip hat P. Weiß ein Modell entwickelt, das die (Leber-)Regeneration beschreibt. Die Prämisse des Weißschen Modells ist sehr einfach: die einzelnen Zellen eines Gewebes produzieren einen Hemm-

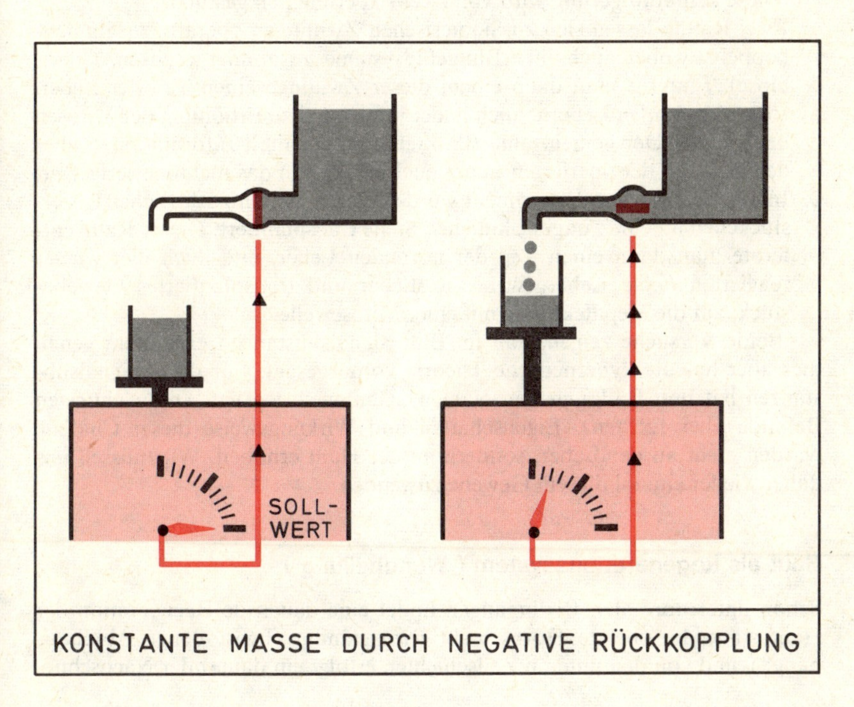

KONSTANTE MASSE DURCH NEGATIVE RÜCKKOPPLUNG

stoff, der die Zellteilung eben dieser Zellen blockiert. Leberparenchymzellen produzieren Hemmstoffe für Leberparenchymzellen, „Hautzellen“ für „Hautzellen“ usf. Viele Zellen hemmen stark, wenige nur wenig (vgl. S. 196).

Mit dieser Vorstellung läßt sich verstehen, wieso bei der Leberregeneration

1. zunächst die Zellteilungen zunehmen und
2. warum es nach beendeter Regeneration wieder zum Abbruch des Wachstums kommt.

Diese „kybernetische Theorie“ der Leberregeneration sagt die Existenz diffusibler Hemmfaktoren voraus, die sich zwischen den Leberzellen, vielleicht aber im Kreislaufsystem des Gesamtorganismus befinden („humorale Hemmfaktoren“, von humor lat. = Körpersaft).

Steuerung der Leberregeneration durch humorale Hemmfaktoren

„Die Literatur über die Leberregeneration ist umfangreich und voller Widersprüche, wohl in der Hauptsache deswegen, weil ein Großteil der Experimente unzulänglich geplant gewesen war. Tatsächlich scheint die einzige Schlußfolgerung, die allgemein akzeptiert wird, die zu sein, daß die Informationen, die die Regeneration in Gang bringen, humoraler Natur sein müssen (Bullough)“.

Diese Schlußfolgerung wird von zwei Experimenten gestützt:

1. Zwei Ratten lassen sich zu Siamesischen Zwillingen operativ zusammenkoppeln, wobei auch ihre Blutgefäßsysteme zusammenwachsen. (Parabiose). Entfernt man dann einem dieser Zwillinge einen Teil der Leber, so wird in *beiden* Lebern, auch in der intakten, eine Erhöhung der Mitosen beobachtet. Der gemeinsame Blutkreislauf vermittelt Informationen über den Zustand der operierten Leber auch hinüber in das nichtoperierte Tier.
2. In einem ähnlichen Experiment wurde einer Ratte ein zusätzliches Leberstückchen an eine „ungewöhnliche“ Stelle transplantiert. Dieser Ratte entfernte man dann einen Teil der normalen Leber, und auch hier wieder reagierten *beide* Lebergewebe, Restleber und transplantiertes Gewebestück, auf die Hepatektomie mit einer Mitosewelle.

Beide Versuche zeigen, daß im Blut Signalsubstanzen existieren; genau dies aber hat die kybernetische Theorie vorausgesagt. Für diese Signalsubstanzen hat nun Bullough den Namen „Chalone“ geprägt. Die wichtigsten Befunde über Existenz, Eigenschaften und Wirkungsweise dieser Chalone wurden nicht an der Leber, sondern an der Haut erhoben. Wir müssen uns daher wieder einmal diesem Gewebe zuwenden.

Haut als Regenerationssystem („Wundheilung“)

Schon unter normalen Bedingungen findet eine dauernde Regeneration der Haut statt; die oberste Hornschicht wird ständig abgestoßen („Abschuppung“), und von den unteren Zellschichten erfolgt ein dauernder Nachschub.

Die Gesamtzeit der Erneuerung der ganzen Epidermis beträgt bei der Maus kaum eine Woche.

Vor allem aber bei kleineren mechanischen Zerstörungen zeigt sich die *„vis regenerativa"* der Epidermis: innerhalb weniger Tage ist der ursprüngliche Zustand wieder hergestellt. (Nur bei größeren Eingriffen bildet sich Narbengewebe aus Bindegewebszellen.)

Auch hier wieder liefert die „Chalontheorie" eine plausible Interpretation: durch den Ausfall chalonproduzierender Hautzellen sinkt die Chalonkonzentration bei den der Wunde benachbarten Zellen. Reduzierter Hemmstoff bedeutet aber Zellteilungen.

Die Probe aufs Exempel haben zunächst Bullough und dann Iversen gemacht: wenn es wirklich Chalone gibt, dann müßte es eigentlich gelingen, sie aus Hautzellen zu extrahieren. Durch die Injektion eines einfachen, wäßrigen Extraktes ließ sich tatsächlich die Zahl der Mitosen in der Haut auf etwa die Hälfte herabsetzen, ohne die Mitosen beispielsweise in der Leber oder anderen Organen zu beeinflussen.

Bullough hat die Wirkung von chalonhaltigen Extrakten, vor allem *in vitro,* an kleinen Stückchen aus Mäuseohren untersucht. Doch hier hatten einfache Hautextrakte keineswegs die erwartete Wirkung. Erst der Zusatz bestimmter Hormone führte zum Erfolg; doch dazu müssen wir etwas weiter ausholen.

Stress-Hormone unterdrücken Mitosen

Schon lange weiß man, daß in den Geweben erwachsener Säugetiere die Zahl der Mitosen einem täglichen Rhythmus folgt. In der Epidermis teilen sich mehr Zellen, wenn das Tier schläft, als wenn es wach ist.

In einem phasenverschobenen Rhythmus schwingt Adrenalin: beim aktiven Tier ist der Adrenalspiegel hoch, beim ruhenden niedrig. Bullough fand, daß zwischen der Mitoseaktivität der Epidermis und dem Adrenalinspiegel im Blut eine exakt umgekehrte Beziehung besteht. Adrenalininjektionen oder auch Stress-Situationen, die eine Adrenalinausschüttung fördern, führen folgerichtig zu einer Mitosehemmung. Ein weiteres Stresshormon, nämlich Hydrocortison, erwies sich ebenfalls als anti-mitotisch.

Mit Hilfe von Adrenalin und Hydrocortison ließen sich nun auch *in vitro* Chalonwirkungen demonstrieren (Bullough).

Epidermales Chalon im in-vitro-Experiment

Ein typischer *in vitro* Ansatz enthält Hautstückchen in 4 ml Nähr-Medium (Glucose/Salze/Puffer) zusammen mit Hautextrakt und je 10 γ Adrenalin und Hydrocortison. Durch Zugabe von Colchicin werden die Mitosen arretiert und nach 4 Std die Versuche abgebrochen. Die Hautstückchen werden dann fixiert, gefärbt und die Mitosen ausgezählt. Zusatz von Hautextrakt reduziert die Mitosen in den Hautstückchen unter geeigneten Bedingungen auf die Hälfte; die Hormone Adrenalin und Hydrocortison sind dabei als „Co-Inhibitoren" unerläßlich.

Colchicin hat mit dem eigentlichen Experiment nichts zu tun; es *arretiert* Mitosen und erleichtert so lediglich die Auszählung. Alle Mitosen, die innerhalb der Meßzeit auflaufen, können gemeinsam ausgezählt werden.

Ähnlich hergestellte Extrakte aus anderen Organen blieben auf Hautstückchen ohne Effekt; umgekehrt wirken Hautextrakte nicht auf Leber- und andere Organexplantate. Die Chalonwirkung ist demnach *organspezifisch.*

Die Mitosen in den Mäuseohren lassen sich nicht nur mit Maushautextrakten, sondern auch mit Präparaten aus Kabeljau-, Schweine- oder gar Menschenhaut wirksam blockieren. Chalone sind offensichtlich *nicht speziesspezifisch.*

Vorläufige Charakterisierung des epidermalen Chalons

In den großen Schlächtereien des Pharmaziekonzerns Organon fällt Schweinehaut in großen Mengen an. In Zusammenarbeit mit Bullough haben deshalb die Biochemischen Forschungslaboratorien dieser Firma aus diesem Ausgangsmaterial größere Mengen epidermalen Schweinehautchalons extrahiert.

Alkoholfällungen zwischen 60 und 80% sowie Elektrophorese führten zu einer etwa 2000fachen Anreicherung. Die Analysen ergaben, daß es sich um ein Protein (evtl. auch ein Glykoprotein) handelt. Entsprechend dem Sedimentationsverhalten in der analytischen Ultrazentrifuge dürfte es ein Molekulargewicht zwischen 30 und 40 000 haben (Hondius-Bolding).

Chalone können unmittelbar die Mitose blockieren

Wie kommt es zur Hemmwirkung der Chalone, wie funktioniert die Mitosebremse? Betrachten wir wieder die Hautzellen, genauer gesagt die Basalzellen der Epidermis. Die Zellen dieser Zellage bilden das Reservoir der darüberliegenden, sogenannten differenzierten, keratinproduzierenden Zellen, aus denen schließlich die oberste Hornschicht besteht.

Die Lebensgeschichte dieser Zellen läßt sich nach der Terminologie der Cytologen in einzelne Phasen aufgliedern. Nach einer Phase, in der DNA synthetisiert wird (S-Phase), kommt eine Zwischenphase (G-2-Phase, gap engl. Zwischenstück), der dann die Mitose folgt. Eine G_1-Phase schließt dann den Zellzyklus. (Zellen, die nicht mehr zur Teilung kommen, können in eine „Funktionsphase" einmünden.) Die Frage ist nun: Blockieren die Chalone die S-Phase oder die Mitose, d.h., schließen sie ein „Tor" vor dem Eintritt in die Mitose oder vor dem Eintritt in die DNA-Synthese?

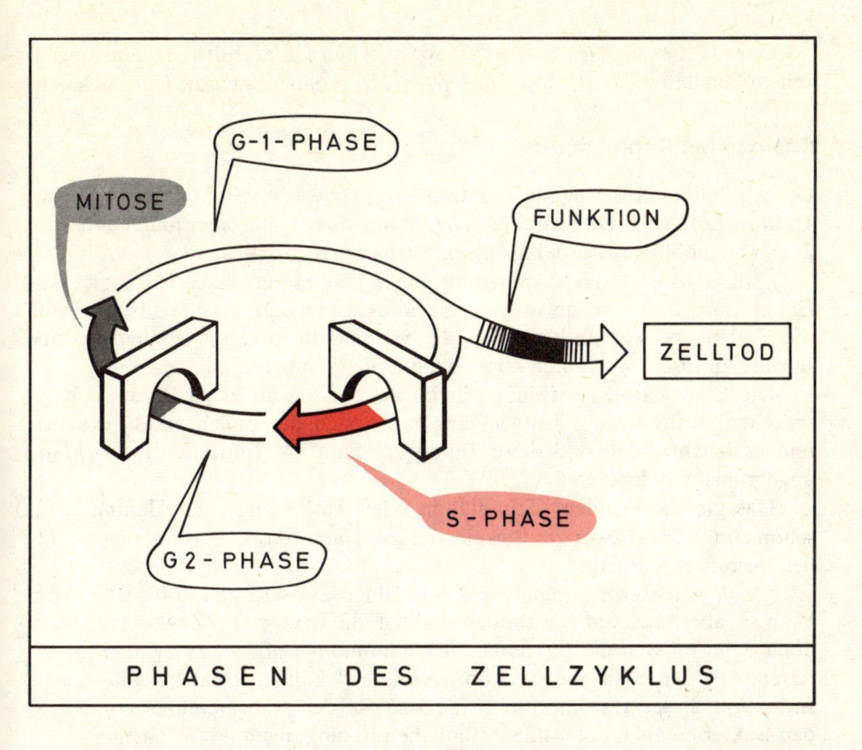

Bullough beobachtete schon nach 4 Std einen dramatischen Effekt auf die Zahl der Mitosen. Da aber die vor der Mitose liegenden Zellphasen (S und G-2) länger als 4 Std in Anspruch nehmen, schließen die Chalone tatsächlich das Tor unmittelbar vor der Mitose. Ganz im Einklang damit stehen Befunde, denenzufolge die DNA-Synthese in Hautexplantaten nicht sofort von Hautextrakten gehemmt wird.

Alternativen zur Chalontheorie: Die Wundhormone

Die Chalontheorie ist nicht die einzige Theorie, die zur Erklärung der Regeneration erfunden wurde. Wichtigster Konkurrent sind die „Wundhormone". Nach diesem Konzept bilden die Zellen eines geschädigten Gewebes selber stimulierende Faktoren. Die Zellen liegen — so sagt diese Theorie — sozusagen im „Winterschlaf"; ein zusätzlicher Reiz muß sie wecken. Diese Erwecker wurden und werden unter dem Namen Wundhormone gesucht. Überzeugende Erfolgsmeldungen stehen jedoch aus. „Trotz mehr als fünfzigjähriger Anstrengungen blieben solche Substanzen hypothetisch, und es bleibt berechtigt, an ihrer Realität zu zweifeln, solange nicht eines von ihnen extrahiert und charakterisiert wurde (Bullough)."

Gerade dies aber ist mit gewebsspezifischen Hemmsubstanzen gelungen. Wir wollen daher das „Chalonkonzept" etwas genauer unter die Lupe nehmen.

Chalone als Repressoren

Um ein Pendel in Bewegung zu setzen, gibt es zwei Möglichkeiten:
1. Man kann es direkt anstoßen („Wundhormon") oder aber man kann
2. ein angehobenes Pendel loslassen („Chalon-Konzept").

„Stimulation" oder „Aufhebung einer Hemmung" haben den gleichen Effekt, doch ihre Mechanismen sind grundverschieden. Im einen Fall müssen die Zellen erst zur Teilung angeregt werden, im anderen genügt es, eine Bremse zu lösen; weglaufen können die Zellen dann von alleine.

Die Embryonalentwicklung scheint am ehesten für einen Bremseffekt zu sprechen: während der Entwicklung teilen sich die Zellen eines Gewebes, und es leuchtet ein, daß diese Teilungen dann am Ende der Entwicklung abgebremst werden.

Das gleiche Problem: Stimulation oder Aufhebung einer Hemmung ist schon einmal, und zwar am Beispiel der Enzyminduktion in Bakterien gründlich diskutiert worden.

E. coli wachsen normalerweise mit Glucose als Kohlenstoffquelle. Man kann sie aber auch auf Nährböden züchten, die Lactose als Zucker enthalten, doch dann müssen die Bakterien zuerst einmal spezifische Enzyme synthetisieren, mit denen sie die Lactose „verdauen" können (Galactosidase). Die Induktion dieser Enzyme durch die Lactose des Nährmediums ermöglicht den Bakterien auch unter ungewöhnlichen Bedingungen ihr Wachstum.

Früher nahm man an, daß die Zellen erst durch den Kontakt mit der Lactose „lernen", Galactosidase zu synthetisieren. Nach unseren heutigen Vorstellungen „weiß" eine Colizelle jedoch schon von vorneherein, wie man Galactosidase macht. Sie setzt ihre Kenntnisse aber nur dann in die Tat um, wenn sie sie wirklich braucht, nämlich dann, wenn sie darauf angewiesen ist, Lactose zu verwerten. Fehlt Lactose, so werden aus ökonomischen Gründen keine lactose-spaltenden Enzyme produziert.

Wir können nun nicht im einzelnen diskutieren, wie der Vorgang der Enzyminduktion abläuft. Fazit vieler Experimente und Überlegungen ist folgendes Schema (Jacob-Monod-Modell):

Ein spezifischer Galactosidase-Repressor verhindert normalerweise die Aktivität des Galactosidase-Gens, das die Baupläne für dieses Enzym darstellt („Struktur-Gen"). Dazu muß der Repressor mit einem dem Strukturgen benachbarten Operator reagieren. Kommt nun die Zelle mit Lactose in Berührung, so reagiert der Galactosidase-Repressor mit diesem Zucker und wird dadurch aus dem Verkehr gezogen. Er kann dann nicht mehr den Operator abdecken, das Strukturgen kann jetzt Enzym machen.

Die Induktion von Enzymen ist also nicht die Induktion durch ein „prägendes" Substrat, sondern Aufhebung einer Hemmung, die zuvor verhindert hat, daß Enzyme ohne Bedarf synthetisiert werden.

Das gleiche Schema nun, das für die bakterielle Enzyminduktion gilt, läßt sich auch auf die Chalontheorie übertragen (vgl. Abbildung):

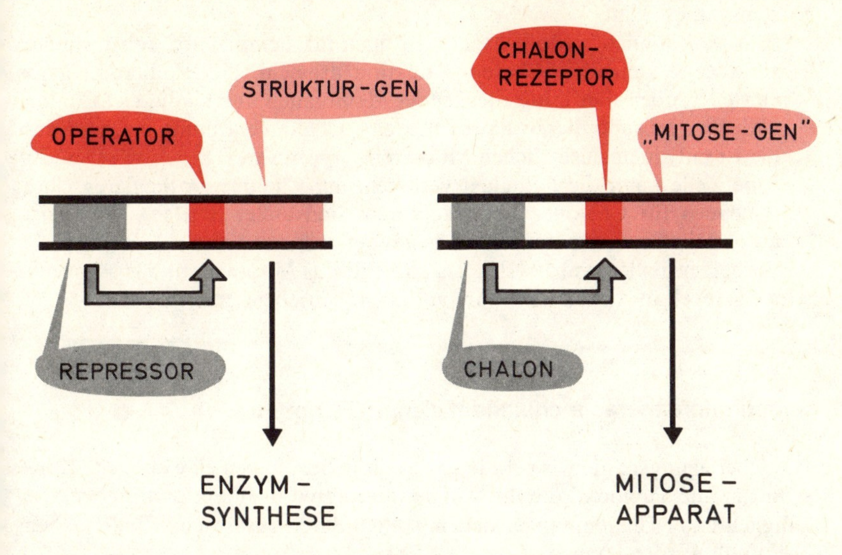

Dem Repressor entspricht das Chalon, das nun seinerseits aber nicht nur ein bestimmtes Gen reprimiert, sondern einen ganzen Genkomplex unterdrückt. Dieser Komplex umfaßt alle Gene, die für die Durchführung der Mitose gebraucht werden. Die Stelle des Mitose-Genkomplexes, an dem das Chalon angreift, wird gewöhnlich als Chalonrezeptor bezeichnet; sie entspräche dem klassischen Operator.

Ob Chalone direkt an diesem Rezeptor angreifen oder aber ob sie indirekt Substanzen freisetzen, die ihrerseits dann den Rezeptor besetzen, ist freilich noch offen. Sehr oft denkt man an eine Primärreaktion zwischen Chalon und Zellmembranen. Für unsere weitere Diskussion ist es aber unerheblich, ob Chalone auf Genniveau oder auf Membranniveau agieren.

Tumorzellen als Chalonmutanten

Bakterienzellen können vergessen, wirtschaftlich zu „denken“: auch ohne daß sie darauf angewiesen wären, produzieren sie dann — gelegentlich sogar in Riesenmengen — unnötige Galactosidase. Dieses Enzym konstituiert dann auch die Standardenzymausrüstung dieser Mutanten („konstitutive Mutante“).

Das Jacob-Monodsche Modell liefert zwei Möglichkeiten, wie eine solche konstitutive Mutante zustande kommen kann:

1. entweder ist der Repressor oder aber
2. der Operator geschädigt.

In beiden Fällen ist eine wirksame Blockade des Strukturgens nicht mehr möglich; auch ohne daß ein Substrat den Repressor inaktiviert, findet die Enzymsynthese statt.

Ein sehr ähnliches Modell läßt sich auch für Tumorzellen konstruieren:

1. Eine Zelle kann ihre Chalonproduktion drosseln, die Produktion ganz einstellen oder aber infolge leckender Membranen übermäßig viel Chalon verlieren. In allen diesen Fällen tritt eine Chalonverarmung ein, und daher ist mit einem zusätzlichen Mitosereiz zu rechnen.
2. Eine Zelle kann die Fähigkeit verlieren, auf Chalone zu reagieren (ihre Antennen für Chalone, die Rezeptoren, sind außer Betrieb). Damit ist automatisch ein autonomes Wachstum definiert.

In beiden Fällen würde Gleiches erreicht: das Mitose-Gen, das sonst nur streng geregelt in Aktion tritt, wäre auf Dauerbetrieb geschaltet.

Substitutionstherapie chalondefizienter Tumoren

Die Überlegungen, die wir gerade angestellt haben, haben eine einfache Konsequenz: alle Tumoren, die ihre Chalonrezeptoren nicht verloren haben, die lediglich unter Chalonmangel stehen, sollten durch zusätzliche Chalongaben beeinflußt werden können.

Solche Tumoren scheint es zu geben: Bullough entdeckte ein epidermales Plattenepithelcarcinom, das durch epidermales Chalon — Hautpulver — gehemmt werden kann. Es handelt sich um den sogenannten VX-Tumor des Kaninchens, einen transplantierbaren Tumor, der ursprünglich durch das Shope-Virus induziert worden war. Als Chalonquelle dienten Schweinehautextrakte.

Was Bullough zeigen konnte, waren allerdings nur *in vitro* Effekte: Hautpulver drosselte die Mitosezahlen in Tumorschnitten. Für eine *in vivo* „Heilung" stand trotz der Massenproduktion aus Schweinehaut nicht genügend Material für das Kaninchen zur Verfügung. Der VX-Tumor blieb jedoch kein Einzelfall; Rytömaa fand eine chalonempfindliche Chloroleukämie, Mohr behandelte erfolgreich Hamster- und Mäuse-Melanome mit Hautpulver.

Die Wirkung des Schweinehautpulvers auf Melanome war eigentlich durch Zufall entdeckt worden: Mohr hatte versucht, primäre, durch Carcinogene erzeugte Hautcarcinome mit diesen Präparaten zu beeinflussen. Bei diesen Versuchen waren die subcutan transplantierten Melanome als vermeintlich negative Kontrolle mitgelaufen, doch die Resultate waren gerade umgekehrt: die Hautcarcinome blieben — außer einer zu beobachtenden Wundreinigung — unbeeinflußt, und die Melanome gingen zurück. Sie wurden schwarz, erweichten, wurden resorbiert oder brachen durch die Haut. Nach der ersten Überraschung paßte man allerdings auch diese Befunde in das „Chalonkonzept" ein: Haut, und damit auch Schweinehaut, enthält normale Melanocyten, die bei der Aufarbeitung natürlich mitextrahiert wurden.

Normale Melanocyten enthalten aber „Melanocytenchalon" — und dieses wiederum hemmt die mit Melanocyten verwandten Melanomzellen.

Bullough war nicht der erste, der Tumoren mit Organextrakten zu Leibe rückte. Eine Riesenliteratur beschreibt frühere erfolglose und erfolgreiche Versuche. Dennoch ist einiger Optimismus begründet: die Chalontheorie hat der „Alchemie der Organextrakte" einen rationalen Hintergrund gegeben, die Bulloughschen *in vitro* Systeme ermöglichten zum ersten Male exakte Experimente.

Chalone, ein allgemeines Prinzip?

Die „Chalonforschung" hat durch die möglichen Anwendungen für eine „physiologische Tumortherapie" viele neue Freunde gewonnen: Nierenchalone, Lungenchalone, Uteruschalone wurden angekündigt. Die Sorglosigkeit, mit der aber oft extrahiert und appliziert wurde, macht es indes schwer, schon jetzt an ein allgemeines Prinzip zu glauben. Man wird die weitere Entwicklung abwarten müssen; vor allem sollte man aber nicht von vornherein schon eingleisig denken: neben negativen Wachstumsregulatoren kommen immer noch sehr wohl auch positive Steuerungen in Frage. Viele wachstumsstimulierende Substanzen wurden beschrieben; am bekanntesten ist der Nerven-Wuchsfaktor geworden, aber auch ein epithelialer Wachstumsfaktor — aus Speicheldrüsen von Mäusen — ist isoliert und gereinigt worden (Cohen). Warum sollte nicht auch die physiologische Wachstumsregulation auf einem Wechselspiel fördernder und hemmender Impulse beruhen?

„Sichtbare" Regulationsfelder

In eleganten, überaus einfachen Experimenten konnten Fujii und Mizuno zeigen, daß zwischen Zellen der Epidermis Signale ausgetauscht werden. Sie implantierten Membranfilterstückchen in die Epidermis und trennten dadurch die epidermalen Zellen voneinander (Abbildung S. 76).

Verwendeten sie dazu paraffingetränkte, wasserundurchlässige Membranfilter, so wuchsen die Zellen um das implantierte Filter herum, bis es wieder zum Zellkontakt kam. Durch das Filter können die Zellen nicht „hören", daß sie Nachbarn haben.

Durchlässige Membranfilter dagegen ließen offensichtlich die Signale passieren: die Zellen wuchsen nicht um die Implantate herum. Anders verhielten sich Epidermiszellen, die zuvor mit einem Carcinogen in Berührung gekommen waren. Diese Zellen konnten auch durch durchlässige Membranfilter nicht „hören", sie wuchsen um das Hindernis herum. Eine mögliche Interpretation: carcinogenbehandelte Zellen senden ihre Signale nur mit verminderter Feldstärke, ein dazwischen geschobenes Filterstück genügt dann, das Regulationsfeld auf Null abzuschwächen.

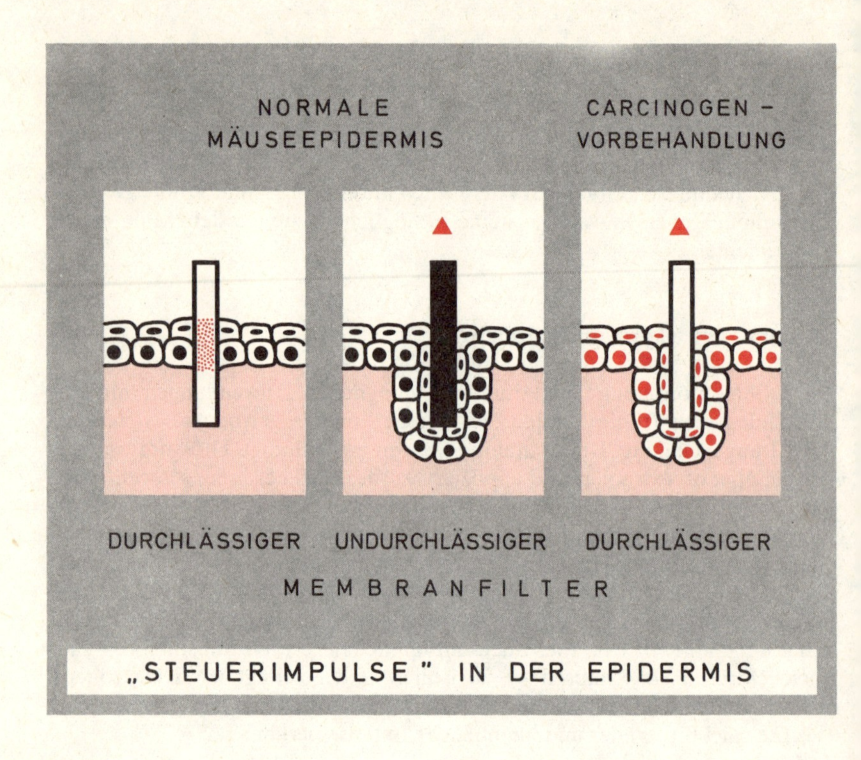

Zusammenfassung

Chalone (griech.: chalao, ich schlaffe ab; Bullough) ist ein neuer Name für eine alte Sache. In einem erwachsenen Organismus unterliegen die Zellen eines Gewebes einer strengen Kontrolle ihrer Teilung. Nur dosiert sind im Falle einer Regeneration Teilungen zugelassen; nach Erreichen des ursprünglichen Zustandes werden die Mitosen erneut blockiert. Zur Erklärung wurde ein kybernetisches Modell entwickelt (P. Weiß): Die Zellen eines Gewebes können Hemmfaktoren produzieren, die auf diese Zelle wieder zurückwirken (Prinzip der negativen Rückkoppelung).

Bei der Leberregeneration vermitteln Signalsubstanzen im Blutkreislauf für die Regeneration wichtige Informationen. Aus Hautzellen lassen sich hautspezifische Hemmsubstanzen isolieren und charakterisieren („epidermales Chalon"). Es gelingt auch *in vitro,* mit solchen Präparaten Mitosen in der Epidermis zu hemmen, allerdings nur bei gleichzeitiger Anwesenheit der sogenannten Stresshormone Adrenalin und Hydrocortison (Bullough). Bullough hat daher Chalone als gewebsspezifische Hemmsubstanzen, die Adrenalin und Hydrocortison als Co-Inhibitoren benötigen, definiert.

Die Chalontheorie liefert Modelle für eine Tumorzelle: a) Verlust von Chalonen, b) Verlust der Reaktionsfähigkeit gegenüber Chalonen; beides führt zu neoplastischem Wachstum. Tumorzellen, die lediglich über zu wenig Chalone verfügen, die aber noch intakte Rezeptoren besitzen, müßten durch Chalone gehemmt werden. Tatsächlich wurden solche chalonabhängigen Tumorsysteme entdeckt (VX-Tumor des Kaninchens, Chloroleukämie, Melanome?). Klinisch „interessante" Tumoren wie primär durch Kohlenwasserstoffe induzierte Hautcarcinome oder auch ein transplantierbares Lungencarcinom waren gegenüber epidermalem Chalon resistent.

Dennoch gilt der Satz: „Si les chalones n'existaient pas, il faudrait les inventer." Die Erfindung ist ohne Zweifel gelungen.

Carcinogenese und die Zellorganellen

Für die ersten Cytologen war eine Zelle recht einfach aufgebaut: sie besaß eine äußere Membran und einen Kern. Der Zell-Leib war gefüllt mit Protoplasma, einer weder festen noch flüssigen Substanz, die aber ganz offenbar dazu ausersehen war, Träger des Lebens zu sein.
Überall bemühte man sich, mit einfachen Modellversuchen dem Geheimnis des Protoplasmas auf die Spur zu kommen. Bütschli experimentierte beispielsweise mit künstlichen kolloidalen Tropfen aus Wasser, Nelkenöl, Glycerin und Pottasche; er quetschte sie zwischen Objektträger und Deckgläschen und beobachtete ihre „lebendigen Bewegungen". Aber nicht nur Zoologieprofessoren konstruierten Protoplasmamodelle; „Spekulierer und Sinnierer" in vielen kleinen Laborierstübchen versuchten, mit der Natur zu experimentieren, sie zu Phänomenen zu reizen, sie zu *versuchen*. Professionelle und Amateure faszinierte der Gedanke, daß belebte und unbelebte Natur eine einzige große Einheit bildete. Einfache Modelle sollten daher auch den Schlüssel für die Geheimnisse der Zelle liefern. Trotz aller Bemühungen aber blieb „Protoplasma" lange Zeit nur ein Name.

Heute wissen wir, daß eine lebende Zelle zwar chemischen und physikalischen Gesetzen gehorcht, daß es aber unmöglich ist, sie durch einfache physikalisch-chemische Modelle zu imitieren. Die Zellen eines höheren Organismus sind überaus komplizierte Gebilde: neben dem Zellkern wurden im Laufe der Jahre zahlreiche Strukturen entdeckt, und selbst der Kern ließ sich in verschiedene, morphologisch definierbare Bestandteile auflösen.

Innere Architektur einer Zelle

Vor allem das Elektronenmikroskop brachte wichtige Aufschlüsse über den inneren Aufbau einer Zelle (Abbildung S. 79). Dabei wurden Strukturen und Feinstrukturen sichtbar, die fast bis an die Grenze der molekularen Dimensionen heranreichen. (Würde man das ganze Versuchstier in den gleichen Maßstäben vergrößern, es sozusagen mit elektronenmikroskopischen Augen sehen, so würde man Ratten zu Gesicht bekommen, die mühelos von den Vogesen bis zum Schwarzwald reichten). Das vermeintlich homogene Protoplasma erwies sich dabei als ein dicht gedrängtes Gewirr von Lamellen, Bläschen, Partikeln und Kanälen. Abbildung S. 79 zeigt sehr schematisch die wichtigsten Zellorganellen. Aus Gründen der Übersicht wurde auf maßstäbliche Zeichnung verzichtet.

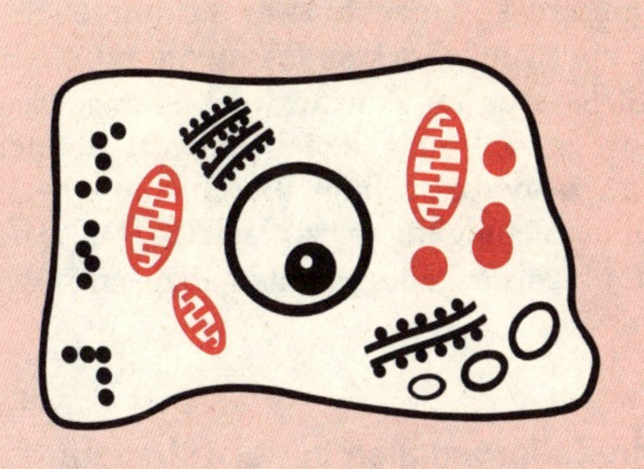

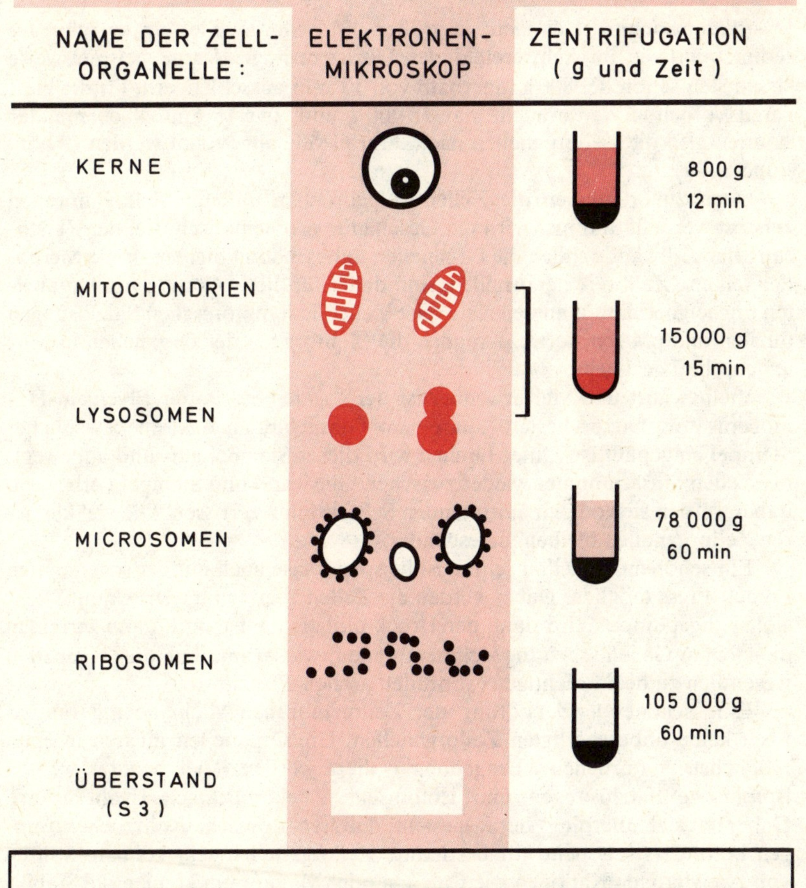

DIE ZELLE IM ZENTRIFUGENGLAS

Das Elektronenmikroskop machte zwar die inneren Strukturen einer Zelle sichtbar, es konnte aber zunächst keine Antwort auf die Frage geben, welche Aufgaben diesen Strukturen im Zellstoffwechsel zugewiesen sind. Die Frage nach der Funktion der Zellorganellen beantwortete zuerst die Ultrazentrifuge, eine Maschine, in der es gelingt, Beschleunigungskräfte bis zum über 100fachen der Erdbeschleunigung (g) zu erzielen. Diese hohen Kräfte reichen aus, auch kleine und kleinste Zellorganellen abzuzentrifugieren.

Die Isolierung von Zellorganellen in der Ultrazentrifuge

Das Trennprinzip ist einfach: je größer die Zellorganelle, um so schneller sedimentiert sie im Schwerefeld der Ultrazentrifuge. Kerne beispielsweise lassen sich schon bei 800 g innerhalb von 12 min ausschleudern, für die kleineren Mitochondrien braucht man 15000 g und etwa 15 min. Nacheinander können also die Zellorganellen nach ihrer Größe abgetrennt werden (Abbildung S. 79).

Doch zuvor müssen die Zellen aufgebrochen und die Zellmembranen zerstört werden, und hier wird die Geschichte problematisch. Bei der Zerstörung der Zellwände sollen die Organellen unbeschädigt bleiben. Viele Methoden, einen „Zellbrei" herzustellen, sind daher für die Isolierung von Organellen ungeeignet: läßt man beispielsweise Zellen in hypotonischen Salzlösungen quellen und platzen, so werden auch die Membranen der Organellen in Mitleidenschaft gezogen.

Vielbewährt und vielverwendet ist der sogenannte Potter-Elvehjem-Homogenisator. Dieser besteht aus einem Glasgefäß, in das ein beweglicher Stempel eingepaßt ist. Unter Drehen wird dieser Stempel auf- und abbewegt: die Zellen müssen immer wieder zwischen Glaswand und Stempel vorbei und dabei werden sie von den auftretenden Scherkräften zerrissen. Die viel kleineren Zellorganellen bleiben unbeschädigt.

Ein schonender Zellaufschluß ist beispielsweise auch mit der sogenannten French-Press möglich. Dabei werden die Zellen zuerst unter Druck mit Stickstoff vollgepumpt. Wird dann der Druck plötzlich entspannt, dann zerreißen die kleinen Gasbläschen die Zellmembranen, wiederum ohne die Organellen wesentlich zu beeinträchtigen („Sprudelflaschen-Prinzip").

Eine schonende Zerstörung der Zellmembranen allein aber garantiert noch keine unbeschädigten Zellorganellen. Die Organellen müssen in einer möglichst „natürlichen" Umgebung isoliert werden. Viel benutzt werden isotonische Salzlösungen und isotonische Zuckerlösungen (Rohrzucker). Dabei hat sich allerdings herausgestellt, daß hypertonische Rohrzuckerlösungen besonders schonend für bestimmte Zellorganellen sein können. Spuren von zweiwertigen Kationen wie Calcium oder Magnesium können die Stabilität der Organellen erhöhen. Schließlich muß ein Puffer für einen möglichst neutralen pH-Wert des Zellhomogenates sorgen.

Zelle als chemische Fabrik

Schon um die Jahrhundertwende verstand man die Zelle als „chemische Fabrik“. Der Produktion von Anilinfarbstoffen und Schwefelsäure in der Technik entspricht durchaus beispielsweise die Stärkeproduktion und die Ausscheidung von Harnstoff in lebenden Zellen. Scheinbar mühelos vollbringt die Zelle dabei Leistungen, für die unsere chemische Technik eine aufwendige Organisation benötigt. Doch der Schein trügt: auch in einer Zelle herrscht peinliche Ordnung: die verschiedensten Stoffwechselwege sind streng voneinander getrennt und werden nebeneinander abgewickelt.

Der Zellkern steuert die Produktion; er liefert die Baupläne, nach denen an den Ribosomen die Proteine zusammengebaut werden. Die Fließbänder für die Proteinproduktion sind wiederum in stationäre und mobile Einheiten aufgeteilt: membrangebundene Ribosomen (rauhes endoplasmatisches Retikulum) und freie Ribosomen. Die Mitochondrien haben sich fast ganz auf die Energieversorgung spezialisiert.

Jede dieser Organellen geriet nun in den Verdacht, eine besonders wichtige Rolle bei der Entstehung einer Tumorzelle zu spielen.

- Allen voran der *Zellkern,* der als Träger des genetischen Materials natürlich im Mittelpunkt aller genetischen Krebstheorien steht.
- Ihm folgen die *Mitochondrien*, die als Sitz der Zellatmung ein ganz besonderes Interesse in Warburgs Krebstheorie finden.
- Genau untersucht wurden vor allem in den letzten Jahren die *Zellmembranen.* Sie vermitteln den Kontakt zwischen den einzelnen Zellen und damit auch ihren Zusammenhalt. Vielleicht aber sind sie auch wichtige Sensoren einer Zelle, die die Regulationsimpulse des Gesamtorganismus aufnehmen.
- Auch die *Lysosomen* sind nicht leer ausgegangen: Allison beansprucht sie als die eigentlichen Carcinogene, die durch äußere Carcinogene, wie Chemikalien, Strahlen oder Viren, erst aktiviert werden.
- Wenn wir das *Endoplasmatische Retikulum* (Microsomen) hier auslassen, so geschieht dies nur aus Raumgründen.
- Ebenso bleibt hier die Rolle des „3. Überstandes“ (Supernatant 3 = S 3) undiskutiert.

Skizzieren wir nun die einzelnen Zellorganellen in ihrer Rolle für die Carcinogenese und beginnen wir mit dem Zellkern.

Zellkern und Carcinogenese

Wenn der Zellkern das Steuerorgan der Zelle ist, dann müßten auch die Kerne einer Tumorzelle für die neoplastischen Eigenschaften dieser Zelle verantwortlich sein. Dieser einfache Schluß fand schon sehr früh experimentelle Stützen.

a) Die veränderten *Chromosomensätze* vieler Tumorzellen zeigen unmittelbar eine Veränderung der Zellkerne an. Aber auch unsichtbare Veränderungen am Erbmaterial einer Körperzelle („Mutationen") sind letztlich Veränderungen der Zellkerne. Im Kapitel „Krebs und Vererbung" werden wir ausführlich über solche Veränderungen berichten.

b) Im ruhenden Kern einer differenzierten Körperzelle (dem sogenannten Interphasekern) lassen sich rein morphologisch zwei Formen unterscheiden, in denen Chromosomen vorkommen können: einige Chromosomenabschnitte erscheinen als *dicht* gepacktes „Heterochromatin", der Rest liegt als *lockeres* „Euchromatin" vor. Diese beiden Chromatinformen unterscheiden sich auch in ihrer biochemischen Aktivität: Euchromatin synthetisiert mehr RNA als Heterochromatin, Actinomycin — eine Substanz, die die Synthese von RNA an der DNA unterbindet — wird vom Euchromatin 6× mehr gebunden als vom Heterochromatin.

In einer Körperzelle werden die genetischen Informationen der Chromosomen nur zum Teil ausgewertet. In einer Leberzelle müssen beispielsweise alle Informationen unberücksichtigt bleiben, die speziell für eine Nervenzelle oder eine Nierenzelle erforderlich wären. Die Chromosomen einer Körperzelle enthalten daher aktive und inaktive Gene. Aktive Gene und nur diese produzieren messenger-RNA und setzen so die Produktion spezifischer Enzyme in Gang, die schließlich für die spezifischen Leistungen einer Zelle verantwortlich sind. Dies legt den Schluß nahe, dem Euchromatin die aktiven Gene, dem Heterochromatin die inaktiven, reprimierten Gene zuzuordnen.

Euchromatin und Heterochromatin lassen sich nicht nur im Mikroskop unterscheiden, sie können auch präparativ getrennt werden. Zellkerne müssen dazu beschallt und verschieden lange Zeit und verschieden hochtourig zentrifugiert werden. Die schwere Fraktion, die man schon nach kurzer niedertouriger Zentrifugation erhält (1 000 g, 10 min), besteht im wesentlichen aus Heterochromatin, die leichte Fraktion (78 000 g und 60 min) enthält vorwiegend Euchromatin.

Während der Carcinogenese mit Diäthyl-Nitrosamin nimmt der Anteil des Heterochromatins einer Leberzelle zu, nach 40 Tagen beläuft sich der Zuwachs auf etwa 20% (Harbers). Das „aktive" Euchromatin nahm entsprechend ab. Der DNA-Gehalt der Zelle bleibt dagegen konstant. Dies bedeutet, daß bei der Entstehung eines Tumors die verfügbare genetische Information eingeschränkt wird. Die Zahl der aktiven Gene nimmt ab. In dieses Bild fügen sich die früheren Befunde über die Verarmung organspezifischer Enzyme in Tumoren, denn der Verlust an Euchromatin bedeutet den Verlust organspezifischer Syntheseleistungen.

Carcinogenese erscheint aus dieser Sicht als „Heterochromatisierung" (Sandritter): das genetische Programm einer Zelle wird offensichtlich umgesteuert. Verschieben wir auch hier die weitere Diskussion so lange, bis wir die wichtigsten Tumortheorien im Zusammenhang diskutieren können.

c) Wichtigster Bestandteil der Chromosomen neben der DNA sind die sogenannten *Histone*; dies sind Proteine mit besonders viel Lysin und Arginin.

Der hohe Anteil dieser basischen Aminosäuren erlaubt eine enge „salzartige“ Bindung zwischen saurer DNA und basischen Histonen.

Längere Zeit glaubte man deshalb, daß es gerade die Histone sein könnten, die bestimmte DNA-Bereiche abdecken und so „inaktivieren“. Schwierigkeiten traten allerdings auf, als man die Histone genauer analysierte und dabei entdeckte, daß es nur etwa 10 verschiedene Histon-Typen gibt (die sich beispielsweise in der Acrylamidelektrophorese auftrennen lassen). Denn wie sollten diese wenigen Abdeckhistone in der Lage sein, tausende von genetischen Informationen eines DNA-Fadens spezifisch zu blockieren?

Heute neigt man zu der Meinung, daß spezifische RNA zusammen mit spezifischen Repressorproteinen die Anweisungen geben, wo und wann DNA blockiert wird; die Histone sorgen dann für eine dauerhafte Blockade.

Trotzdem entdeckten einige Autoren Unterschiede zwischen Histonen von normalen Zellen und Tumorzellen. So berichtete Busch über eine Histonfraktion RP2-L (Radioactivity peak 2-lysine), die er nur in Walkercarcinomzellen, nicht aber in normalen Zellen fand. Versuche jedoch, dieses ungewöhnliche Histon auch in anderen Tumorzellen nachzuweisen, schlugen fehl.

Die Rolle des Zellkerns für eine Tumorzelle ist also noch weitgehend ungeklärt. An Hinweisen ist kein Mangel, Beweise stehen aber aus, doch die Fährte scheint richtig zu sein: nach allen Erfahrungen sind die neoplastischen Eigenschaften einer Tumorzelle „hereditär“, d. h. sie werden von Tumorzelle zu Tumorzelle weitergegeben. Für dieses Weitergeben aber ist in erster Linie der Zellkern zuständig.

Lysosomen

„Selbstmordpakete“ hat De Duve die Lysosomen genannt. Diese Zellpartikel sind kaum kleiner als kleine Mitochondrien und wurden daher erst später entdeckt. Sie enthalten eine „geballte Ladung“ hydrolytischer Enzyme, die unter anderem auch Proteine und Nucleinsäuren spalten können. Normalerweise sind diese selbstzerstörerischen Werkzeuge in den Lysosomen sicher eingeschlossen. Wird die Zelle aber beschädigt, so können sie freigesetzt werden und sich dann wirksam an der Beseitigung der Zelltrümmer beteiligen. Bei entzündlichen Reaktionen scheinen die Lysosomen daher eine wichtige Rolle zu spielen. Ins Blickfeld der Krebsforschung gerieten die Lysosomen durch Beobachtungen von Allison.

Carcinogene Kohlenwasserstoffe werden von den Lysosomen aufgenommen

Allison verfolgte die Aufnahme polycyclischer Kohlenwasserstoffe in lebende Zellen. Er benutzte dazu Gewebekulturzellen — um indirekte Effekte weitgehend auszuschließen — und er verwendete mehrkernige Kohlenwasserstoffe, weil sie sich mit einem Fluoreszenzmikroskop leicht nachweisen lassen.

(Diese direkte mikroskopische Methode vermeidet einen möglichen Austausch carcinogener Substanzen zwischen verschiedenen Zellorganellen beim Homogenisieren und Fraktionieren der Zellen).

Unter dem Fluoreszenzmikroskop blieben die Zellkerne dunkel, dagegen leuchtete das Cytoplasma im ultravioletten Licht hell auf. Graffi hatte seinerzeit vermutet, daß es sich um Mitochondrien handeln müsse; Allison konnte aber zeigen, daß es die Lysosomen sind, die fluoreszieren: Fluoreszenz und die Lokalisierung lysosomaler (hydrolytischer) Enzyme stimmen überein.

Allison meinte nun, daß die Carcinogene lysosomale DNasen freisetzen, die dann ihrerseits die DNA des Zellkerns attackieren.

Lysosomale DNasen als Carcinogene

Die Lysosomen enthalten tatsächlich eine DNase, die doppelsträngige DNA spalten kann; dabei werden beide DNA-Stränge aufgebrochen. Im Reagenzglas gelingt es sogar, mit diesem Enzym, isolierte Chromosomen zu zerbrechen.

Chromosomenbrüche lassen sich auch *in vivo* erzeugen, wenn man die Lysosomen schädigt, was mit einer überraschend einfachen Technik selektiv gelingt.

Behandelt man lebende Zellen mit Neutralrot, so werden nur die Lysosomen mit diesem Farbstoff angefärbt. Werden diese Zellen mit den „roten Lysosomen“ nun mit grünem Licht (das von den roten Partikeln absorbiert wird) bestrahlt, so können die Lysosomen selektiv abgeschossen werden (Photosensitierung).

Wenn Allisons Vorstellungen richtig sind, müßte ein normalerweise unschädlicher Farbstoff in Verbindung mit Licht geeigneter Wellenlänge *carcinogen* sein („Carcinogenese durch Farbe und Licht“).

Bei der Photosensitierung von Hamsternierenzellen in der Gewebekultur beobachtete Allison gelegentlich transformierte Zellen. „Unsere Untersuchungen legen die Vermutung nahe, daß Lysosomenschäden maligne Transformationen in Zellen erzeugen können oder zumindest in der Lage sind, spontan auftretende Transformationen zu erleichtern.“ Es sollte nicht allzusehr verwundern, daß die Transformation *in vitro* mit Hilfe der Photosensitierung bisher noch nicht wirklich überzeugend gelungen ist. Die Transformation im Reagenzglas ist ganz allgemein noch sehr problematisch und, wenn man von der Transformation durch oncogene Viren absieht, gelingt die „künstliche“ Herstellung von Tumorzellen *in vitro* nur schwer, und auch bewährte Carcinogene versagen dabei leicht.

Einfacher müßte es eigentlich sein, beispielsweise die Haut einer Maus rot einzufärben und sie dann zu bestrahlen. Für eine solche rote Maus müßte dann grünes Licht ein carcinogener Reiz sein. Dieses Experiment ist noch nicht gemacht, doch gibt es ein sehr ähnliches Beispiel aus der Humanmedizin: Xeroderma pigmentosum. Auch in diesem Beispielfall ist die Haut der

Patienten gegenüber normalem Licht in hohem Maße überempfindlich. Fehlgebildete Farbstoffe (Porphyrine) haben die Zellen sensibilisiert. Auf dem Boden einer schweren Hautschädigung entstehen bösartige Tumoren.

Leider passen noch nicht alle Befunde in ein lückenloses Gedankengebäude. Am mißlichsten erscheint der Befund, daß auch nicht-carcinogene Substanzen (z. B. Anthracen) in die Lysosomen aufgenommen werden. Trotzdem wächst die Zahl der Indizien, die die Lysosomen weiter belasten.

Danach ist es nicht ausgeschlossen, daß diese Zellpartikel eine größere Rolle bei der Carcinogenese spielen, als man bisher angenommen hatte.

Zellmembranen, Zellsoziologie und Carcinogenese

Es begann eigentlich mit einer Zufallsbeobachtung: Coman war es aufgefallen, daß sich Tumorzellen leichter voneinander trennen lassen als normale Zellen. Er hatte seine Beobachtung gemacht, als er versuchte, epidermale Zellen mit einem Mikromanipulator voneinander zu trennen. Dabei hatte es sich gezeigt, daß Tumorzellen einen lockereren Zellverband bilden als normale Zellen; sie sind weniger „anhänglich", ihr soziales Verhalten erscheint fundamental gestört.

Wir wollen daher jetzt etwas praktische Zellsoziologie treiben und die Kontakte zwischen den einzelnen Zellen genauer unter die Lupe nehmen. Verantwortlich für diese Kontakte sind die Zellmembranen, und daher wird der Bericht über die Zellsoziologie notwendig auch zu einem Bericht über die Oberflächeneigenschaften von Tumorzellen.

Zellsoziologie in der Gewebekultur

Zellen in einer Kulturflasche oder in einer Petrischale wandern aktiv über den Glasboden. Trifft eine solche wandernde Zelle auf eine zweite Zelle, so kommt gewöhnlich ein Kontakt zustande. Dieser Kontakt stoppt dann die weitere Eigenbewegung der Zelle.

Doch nicht nur die Bewegung der Zelle wird blockiert. Es kann zu tiefgreifenden Eingriffen in den Stoffwechsel kommen, bei denen letzten Endes die DNA-Synthese abgeschaltet wird und so weitere Zellteilungen unmöglich werden.

Abercrombie hat diese Hemmung der Zellteilung durch Zellkontakte als „Kontaktinhibition" bezeichnet. Diese Kontakthemmung bietet einen wirksamen Schutz gegen Übervölkerung in einer Gewebekultur: sind die Zellen zu einem zusammenhängenden Zellrasen herangewachsen, in dem alle Zellen miteinander Kontakt haben, dann bleiben weitere Zellteilungen aus.

Tumorzellen verhalten sich anders: sie wandern über ihre Nachbarzellen hinweg — ganz so, als ob diese aus Glas wären — und sie stellen auch dann nicht ihre Teilungen ein, wenn die Kulturflaschen „zugewachsen“ sind. Tumorzellen sind offensichtlich blind gegenüber ihren Nachbarzellen geworden; bei Tumorzellen versagt der Schutz gegen Übervölkerung.

Diesem Verhalten in der Flasche entspricht das Verhalten im Tier: Tumorzellen mit *in vitro* gestörter Kontakthemmung zeigen *in vivo* malignes, infiltratives Wachstum; dem unsozialen Verhalten in der Kultur entspricht das unsoziale Verhalten im Tier.

Membranveränderungen bei Tumorzellen

Das gestörte Sozialverhalten der Tumorzellen spiegelt sich in veränderten Zellmembranen.

Eine einfache Methode, einen ersten Einblick in die Eigenschaften dieser Membranen zu bekommen, ist die Elektrophorese ganzer Zellen. Dabei werden die zu untersuchenden Zellen in einer durchsichtigen Kammer in einem geeigneten Medium suspendiert. Unter einem Mikroskop beobachtet man dann die Bewegungen dieser Zellen unter dem Einfluß eines elektrischen Feldes. Mit Hilfe einer Stoppuhr wird die Geschwindigkeit der wandernden Zellen gemessen. Diese Geschwindigkeit hängt in erster Linie von der Zahl der Ladungen pro Flächeneinheit der Zelloberfläche ab.

Mit dieser Methode untersuchte man Zellsuspensionen aus soliden Tumoren (Nierencarcinome, Hepatome) und verglich sie mit Zellen aus dem entsprechenden Muttergewebe. Dabei stellte es sich heraus, daß die Tumorzellen negativer geladen waren als die entsprechenden Normalzellen. Abbildung S. 87 gibt ein Beispiel für ein solches Pherogramm (Ambrose): angegeben ist der Prozentsatz der Zellen an der Gesamtpopulation mit der jeweils an der Abszisse vermerkten Beweglichkeit.

Auch polyoma-transformierte Zellen unterscheiden sich von nicht-transformierten Fibroblasten durch eine erhöhte „negative Beweglichkeit“. Ruthenstroth-Bauer schließlich erhielt ähnliche Ergebnisse bei der Untersuchung von Leukämiezellen: je nach dem Typ der Leukämie waren entweder Granulocyten oder aber Lymphocyten durch rascher wandernde Zellen ersetzt worden.

„Bösartigkeit“ einer Tumorzelle und ihre Wanderungsgeschwindigkeit im elektrischen Feld scheinen zusammenzuhängen: Ambrose analysierte Zellen aus einer Tumorserie, in der ein solider Tumor, ein metastasierender Tumor und auch ein Tumor in Ascitesform vertreten waren (alle Tumoren waren aus dem gleichen Ursprungstumor entstanden). In dieser Serie nehmen die Anziehungskräfte zwischen den einzelnen Zellen ab, zumal in den isoliert wachsenden Asciteszellen sind sie besonders klein. In der gleichen Reihenfolge nahm nun aber auch die negative Überschußladung zu (Abbildung S. 87).

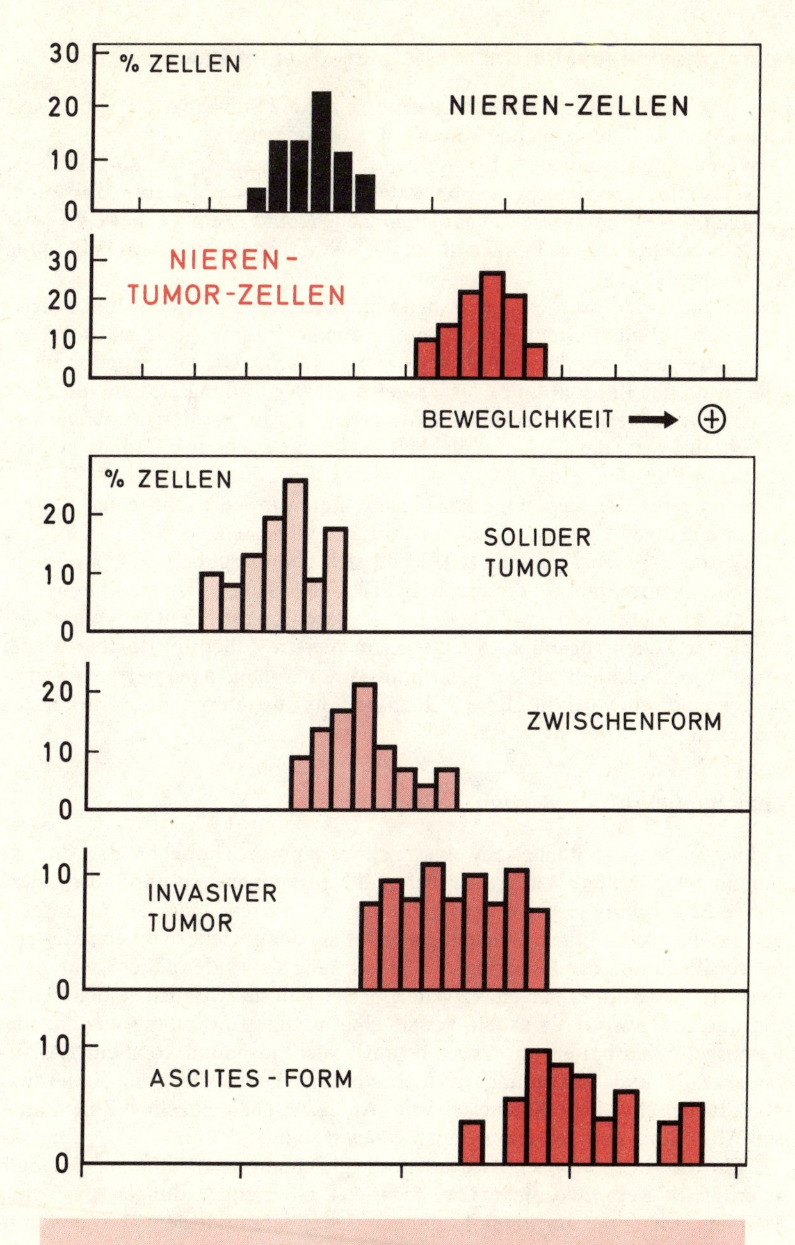

ZELLELEKTROPHORESE

Neuraminsäure und Phospholipide „negativieren" Zellmembranen

Indirekte Methoden erlaubten Rückschlüsse auf die Substanzen, die die negativen Überschußladungen der Tumorzellen verursachen.

1. Werden Zellen mit dem Enzym Neuraminidase behandelt, so gelingt es, Neuraminsäure abzuspalten, ohne dabei die Zellmembranen zu zerstören. Solche Neuraminidase-behandelten Zellen sind weniger beweglich im elektrischen Feld, sie können bis zu 90% ihrer negativen Überschußladung einbüßen.
2. Phospholipide der Zellmembranen binden Ca-Ionen. Mit Ca-Ionen abgedeckte Zellmembranen sind ebenfalls weniger negativ geladen, und dementsprechend wandern die Zellen weniger rasch. (Die vorläufige Identifizierung der Phospholipide als Träger negativer Ladung erfolgte mit Hilfe von Modellverbindungen und einer genauen Analyse der pH-Abhängigkeit einerseits der Zellbeweglichkeit und andererseits der Ladung synthetischer Phospholipide).
3. In jüngerer Zeit gerieten auch Nucleinsäuren in Verdacht, einen Beitrag zur negativen Ladung von Zellmembranen zu leisten.

Bei bestimmten Leukämiezellen läßt sich fast die gesamte Überschußladung mit Neuraminidase entfernen, bei Ehrlich-Asciteszellen sind offensichtlich auch andere Anionen wichtig. Die größere Beweglichkeit polyomatransformierter Zellen gegenüber nicht-transformierten Zellen dürfte aber wieder so gut wie ausschließlich auf Neuraminsäure beruhen: nach der Neuraminidasebehandlung wird die Beweglichkeit auf die Werte normaler Fibroblasten reduziert.

Anziehungskräfte zwischen Zellen

„Eine Gesellschaft Stachelschweine", schrieb einmal Schopenhauer, „drängte sich an einem kalten Wintertage recht nahe zusammen, um durch die gegenseitige Erwärmung sich vor dem Erfrieren zu schützen. Jedoch bald empfanden sie die gegenseitigen Stacheln, welches sie dann wieder voneinander entfernte. Wenn nun das Bedürfnis der Erwärmung sie wieder näher zusammenbrachte, wiederholte sich jenes zweite Übel, so daß sie zwischen beiden Leiden hin und her geworfen wurden, bis sie eine mäßige Entfernung voneinander herausgefunden hatten, in der sie es am besten aushalten konnten." Anziehungskräfte und Abstoßungskräfte bestimmen gemeinsam die Entfernung von Stachelschwein zu Stachelschwein. Auch zwischen einzelnen Zellen müssen Abstoßung und Anziehung ausbalanciert sein.

Für die *Abstoßung* sind vor allem die gleichnamigen Ladungen der Zelloberflächen verantwortlich. Die negativen Überschußladungen des einen Partners stoßen die negativen Ladungen des anderen Partners ab (Coulombsches Gesetz).

Die *Anziehungskräfte* setzen sich aus mehreren Komponenten zusammen: entscheidend sind neben komplementären Oberflächenstrukturen vor allem Ca-Ionen. Diese zweiwertigen Ionen verknüpfen die einzelnen Zellen zu Riesenkomplexen. Durch Verbindungen vom Typ der Äthylendiamintetraessigsäure (ÄDTA) läßt sich das Calcium zwischen den Zellen herauslösen. ÄDTA hat eine stärkere Affinität zu Ca-Ionen als die negativen Strukturen der Zelloberflächen, und so kommt es zur Bildung des Ca-Komplexes von ÄDTA („Chelat"). Embryos von Amphibien können beispielsweise durch eine solche Behandlung mit ÄDTA in Einzelzellen aufgelöst werden. Die Trennung dieser Embryonalzellen ist reversibel: nach Zugabe von Ca reaggregieren die Zellen wieder zu Zellaggregaten, die dann sogar die unterbrochene Embryonalentwicklung wieder aufnehmen können.

Normalerweise sind Zellen aber nicht nur über Calcium-Brücken miteinander verknüpft. Normale erwachsene Zellen scheiden in die intrazellulären Räume Substanzen aus, die mithelfen, die Zellen miteinander zu verkleben.

Miteinander verklebte Zellen lassen sich natürlich nicht mehr mit Chelatbildnern, die wie ÄDTA Ca^{++}-Ionen binden können, voneinander trennen. Dazu sind stärkere Mittel notwendig, die die proteinhaltige Zwischensubstanz auflösen können. Gewöhnlich nimmt man dazu Trypsin. So gelingt es, mit 0.4% Trypsinlösung bei 37 °C kleine Gewebestücke in Einzelzellen aufzulösen. Diese Trypsinierung ist heute zu einer der wichtigsten Standardmethoden in Gewebezüchtungslaboratorien geworden. Sie setzt allerdings Fingerspitzengefühl voraus, denn wenn die Gewebestückchen zu lange angedaut werden, werden auch die Zellen mehr oder weniger stark geschädigt.

Insgesamt ergibt sich also folgendes Bild: „Bei der Bildung interzellularer ‚Klebestellen' scheinen die Coulombschen Abstoßungskräfte zunächst in begrenzten Bereichen der Zellmembranen durch Bindungskräfte überspielt zu werden, die in erster Linie durch Ca-Ionen vermittelt werden. Danach werden die Kontakte durch Proteine stabilisiert, die die Zellen ausscheiden" (Ambrose).

Zellkontakte sind spezifisch

Zellen sind wählerisch; nicht zwischen allen Zellen bilden sich feste Bindungen aus: Zellen müssen zueinander passen. Erste klare Hinweise auf zellspezifische Bindungen erbrachten Experimente mit Schwämmen.

Schwämme lassen sich in Einzelzellen dissoziieren und danach wieder reaggregieren. Man hat nun Schwämme verschiedener Rassen in Einzelzellen aufgelöst und diese Zellen zusammengemischt. Bei der Reaggregation trennten sich die Zellen wieder: nur die Zellen der gleichen Rasse lagerten sich zu Zellkomplexen zusammen; Mischschwämme wurden nicht gebildet.

Aber auch Säugetierzellen scheuen sich vor Kontakten mit fremden Zellen: bringt man Rattengewebe in eine Kultur von Mäuseorganen, so isolieren sich die Rattengewebe weitgehend vom Mausgewebe.

Moscona schließlich gelang der Beweis, daß auch Zellen einzelner Organe sich gegenseitig erkennen können. Aus einem Gemisch beispielsweise von

Nieren- und Leberzellen sortieren sich Nieren- und Leberzellen heraus und bilden getrennte Zellaggregate, deren Feinstruktur sogar den ursprünglichen, intakten Organen ähnelt („Organoide"); Abbildung:

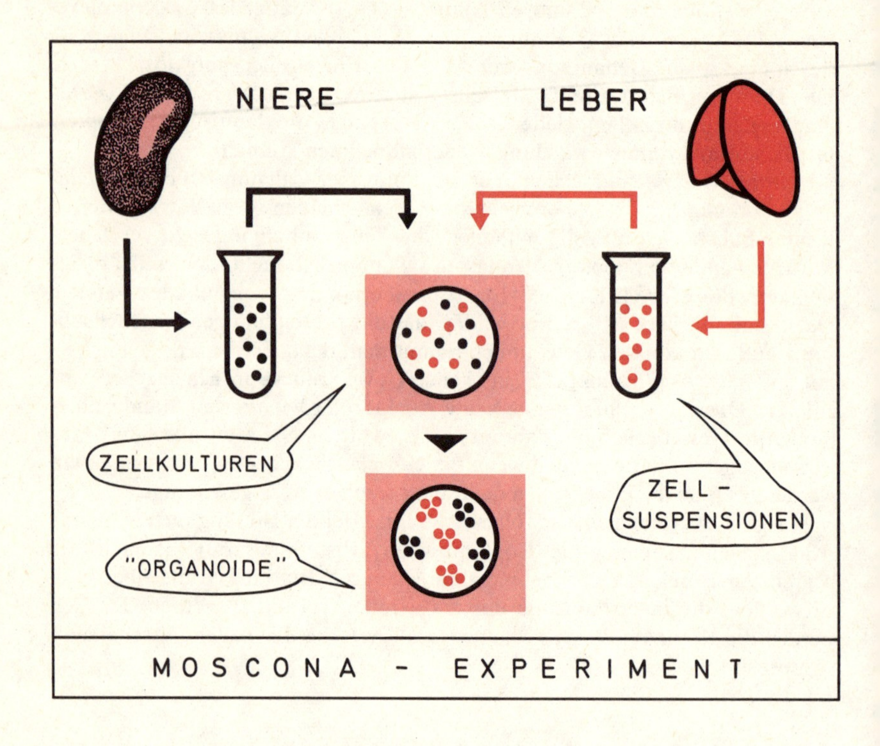

Normale Zellen können Tumorzellen steuern

Ascites-Tumorzellen sind geborene Einzelgänger: sie vermehren sich in der Flüssigkeit der Bauchhöhle so gut wie Einzeller. Ihre negative Überschußladung bietet eine einfache Erklärung: die elektrostatischen Abstoßungskräfte überspielen möglicherweise vorhandene Tendenzen zu einer Zusammenlagerung.

Aber auch diese Einzelgänger lassen sich überlisten: beim Schütteln von Ascitesflüssigkeit — nach Moscona — über längere Zeit (33 Tage) bildeten sich kompakte Aggregate mit mesenchymalen und epithelialen Komponenten (Schleich). Die Histologie solcher Tumor-Organoide kann unter Umständen sogar die Herkunft unbekannter Ascites-Tumorzellen verraten.

Die Dauerschütteltechnik brachte auch bei HeLa-Zellen überraschende Ergebnisse: diese Zellen wachsen in der Gewebekultur als einschichtige Membran („Monolayer"). Beim Schütteln mit mesenchymalen Zellen bildeten sich aber auch hier vielzellige Aggregate. Dabei war es gleichgültig, ob diese Mesenchymalzellen vom Hühnchen, von der Ratte oder vom Menschen stammten. Wechselwirkungen zwischen normalen und neoplastischen Zellen spielen also sicher eine große Rolle für das Verhalten von Tumorzellen.

Stoker hat diese Wechselwirkungen an einem anderen Beispiel studiert: er gab polyomatransformierte Fibroblasten auf eine Zellage normaler Fibroblasten. Während polyomatransformierte Zellen unter sich alle typischen Kennzeichen des neoplastischen Wachstums zeigen ("Criss-cross und piling up"), ordnen sich die transformierten Zellen in der Mischkultur parallel zu den nicht-transformierten Zellen (Abbildung unten). Gleichzeitig ist ihre Wachstumsgeschwindigkeit verlangsamt.

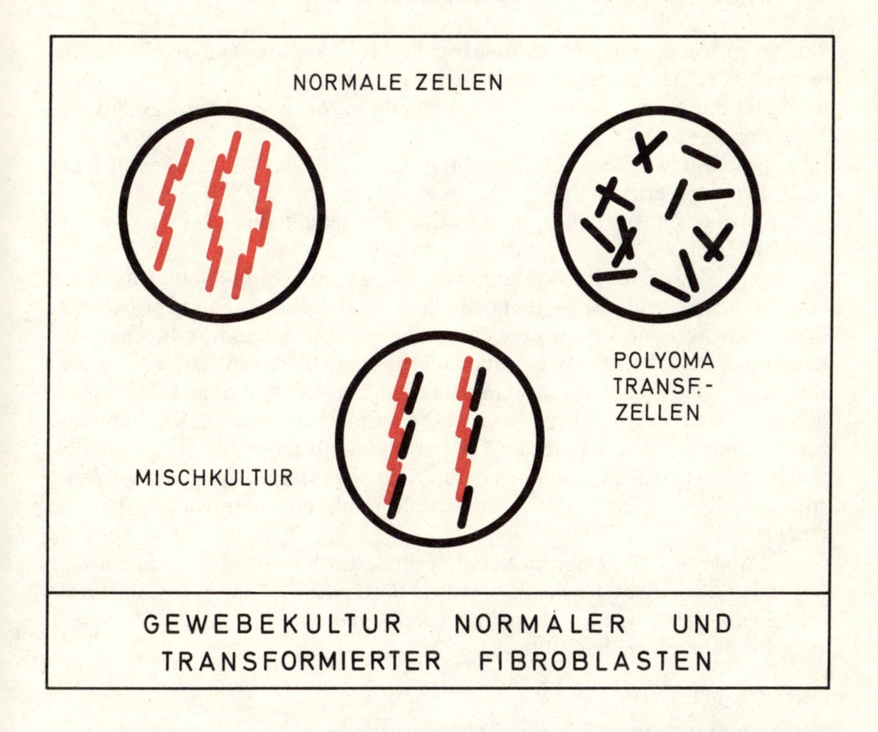

GEWEBEKULTUR NORMALER UND TRANSFORMIERTER FIBROBLASTEN

Stoker zieht daraus den Schluß, daß normale Zellen Kontaktsignale aussenden und empfangen können, die dann Assoziierung und Wachstumsgeschwindigkeit der Zellen bestimmen. Tumorzellen dagegen können keine Signale mehr senden, sie aber immer noch empfangen. Daher wachsen Tumorzellen untereinander unkontrolliert; Tumorzellen, die noch Kontakte zu Normalzellen haben, können dagegen noch „kontrolliert“ werden.

Senden und Empfangen muß nun nicht bedeuten, daß wirklich Signale ausgesendet werden, etwa als Signalsubstanzen, die von den Zellen produziert und auch wieder aufgenommen werden. Plausibler sind direkte, spezifische komplementäre Oberflächenkontakte, und auch mit solchen Strukturen lassen sich Modelle für „Sender und Empfänger“ konstruieren.

Diese Befunde illustrieren (wieder einmal) den Satz, daß eine einzelne Tumorzelle eben noch nicht eigentlich eine Tumorzelle ist. Erst wenn genügend neoplastische Zellen in einem Tumorzellnest versammelt sind, können sie aus der Regulation des Muttergewebes herausfallen („Kritische Größe“ von Tumor-Zellkolonien).

Carcinogenese aus der Membranperspektive

Skizzieren wir noch einmal zum Abschluß den Weg zur Tumorzelle aus der Sicht der Zellmembranen:

a) Ausbildung einer veränderten Zellmembran, die einen engen Zellkontakt verhindert und
b) Ansammlung vieler kontaktgestörter Zellen, die das Ausbrechen aus dem Zellverband erleichtert.

Für beide Phasen liefert die negative Überschußladung der Tumorzellen eine Erklärung.

Allein aber kann die Veränderung der Zellmembran — und auch das gestörte Sozialverhalten — nicht für die Carcinogenese verantwortlich sein, denn auch normale Zellen können aus einem Zellverband ausbrechen. Bekanntestes Beispiel ist das blutbildende System. In diesem Gewebe werden Zellen gebildet, die ihren Zusammenhalt mit ihren Nachbarn lockern, schließlich den Gewebeverband verlassen und als Einzelzellen in die Blutbahn ausgeschwemmt werden. Auf diese Weise erfolgt der Nachschub von Granulocyten, Lymphocyten und anderen Blutzellen. Bei der Reifung dieser Zellen spielen sich offensichtlich sehr ähnliche Veränderungen ab wie bei der Carcinogenese.

Veränderte Zellmembranen und verändertes Sozialverhalten allein können daher auch nicht die einzige Ursache für die Entstehung einer Tumorzelle sein. Ganz sicher handelt es sich aber dabei um eine wesentliche Voraussetzung für autonomes Wachstum.

Kleine Naturphilosophie der Zellmembranen

Erst durch Membranen erhält eine Zelle ihre Individualität. Die „Coacervate“, die Protoplasmaklümpchen, die nach Oparin im Urschleim herumschwammen, waren deshalb noch keine Zellen. Zellen konnte es erst geben,

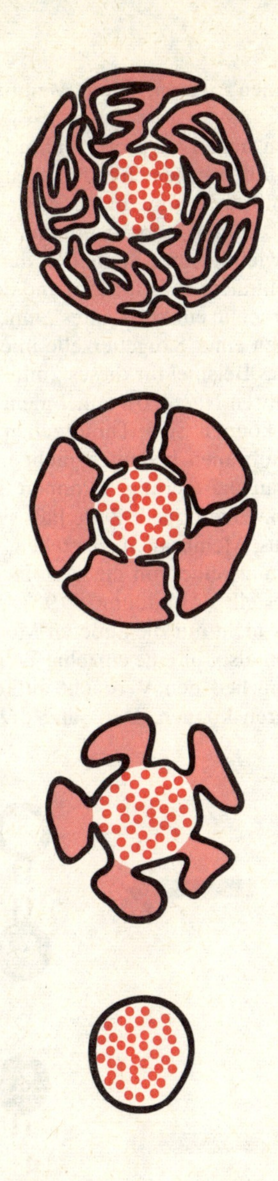

EVOLUTION DER MEMBRANEN

als Zellmembranen „erfunden" waren. Diese Membranen stehen daher am Anfang der Zellgeschichte.

Im Laufe der Evolution haben sie große Veränderungen durchgemacht. Über ihre erste Aufgabe, Zellen gegeneinander abzugrenzen, sind sie längst hinausgewachsen. Zellmembranen sind heute mehr als träge Hüllen eines Protoplasmatropfens. Sie befinden über Aufnahme und Abgabe von Substanzen, die für die Zelle wichtig sind. Sie helfen der Zelle, Substanzen, die sie benötigt, aktiv in das Zellinnere zu befördern und dort anzureichern. Membranen garantieren so einer Zelle ein konstantes „inneres Milieu". Die hohen Kaliumionenkonzentrationen einer Säugetierzelle in einer kaliumarmen Umgebung sind ein allbekanntes Beispiel für dieses „milieu cellulaire".

Eine Tumorzelle wird ihren Nachbarn zunehmend fremder; an ihren veränderten Zellmembranen können sich Tumorzellen nicht mehr erkennen. Doch die veränderten Membranen bedeuten nicht nur veränderte Oberflächeneigenschaften. Membranveränderungen können tief in die inneren Strukturen einer Zelle eingreifen. Eine höhere Zelle läßt sich als ein kompliziertes Netz- und Schichtwerk aus Membranen verstehen. Robertson hat einmal anschaulich eine Entwicklungsreihe von einer einfachen bis zu einer hochdifferenzierten Zelle dargestellt (Abbildung S. 93). Veränderungen an diesem System betreffen daher nicht nur die äußeren Membranschichten.

Zellmembranen nehmen also für eine einzelne Zelle eine Schlüsselstellung ein. Diese große Bedeutung ließ den Verdacht aufkommen, daß Zellmembranen sich selber vermehren können. Der Satz: *„Omnis cellula e cellula"*

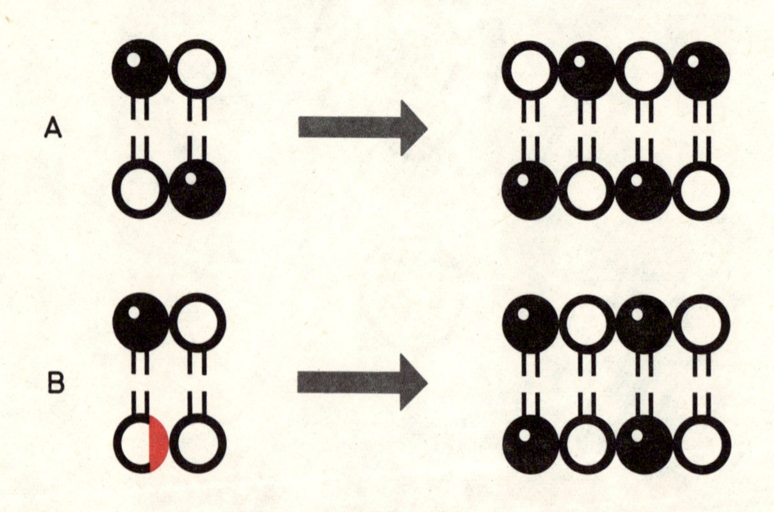

ZUR REDUPLIKATION VON MEMBRANEN

wäre danach nicht nur als *Omne DNA e DNA*, sondern auch als *Omnis Membrana e Membrana* zu lesen.

Die Reduplikation der Zellmembranen in eigener Regie würde natürlich nicht bedeuten, daß die Membranen auch ihre Bausteine selber herstellen. Die neuerliche Entdeckung microsomaler DNA läßt diese Frage allerdings wieder offen erscheinen. Die autonome Reduplikation besagt lediglich, daß Membranen in der Lage sind, die von der Zelle zur Verfügung gestellten Bauteile „nach eigenem Gutdünken" zusammenzubauen. Einfache Assoziationsregeln könnten die Membranstruktur dabei festlegen (weiß bindet schwarz, schwarz bindet weiß). Dieses einfache Modell ließe auch verstehen, wie eine einmalige Störung, etwa durch ein Carcinogen, zu einer dauermodifizierten Membranstruktur führen kann (Abbildung S. 94).

Hinweise auf solche „Membran-Mutanten" hat Sonneborn bei Paramecien gefunden, bei Säugerzellen fehlen bisher jegliche Ansatzpunkte.

Die Vorstellung von selbst-reduplizierenden Membranen hat faszinierende Konsequenzen: die Konstruktion einer Tumorzelle wäre möglich, auch ohne daß man auf den Zellkern zurückgreifen müßte. Eine „neoplastische Veränderung" der Zellmembranen würde sich auch ohne DNA auf die Tochtertumorzellen „vererben".

Gibt es wirklich eine „Kontakthemmung"? Wuchsfaktoren kontra Kontakthemmung

Wir haben bisher unterstellt, daß die Kontakthemmung wirklich primär vom Kontakt zwischen den Zellen ausgeht: die Zellen wachsen so lange, bis ein allseitiger Kontakt sie am Weiterwachsen hindert.

Im Organismus scheinen die Zellteilungen in einem Gewebe von Hemmstoffen unter Kontrolle gehalten zu werden, die im Gewebe produziert werden („Chalone"). Wenn wir dieses Konzept auf Zellkulturen übertragen, würde es bedeuten, daß man nach Hemmfaktoren suchen müßte, die von ruhenden Zellen abgegeben werden und die spezifisch Zellteilungen blockieren können.

Diese Suche scheint aber bisher erfolglos zu sein: Zellen lassen sich auf Membranfiltern züchten. Wenn nun die Oberseite eines solchen Filterblättchens „zu-gewachsen" ist, gelingt es trotzdem, auf der Unterseite neue Zellen zum Wachsen zu bringen. Die konfluenten Zellen der Oberseite senden also keine Hemmfaktoren aus.

Der Regulationsmechanismus des intakten Gewebes scheint daher für die Regulation der Zellteilungen in der Zellkultur keine Rolle zu spielen. Damit ist aber nicht gesagt, daß die Kontakthemmung wirklich primär vom Zellkontakt ausgeht. Holley fand eine triviale Lösung, als er das Wachstum von 3T3-Zellen — einem Mäusefibroblasten-Dauerstamm — genauer untersuchte.

Diese Zelle zeigt besonders schön die „Kontakthemmung": unter normalen Kulturbedingungen wachsen diese Zellen rasch zu einem zusammenhängenden Zellrasen. Sobald diese konfluente Zellschicht erreicht ist, stellen sie ihr Wachstum ein. Sie erreichen dabei im Mittel eine Zelldichte von etwa einer Million Zellen pro Petrischale (6 cm∅).

Aber schon früh war es aufgefallen — und nicht nur bei 3T3-Zellen —, daß durch die Zugabe von frischem Nährmedium mit frischem Kälberserum auch in einer konfluenten Kultur eine neue Mitosewelle induziert wird. Daraus mußte man den Schluß ziehen, daß Wuchsfaktoren des Kälberserums die Kontakthemmung überspielen können.

Holley fand schließlich, daß die charakteristische Zelldichte einer „kontaktgehemmten Kultur" nur das zufällige Resultat der Nährstoffkonzentrationen ist. Je nach Anteil des Serums im Nährmedium wachsen 3T3-Zellen zu verschiedenen Endkonzentrationen aus (Abbildung):

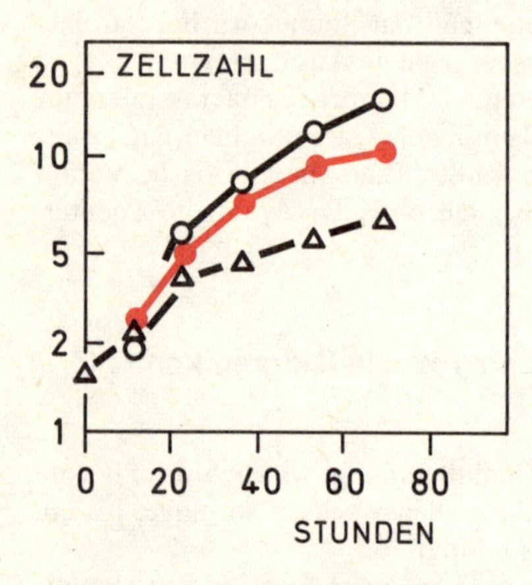

3T3-Zellen in Nährmedium mit 10% (△), 20% (●) und 30% (○) Kälberserum. Die Populationsdichte ist vom Serumzusatz abhängig (Zellzahl $\times 10^6$).

3T3-Zellen in „ausgelaugtem" Nährmedium (△) und nach erneutem Serumzusatz (●). Transformierte Zellen wachsen auch in ausgelaugten Medien (○).

Bei etwa 6×10^6 Zellen pro Schale wurden die Kulturen unabhängig von der Serumkonzentration konfluent. In den Wachstumskurven machte sich dieses Ereignis aber nicht bemerkbar, etwa als Verlangsamung der Wachstumsrate.

Entscheidend für die endgültige Zellzahl einer 3T3-Kultur scheinen danach in erster Linie ein oder auch mehrere Wuchsfaktoren des Kälberserums zu sein. Wenn dieser Faktor von den Zellen aufgebraucht wurde, stoppt das Wachstum.

Folgerichtig wachsen 3T3-Zellen nicht in einem „ausgelaugten" Kulturmedium (Abbildung oben): nimmt man die Nährlösung über einer stationären Zellkultur ab und gibt sie zu 3T3-Zellen, so kommt es nicht zu Zellteilungen, die 3T3-Zellen bleiben liegen. Erst erneuter Zusatz frischen Kälberserums ermöglicht neue Zellteilungen.

Ganz anders verhalten sich Tumorzellen: SV-40-transformierte 3T3-Zellen wachsen auch in „ausgelaugten" Medien. Der Wuchsfaktorbedarf dieser Zellen ist also wesentlich herabgesetzt. Sehr ähnliche Beobachtungen machte Temin an Zellkulturen von Hühnerfibroblasten: normale Fibroblasten sind auf einen Serumfaktor angewiesen, mit Rous-Sarkom-Virus-transformierte Fibroblasten kommen mit weniger Serumfaktor aus.

Ein entscheidender Unterschied zwischen einer Normalzelle und einer Tumorzelle in der Gewebekultur liegt demnach in einem verschiedenen Bedarf an Wuchsfaktoren. Ob es zu Zellkontakten kommt, ist sekundär.

Aber es ist sicher noch zu früh, um zu entscheiden, ob in allen Fällen „Kontakthemmung" durch „Wuchsfaktorbedarf" ersetzt werden muß.

Zusammenfassung

Neben dem Zellkern und den Lysosomen erscheinen vor allem die Zellmembranen als wichtige Organellen für die Carcinogenese. Alle drei Organellen zusammen liefern eine vollständige Theorie für die Entstehung einer Tumorzelle:

1. Lysosomale Enzyme, vorweg die lysosomale DNase, verändern die DNA der Zellkerne.
2. Die veränderte DNA produziert „saurere" Membranbausteine als normale DNA. Die negative Zellmembran verändert die sozialen Eigenschaften einer Zelle.

Doch bisher haben wir eine besonders wichtige Zellorganelle, die Mitochondrien, ausgelassen. Gerade die Mitochondrien aber sollen — so behauptet es die Warburgsche Krebstheorie — ganz allein in der Lage sein, eine Tumorzelle entstehen zu lassen. Wir müssen uns daher jetzt dieser Organelle etwas näher zuwenden.

Die Mitochondrien und Warburgs Krebstheorie

Die Mitochondrien — die Kraftwerke einer Zelle — stehen im Mittelpunkt einer der ältesten biochemischen Tumortheorien; diese Theorie sieht in der Schädigung der Zellatmung und in der „anaeroben Gärung" die eigentliche Voraussetzung des bösartigen Wachstums. Schon 1923 hatte O. Warburg die Gärung von Tumoren entdeckt; 1955 faßte er Beobachtungen und Hypothesen zu einem suggestiven Gedankengebäude zusammen.

Energiegewinnung in der Atmungskette

In den Mitochondrien ist die sogenannte Atmungskette lokalisiert. Sie besteht aus mehreren, hintereinandergeschalteten Fermenten, die den aus der Nahrung stammenden Wasserstoff mit Sauerstoff „verbrennen". Für unsere Zwecke genügt es zunächst, sich diese Atmungskette als einen schwarzen Kasten vorzustellen, in den auf der einen Seite O_2, auf der anderen H_2 (als reduzierte Coenzyme, NADH) eingefüttert werden und der neben der Produktion von H_2O beträchtliche Mengen Energie liefert (ATP).

Gärung

Beim Abbau der Glucose zu Brenztraubensäure wird direkt, d. h. auch ohne Vermittlung der Atmungskette, ATP erzeugt. (Wir müssen hier auf Darstellungen in Lehrbüchern für Biochemie oder auch auf den dtv-Atlas Biologie verweisen). Diese ATP-Produktion fällt zwar gegenüber den hohen Produktionszahlen der „Oxydativen Phosphorylierung" der Atmungskette kaum ins Gewicht, aber dieser niedrige ATP-Ausstoß garantiert eine Energieversorgung auch ohne Sauerstoff.

Doch gibt es Probleme: für jedes Glucosemolekül, das schließlich zu Brenztraubensäure abgebaut wurde, müssen zwei Moleküle NAD den Wasserstoff übernehmen und so zu NADH reduziert werden. Der Vorrat einer Zelle an NAD ist aber begrenzt, und daher müßte der Abbau der Glucose sehr bald zum Stillstand kommen. Nur dann, wenn das gebildete NADH auch wieder entladen wird, kann der Glucoseabbau weiterlaufen.

Diese Rückgewinnung von NAD besorgt die Lactat-dehydrogenase, ein Enzym, das Brenztraubensäure in Milchsäure (Lactat) umwandelt:

$$\underset{\underset{\displaystyle O}{\|}}{CH_3CCOOH} \underset{NAD}{\overset{NADH}{\rightleftharpoons}} \underset{\underset{\displaystyle OH}{|}}{CH_3CH{-}COOH}$$

Mit jedem Molekül Milchsäure wird wieder ein Molekül NAD frei, das den Durchsatz eines weiteren (halben) Moleküls Glucose ermöglicht. Der Weg von der Glucose zur Milchsäure wird Milchsäure-Gärung genannt; über ihn kann beliebig viel Glucose auch ohne Sauerstoff in „Energie" verwandelt werden.

Gärung ist aber nur ein dürftiger Ersatz für die Atmung: nur 52 kcal werden pro 1 Mol Glucose frei (2 Mol ATP). (Bei der Atmung können 686 kcal aus 1 Mol Glucose (38 Mol ATP) herausgeholt werden).

Warburgs manometrische Methoden zur Messung von Atmung und Gärung

Bei der Atmung wird Sauerstoff verbraucht: verbindet man daher ein Kulturgefäß, in dem sich Zellen befinden (Zellsuspension, Gewebeschnitte) mit einem Manometer, so kann man direkt den Sauerstoffverbrauch ablesen. Warburg definierte einen Atmungskoeffizienten Q_{O_2} als jene mm^3 Sauerstoff, die 1 mg Gewebe (Trockensubstanz) bei Sauerstoffsättigung und 38 °C pro Std verbraucht.

Die manometrische Methode wurde von Warburg auch für die Bestimmung der Milchsäure eingesetzt. Jedes Mol Milchsäure treibt aus einem Bikarbonatpuffer ein Mol CO_2 aus, das manometrisch gemessen werden kann. Auch hier wieder läßt sich ein Quotient definieren ($Q_M^{N_2}$ bzw. $Q_M^{O_2}$), der angibt, wieviel mm^3 CO_2 von einem mg Gewebe pro Std freigesetzt werden. Der Koeffizient N_2 oder O_2 gibt an, ob die Messung unter Sauerstoff (aerob) oder unter Stickstoff (anaerob) durchgeführt wurde.

Krebszellen gären

„Die große Gärung von Ascites-Zellen ist in Berlin-Dahlem (in Warburgs Institut) entdeckt worden (1952) und seither in vielen Arbeiten bestätigt worden." Aber schon 1923 hatte Warburg an Schnitten aus soliden Tumoren Sauerstoffverbrauch und Milchsäureproduktion gemessen und dabei gefunden, daß sie weniger Sauerstoff verbrauchten und mehr Milchsäure produzierten als Normalgewebe.

Die Atmung der Krebszellen ist offensichtlich geschädigt. Bedeutet dies, daß eine Atmungsschädigung zur Tumorentwicklung führt?

Carcinogene schädigen die Atmung

Eine Atmungsschädigung, die zur Tumorentstehung führt, muß zwei strenge Kriterien erfüllen:

1. Sie muß zu einer irreversiblen Schädigung führen, denn die einmal geschädigte Atmung bleibt über alle Zellteilungen hinweg geschädigt.
2. Die Schädigung darf die Zelle nicht abtöten. Es ist daher nicht zu erwarten, daß alle Atmungsgifte auch Carcinogene sind.

Die Gleichung Atmungsgift = Carcinogen müßte sich aber umgekehrt lesen lassen: Carcinogene sollten durchweg die Atmung schädigen. *Nitrosamine* fügen sich in dieses Bild, aber auch die klassischen carcinogenen *Kohlenwasserstoffe* machen keine Ausnahme. Bei der Bestrahlung mit *Röntgenstrahlen* wird ebenfalls die Atmung zerstört: „Offenbar ist die Carcinogenese durch Röntgenstrahlen nichts anderes als eine Zerstörung der Atmung durch Abschuß atmender Mitochondrien" (Warburg, wie auch die folgenden Zitate).

Eine bloße Atmungsschädigung macht aber noch keinen Krebs: „Wenn eine Zerstörung von Atmung Krebs erzeugen soll, so muß diese Zerstörung, wie bereits erwähnt, *irreversibel* sein." Warburg schlug für dieses Problem eine elegante Lösung vor: Man braucht nur zu unterstellen, daß Mitochondrien selbständige Kleinstorganismen sind, die sich unabhängig vom Zellkern vermehren. Dann kann ein Mitochondrion immer nur aus einem Mitochondrion entstehen. Die Folge ist, daß eine Zelle, in der die Mitochondrien „abgeschossen" wurden, keine neuen Mitochondrien mehr bilden kann. Für die Tochterzellen gilt natürlich das gleiche.

Omne granum e grano

Die Selbstvermehrung der „atmenden Grana" war schon lange postuliert worden. Allein aus morphologischen Betrachtungen — die Mitochondrien sind isolierte, kompliziert strukturierte Partikel — wurde der Schluß gezogen, daß Mitochondrien eigentlich als Symbionten aufgefaßt werden müßten.

In neuester Zeit sind eindrucksvolle Hinweise für diesen Symbiontenstatus erbracht worden. Die Mitochondrien enthalten eigene DNA und sind damit in der Lage, eigene Baupläne (mRNA) zu realisieren.

Weg zur Tumorzelle: Selektion gärfähiger Zellen

„Auch wenn die Atmung von Körperzellen irreversibel geschädigt worden ist, so sind damit durchaus noch keine Krebszellen entstanden. Denn zur Entstehung von Krebszellen gehört nicht nur eine irreversible Schädigung der Atmung, sondern auch ein Anstieg der Gärung, und zwar ein solcher Anstieg der Gärung, daß der Ausfall der Atmung energetisch kompensiert wird. Wie aber kommt dieser Gärungsanstieg zustande?"

Werden Ratten beispielsweise mit Buttergelb oder Diäthylnitrosamin gefüttert, so steigt erst nach langer Latenzzeit die Gärung der Leber auf den für Tumoren charakteristischen Wert an. „Die treibende Kraft des Gärungsanstieges ist der Energiemangel, unter den die Zellen nach Zerstörung ihrer Atmung gelangen und der die Zellen zwingt, die unwiederbringlich verlorene Atmungsenergie irgendwie zu ersetzen. Dies gelingt ihnen (als Population) durch einen Selektionsprozeß, der von der Gärung der normalen Körperzellen Gebrauch macht. Dabei gehen die schwächer gärenden Körperzellen zugrunde, die stärker gärenden bleiben am Leben, und dieser Selektionsprozeß geht solange weiter, bis der Atmungsausfall durch den Gärungsanstieg energetisch kompensiert ist. Erst dann ist aus der normalen Körperzelle eine Krebszelle entstanden. Nunmehr verstehen wir, warum der Gärungsanstieg so lange Zeit beansprucht und warum er nur mit Hilfe vieler Zellteilungen möglich ist."

Gärungsenergie ist „minderwertiger"

„Warum aber, und das ist unsere letzte Frage, werden die Körperzellen entdifferenziert, wenn man ihre Atmungsenergie durch Gärungsenergie ersetzt?" Sowohl Atmung als Gärung liefern letztlich ATP, und ATP sollte eigentlich gleich ATP sein.

Warburg untermauert seine These von der minderwertigeren Energie der Gärung mit zwei Argumenten: einem historischen und einem morphologischen.

„Wie die Gesteinskunde lehrt, gab es schon Lebewesen auf der Erde, als die Erdatmosphäre noch keinen freien Sauerstoff enthielt. Diese ohne Sauerstoff lebenden Organismen waren gärende, wenig differenzierte Einzeller. Erst als — vor etwa 800 Millionen Jahren — der freie Sauerstoff in der Erdatmosphäre auftrat, setzte fast plötzlich die Höherentwicklung des Lebens ein, und es entstanden die Königreiche der Pflanzen und Tiere. Die „Evolution creatrice" ist also das Werk des Sauerstoffs, oder genauer ausgedrückt: das Werk der Sauerstoffatmung.

Der umgekehrte Weg der Entdifferenzierung hochentwickelter Körperzellen erfolgt heute in größtem Ausmaß bei der Krebsentstehung." Die Carcinogenese erscheint als „Rückfall" in primitive Wachstumsgewohnheiten.

Neben dieser historischen Analogie veranschaulicht Warburg die „Minderwertigkeit der Gärungsenergie" mit folgendem Gedankengang: Die Atmungskette ist in den Mitochondrien, die Gärungsfermente sind im Cytoplasma lokalisiert. Das durch die Atmung gebildete ATP wird also in einer strukturierten Organelle synthetisiert, es besitzt nach Warburg daher auch mehr „Struktur" als das durch die Gärung aufgebaute ATP. „Es ist so, als ob man auf einer photographischen Platte durch gleichviel Licht gleichviel Silber reduzierte, aber in dem einen Fall mit diffusem Licht, in dem anderen Fall mit geordnetem Licht. Im einen Fall entsteht eine diffuse Schwärzung, im anderen ein Bild". Man wird an den philosophischen Satz erinnert, daß Ordnung nur aus Ordnung entstehen kann.

Sauerstoffmangel im Tumorgewebe

Krebszellen haben unter Sauerstoffmangel einen erheblichen Vorteil gegenüber Normalzellen: Ihre Gärung hilft ihnen zum Überleben, normale Zellen müssen ohne Sauerstoff zugrundegehen.

Ganz ohne Sauerstoff können zwar Tumorzellen auch nicht wachsen, doch herrschen in einer Geschwulst zumeist Sauerstoffdrucke, die für normale Zellen nicht ausreichen. Der niedrige Sauerstoffdruck im Tumor läßt sich mit einem einfachen Experiment demonstrieren: Werden Tetanussporen in Mäuse injiziert, so bleiben die Mäuse gesund. Die anaeroben Tetanussporen können nur unter Sauerstoffmangel auskeimen und in keinem Gewebe der Maus erreicht der Sauerstoffdruck so niedrige Werte, daß dies möglich wäre. Werden die anaeroben Tetanussporen dagegen in tumortragende Mäuse injiziert, so erkranken die Tiere, denn nun finden die Sporen in den Tumoren ein Milieu mit einem niedrigen Sauerstoffdruck. Dieses Experiment beweist, daß Tumorzellen nicht nur anaerob wachsen können, sondern daß sie in Tumoren auch tatsächlich anaerob wachsen (Malmgren).

Dieser Sporen-Tumor-Effekt läßt sich auch *therapeutisch* nützen (Moese): Behandelt man einen Tumorträger mit geeigneten anaeroben Sporen, so siedeln sich die auswachsenden Bakterien in den Tumoren an und zerstören dort selektiv das Tumorgewebe: Die Tumoren erweichen und brechen schließlich auf.

Tumorentstehung in zwei Phasen

Warburg faßt seine Atmungstheorie des Krebses in apodiktischen Sätzen zusammen: „Krebszellen entstehen aus normalen Körperzellen in zwei Phasen. Die *erste* Phase ist die irreversible Schädigung der Atmung. Wie es viele entfernte Ursachen der Pest gibt — Hitze, Insekten, Ratten —, aber nur *eine gemeinsame Ursache, den Pestbazillus,* so gibt es unzählig viele entfernte Krebsursachen — Teer, Strahlen, Arsen, Druck, Urethan, Sand — aber es gibt nur *eine gemeinsame Krebsursache,* in die alle anderen Krebsursachen einmünden, die irreversible Schädigung der Atmung.

Auf die irreversible Schädigung der Atmung folgt als *zweite* Phase der Krebsentstehung ein langer Kampf der geschädigten Zellen um ihr Dasein, wobei ein Teil der Zellen aus Energiemangel zugrunde geht, während es einem anderen Teil gelingt, die unwiederbringlich verlorene Atmungsenergie durch Gärungsenergie zu ersetzen. Wegen der morphologischen Minderwertigkeit der Gärungsenergie werden hierdurch die hochdifferenzierten Körperzellen umgewandelt in undifferenzierte, ungeordnet wachsende Zellen — die Krebszellen".

Krebsprophylaxe durch Unterstützung der Atmung

Aus der Warburgschen Theorie folgt unmittelbar, daß eine Unterstützung der Atmung die Tumorentstehung erschweren müßte. Dafür gibt es ein überraschendes Beispiel:

In Skandinavien kommt eine Krebsform des Rachens und der Speiseröhre vor, die in einem Frühstadium, dem sog. Plummer-Vinson-Syndrom, leicht diagnostiziert werden kann. Setzt man der Nahrung die Wirkgruppen der Atmungsfermente zu (wie beispielsweise Nicotinsäureamid, Flavin und Eisensalz), so läßt sich diese Präcancerose völlig heilen. Dies bedeutet, daß man diese Krebsform verhüten könnte, und tatsächlich ist man zur Zeit dabei, sie durch einfache Zusätze zur Nahrung auszurotten. Die Prophylaxe erscheint unproblematisch, da es offensichtlich keine Überdosierung der „Wirkgruppen" gibt.

Neben dieser Krebsprophylaxe à la Warburg beginnt sich auch eine Krebstherapie à la Warburg zu entwickeln (Kapitel S. 181), in der die Gärung ausgenützt wird.

Nicht alle Tumoren gären

Wenn die Gärung die eigentliche Ursache, das entscheidende Kennzeichen einer Tumorzelle ist, dann müssen alle Tumorzellen gären.

1958 wurden aber die ersten Tumoren entdeckt, die nicht gären (Aisenberg, Potter). Sie gehörten zur Reihe der Minimalabweichungshepatome, das sind transplantierbare Lebertumoren, die sich nur wenig von normaler Leber unterscheiden. Dabei stellte es sich heraus, daß ein Zusammenhang besteht zwischen der Wachstumsgeschwindigkeit eines solchen Hepatoms und der Größe seiner Gärung: schnellwachsende Tumoren zeigten eine sehr deutliche Milchsäureproduktion, langsam wachsende dagegen gärten kaum oder überhaupt nicht.

Später hat auch Burk diese Minimalabweichungstumoren gemessen; seine Experimente lassen sich in einem Kurvenzug zusammenfassen (Abbildung S. 104).

In der Nähe des Ausgangspunkts dieser Kurve (Gärung der Leber = 1) liegen sehr langsam wachsende Hepatome mit sehr kleiner Gärung. Die Form der Kurve legt es nun nahe, daß die Gärung nur sehr klein ist, aber nicht ganz fehlt.

Meßtechnisch ist der „Nullpunkt" allerdings sehr umstritten: $Q_M^{N_2}$ für Leber wird je nach Autor mit 1.0 bzw. 0.6 angegeben. Eine Gärungsgröße von 1.2 für ein langsam wachsendes Morrishepatom scheint daher kaum signifikant höher als der Leberwert.

Doch die Kritik geht tiefer: Werden Zellen, bevor man ihre Atmung mißt, für 48—72 Std unter Sauerstoffmangel gehalten, so zeigen sie eine stark re-

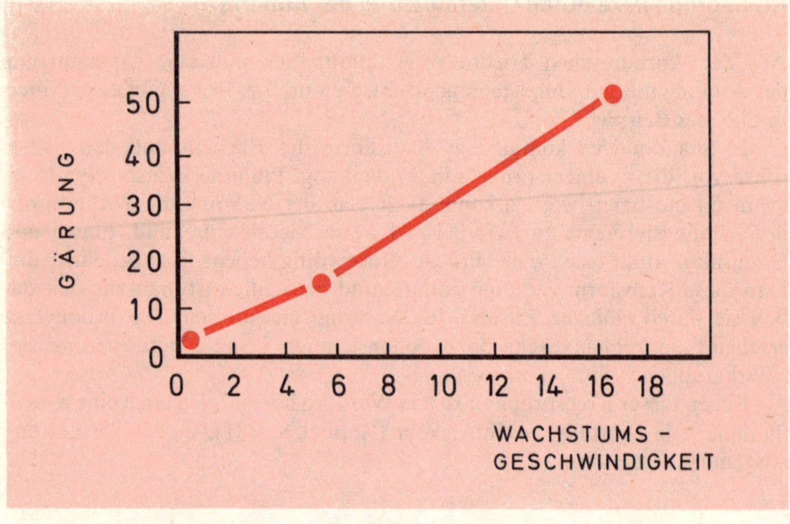

Wachstumsgeschwindigkeiten und Gärung von Minimalabweichungshepatomen: Geschwindigkeiten sind in reziproken Monaten, Gärung als $Q_{M}^{N_2}$ angegeben.

duzierte Atmung. Läßt man diese Zellen dann in normaler Luft weiterwachsen, so können sie wieder ihre normalen Atmungswerte erreichen. Da nun in den meisten Tumoren niedrige Sauerstoffdrucke herrschen, müssen Tumorzellen reduziert atmen, auch ohne daß ihre Atmung im eigentlichen Sinne geschädigt sein müßte.

Viele Tumorzellen zeigen aber eine „echte" Atmungsschädigung; sie besitzen weniger Mitochondrien und behalten reduzierte Atmung und erhöhte Gärung auch nach längerer Verweildauer in Luft bei. Ob aber Atmung und Gärung immer in einem reziproken Verhältnis miteinander gekoppelt sind, erscheint fraglich.

Paul ist dieser Frage am Beispiel polyomatransformierter Zellen nachgegangen. Dabei zeigte sich, daß die transformierten Zellen zwar mehr Milchsäure produzierten, daß sie aber ebensoviel Sauerstoff verbrauchten wie nichttransformierte Zellen. Diese Zellen machen also keine Ausnahme von der Regel, daß Tumorzellen gären. Sie zeigen aber, daß eine geschädigte Atmung nicht für alle Tumorzellen obligat ist.

Polyomatransformierte Zellen erinnern an Embryonalzellen: auch bei diesen Zellen ist die Atmung intakt, und gleichzeitig ist die Gärung hoch. Bei der Regeneration der Leber dagegen bleibt die Gärung aus. Wachstum bedeutet also nicht automatisch eine erhöhte Glykolyse. Warum aber gärende Tumorzellen autonom, gärende embryonale Zellen regulierbar sind, muß zunächst unerklärt bleiben.

Gärung und Wachstumsgeschwindigkeit eines Tumors stehen in Zusammenhang

Die Serie der Morrishepatome illustriert, daß langsam wachsende Tumoren wenig, schnell wachsende stark gären. Entsprechend ist die Atmung geschädigt und sind die Mitochondrienzahlen reduziert.

Einen analogen Befund hat Burk an Tumorzellen *in vitro* erhoben. Er verglich zwei Tumorzellinien miteinander, die ursprünglich von der gleichen Zelle abstammten, in der Zwischenzeit aber sehr verschiedene Malignität erworben hatten. Die weniger maligne Linie gärte nur wenig, die stärker maligne gärte stark.

Aber auch wenn Gärung und Wachstumsgeschwindigkeit parallel laufen, ist damit noch nicht erwiesen, daß die Gärung die einzige und vielleicht allein entscheidende Ursache für eben diese Wachstumsgeschwindigkeit ist. Warum sollte die Gärung nicht die Folge der neoplastischen Transformation sein anstatt ihre Ursache? Auf die Frage, ob Schädigung der Atmung und Gärung denn wirklich primäre Ereignisse der Carcinogenese seien, antwortete Warburg, daß man sich nichts Primäreres vorstellen könne als Atmung und Gärung.

Zusammenfassung

Im Mittelpunkt der Warburgschen Krebstheorie stehen die geschädigte Atmung und die erhöhte Gärung vieler Tumorzellen. Krebs erscheint hier als Rückfall in primitive Lebensgewohnheiten der „echten" Einzeller.

Wenn auch offensichtlich nicht alle Tumoren gären, so steht doch die Wachstumsgeschwindigkeit der Tumoren mit ihrer Gärungsgröße in einer direkten Beziehung.

Tumor-Immunologie: Grundlagen einer körpereigenen Tumorabwehr

Organverpflanzungen gelingen nur mit List und Kunst: zur perfekten Technik des Chirurgen muß die Überlistung der körpereigenen Abwehrkräfte kommen. Doch diese Probleme sind alt. „Ein gewisser Bewohner von Brüssel“, berichtet van Helmont, ein flämischer Arzt des 17. Jahrhunderts, „hatte in einer Schlacht seine Nase verloren und wandte sich an den berühmten Chirurgen Tagliacozzus, der in Bononia lebte, mit der Bitte, er solle ihm eine neue Nase verschaffen. Da er aber den Einschnitt in seinen eigenen Arm fürchtete, mietete er sich einen Lastträger, aus dessen Arm — nachdem man über die Belohnung einig geworden war — eine neue Nase geformt wurde. Ungefähr dreizehn Monate, nachdem er in seine Heimat zurückgekehrt war, wurde die überpflanzte Nase plötzlich kalt, sie verfaulte und fiel binnen weniger Tage ab. Seine Freunde, die sich für die Aufklärung der Ursachen dieses Mißgeschickes interessierten, fanden heraus, daß der Lastträger just zur gleichen Zeit verschieden war, als die Nase kalt und faul wurde. Es gibt heute noch Leute in Brüssel mit gutem Leumund, die Augenzeugen dieser Geschichte waren.“ Offensichtlich glaubte man an eine Prädestination auf biologischem Niveau, an die Existenz einer inneren Uhr, die unbarmherzig nach vorherbestimmtem Plane abläuft. Aber abgesehen von dieser calvinistischen Interpretation beschreibt van Helmont recht genau, was passiert, wenn ein Organ auf einen nicht-verträglichen Empfänger übertragen wird: das Organ wächst zunächst an, wird aber dann nur mangelhaft durchblutet — die Nase fühlt sich kalt an —, es wird nekrotisch und schließlich abgestoßen. Der Organismus hat die neue Nase als Fremdkörper erkannt und danach eliminiert.

Die Situation ähnelt durchaus den Vorgängen nach einer bakteriellen Infektion. Auch hier werden körperfremde Strukturen als solche erkannt und unschädlich gemacht. Der Organismus verfügt also über die Fähigkeit, zwischen Körpereigenem und Körperfremdem oder mit anderen Worten zwischen „Ich“ und „Nicht-Ich“ zu unterscheiden (im englischen häufig self und nonself). Die Mechanismen, die in den Dienst dieses Fremdenhasses gestellt werden, sind sehr kompliziert: Plasmazellen, Lymphocyten, Milz und Lymphknoten, kurz das gesamte sogenannte Retikuloendotheliale System ist beteiligt. Eine ganze Reihe von Verfahrensweisen steht zur Verfügung: Produktion neutralisierender, agglutinierender, präzipitierender Antikörper, Abtötung durch direkten Kontakt von Zelle zu Zelle, Phagocytose etc. Alle diese immunologischen Reaktionsweisen sind hochspezifisch. Ein Antigen paßt immer nur zu *seinem* Antikörper, wie ein Schlüssel zum Schloß. Dabei ist es unerheblich, ob Antigen und Antikörper löslich oder zellgebunden sind. Bequemerweise muß man nun nicht das ganze Immunsystem überblicken können und alle seine Teilfunktionen kennen, wenn man die Grundexperimente der modernen Tumorimmunologie verstehen will.

Man neigt heute dazu, in der Abstoßung von Transplantaten und in der körpereigenen Bekämpfung bakterieller Infektionen nur eine „Nebenbeschäftigung" des Immunsystems zu sehen. Transplantationen sind sicher sehr künstliche Situationen, und man wird damit rechnen müssen, daß die Abstoßungsreaktion nur einen Mechanismus ausnützt, der zu ganz anderem Ziel und Ende im Organismus „gedacht" ist. „Man hat das dringende Gefühl", meinte Burnet einmal, „daß die immunologische Selbsterkennung von Grundprozessen abzuleiten ist, die Zusammenhalt und Zusammenspiel in einem vielzelligen, langlebigen Organismus garantieren."

Die eigentliche Aufgabe des Immunsystems läge danach in der Kontrolle des inneren Gleichgewichtes aller Zellen im Gesamtorganismus. Eine spezielle, aber überaus wichtige Funktion innerhalb dieses Aufgabenbereiches betrifft die Eliminierung von Tumorzellen. Gerade ein solches körpereigenes „Müllabfuhrsystem" steht im Mittelpunkt der in jüngerer Zeit neu aufgelebten Tumorimmunologie.

Spender-Empfänger-Beziehungen bei Transplantationen

Ohne zusätzliche Hilfsmittel gelingen Transplantationen nur, wenn Spender und Empfänger eineiige Zwillinge sind. Glücklicherweise läßt sich diese Situation im Tierexperiment weitgehend annähern, wenn man hoch ingezüchtete Tierstämme verwendet. Das sind Stämme, die über längere Zeit ausschließlich über Bruder-Schwester-Inzucht gehalten wurden und bei denen nach einigen Jahren so gut wie alle Tiere genetisch identisch sind. Sie haben die gleichen Chromosomen und sie sehen daher nicht nur gleich aus, sondern sie gleichen einander bis auf ihre einzelnen Proteinstrukturen. Dieser Fall ist in Abbildung S. 108 angegeben, zu seiner Charakterisierung werden die Begriffe *isolog* und *syngen* (= erbgleich) verwendet.

In allen anderen Fällen (siehe ebenfalls Abbildung S. 108) werden ausgetauschte Transplantate abgestoßen, sowohl zwischen Tieren verschiedener Stämme *(homolog)* als auch zwischen Tieren eines nicht besonders ingezüchteten Stammes und natürlich auch zwischen Tieren verschiedener Arten *(heterolog)*. Die Abstoßung von Transplantaten zwischen nicht-erbgleichen Tieren (homologe Transplantation, „homograft") ist sehr gründlich untersucht worden. Die für die Gewebeunverträglichkeit (= Histo-Incompatibilität) verantwortlichen Gene konnten analysiert werden. Diese Gene steuern die Produktion von Substanzen, die sich von Tier zu Tier unterscheiden, außer wenn es eineiige Zwillinge sind. Diese Substanzen sind antigen wirksam — sie rufen ja die Abstoßungsreaktion durch das Immunsystem her-

vor — und sie tragen daher den etwas pompösen Namen Histo(in)compatibilitätsantigene.

Wie kommt es nun, daß Transplantate von erbgleichen Spendern toleriert werden, während Transplantate von erb-verschiedenen Spendern abgestoßen werden? Die Frage läßt sich auch so stellen: Warum setzt der Organismus sein Immunabwehrsystem nicht auch gegen seine eigenen Strukturen und Substanzen ein, was hindert den Organismus, sich selbst zu zerstören? Die alten Immunologen sprachen vom „horror autotoxicus", aber erst moderne Theorien — hauptsächlich mit den Namen Burnet und Lederberg verknüpft — gaben eine anschauliche Antwort. Nach diesen Vorstellungen („clonal selection theory") besitzt ein sehr junges Tier eine sehr große Anzahl immunkompetenter Zellen, also solcher Zellen, die gegen bestimmte Substanzen und Strukturen spezifische Antikörper machen können. Alle die Zellen nun, die gegen körpereigene Substanzen Antikörper machen können, reagieren zunächst mit diesen Substanzen, werden aber dadurch in irgendeiner Weise sensibilisiert und können danach aus dem Verkehr gezogen werden. Auf diese Art und Weise werden die Immunzellen entfernt, die mit körpereigenen Strukturen reagieren könnten. Übrig bleiben alle anderen Immunzellen, die keinen Partner gefunden haben, und unter diesen sind dann immer welche, die später mit körperfremden Substanzen in Reaktion treten können. Junge Tiere werden also „tolerant“ gegen körpereigene Antigene und damit aber auch gleichzeitig gegen Antigene aus erbgleichen Spendern. Die eiserne Regel, daß Transplantationen nur zwischen erbgleichen Tieren möglich sind, findet so eine einleuchtende Erklärung.

Diese Regel kennt allerdings eine bemerkenswerte Ausnahme: Spontane und auch experimentell erzeugte Tumoren lassen sich auch auf nicht-erbgleiche Tiere transplantieren. Dies gelingt zwar nur in seltenen Fällen, aber im Laufe der Jahre wurden immer mehr transplantierbare Tumoren gefunden, und heute steht ein reiches Angebot solcher Impftumoren zur Verfügung.

Transplantationstumoren

Schon in den letzten Jahrzehnten des 19. Jahrhunderts hatte man mit Erfolg versucht, Geschwülste zu transplantieren. Es gelang, Tumoren von Hunden auf junge Tiere der gleichen Art zu übertragen (Novinsky 1877); Moreau überimpfte ein Brustdrüsencarcinom der Maus (1889). Die Übertragungen wurden sogar schon über mehrere Passagen fortgesetzt. In jedem Falle ergab die histologisch-morphologische Untersuchung, daß die neu gewachsenen Tumoren mit den überimpften identisch waren. Die erfolgreiche Übertragung war damit gesichert.

Schon diese Versuche hatten gezeigt — was sich in ungezählten späteren Versuchen bestätigen ließ —, daß Krebs durch lebende, intakte Körperzellen übertragen wird. Bei der Transplantation werden die Tumorzellen dem Organismus eingepfropft, völlig in Analogie zur Arbeit eines Gärtners, der Teile einer Pflanze auf eine andere überträgt. Es blieb lange Zeit unumstößliches Dogma, daß intakte Zellen die unabdingbare Voraussetzung für die Übertragung von Tumoren sind. Erst in der Ära der Virustumoren schwand das Dogma langsam dahin. Heute sind sehr viele Tumoren bekannt, die sich zellfrei übertragen lassen.

Doch diese theoretischen Aspekte waren nicht das einzige Verdienst der Transplantationspioniere. Sie hatten zum ersten Mal die Möglichkeit eröffnet, Tumoren *ad libitum* herzustellen. Man war dadurch der Notwendigkeit enthoben, auf spontane Tumoren zu warten.

Zunächst blieben diese frühen Arbeiten aber fast unbeachtet. Kurz nach 1900 jedoch griffen Loeb und Jensen die Übertragungsversuche wieder auf, und binnen weniger Jahre begann man überall, Impftumoren zu studieren. Man brauchte dazu nur kleine Tumorstückchen oder auch Tumorbrei, mit etwas physiologischer Kochsalzlösung angeschwemmt, mit einer Spritze zu injizieren: unter die Haut, in einen Muskel oder auch in die Bauchhöhle. Eine erste Blütezeit der experimentellen Krebsforschung war angebrochen, und man war überzeugt, daß in kurzer Zeit das Rätsel des Krebses gelöst sein würde. „Krebs ist im Prinzip eine heilbare Krankheit“, schrieb beispielsweise 1906 Gaylord in einem Bericht an den Gesundheitskommissar des

Staates New York. Er gründete seinen Optimismus auf die Entdeckung, daß Mäuse, die spontan von einem Jensen-Impftumor geheilt worden waren, nicht ein zweites Mal beimpft werden konnten: sie waren resistent geworden. Man hoffte nun, daß man nur diese „natürlichen" Abwehrmechanismen zu studieren brauche, um zu einer brauchbaren Tumortherapie zu kommen.

Frühe Hoffnungen auf eine Tumor-Schutzimpfung

Gaylords Mäuse waren spontan geheilt worden und dadurch resistent geworden. Diese Resistenz ließ sich aber auch künstlich hervorrufen. Dazu mußte man nur die Tiere vorimmunisieren — entweder durch Injektionen „unterschwelliger" Zahlen von Tumorzellen, durch die operative Entfernung bereits herangewachsener Tumoren oder auch durch die Injektion strahlengetöteter Zellen. Ehrlich gelang es so, seine Mäuse gegen alle ihm zur Verfügung stehenden transplantierbaren Brustkrebse immun zu machen. Diese „immunen" Tiere konnten aber dann ohne weiteres an ihrem eigenen Brustkrebs zugrunde gehen. Es zeigte sich im Verlauf der Jahre immer mehr, daß Impftumoren eben doch nur sehr schwer mit Spontantumoren vergleichbar sind. Sie bilden viel seltener Metastasen, sie sind viel leichter mit Strahlen und Medikamenten zu beeinflussen. Impftumoren bleiben „Fremdkörper", die ihrem Träger aufgezwungen wurden. Jede Tumortherapie kommt daher immer nur zu den schon ohnedies vorhandenen natürlichen Abwehrreaktionen hinzu. Medawar konnte daher etwas bissig behaupten, daß man „beim Studium von Transplantationstumoren zwar viel über Transplantationen lernen kann, aber kaum etwas über Tumoren."

Die Situation schien sich grundsätzlich zu ändern, als man damit begann, mit reinerbigen Inzuchtstämmen zu arbeiten. In diesen erbgleichen Tieren sollten Impftumoren keineswegs mehr als Fremdkörper reagieren. Tatsächlich ließen sich isolog transplantierte Tumoren 4—5 mal schwerer durch Röntgenstrahlen abtöten als homologe Impftumoren. Sie ähneln darin durchaus Primärtumoren, so daß man zu der Meinung kam, daß Tumoren auf erbgleichen Tieren ein besseres Modell für Spontantumoren abgeben. Dafür aber scheiterten zunächst alle Versuche, mit Hilfe einer Vorimmunisierung erbgleiche Tiere gegen eine spätere Tumortransplantation zu schützen. Man dachte schon daran, daß solche Maßnahmen grundsätzlich, eben wegen der Erbgleichheit zum Scheitern verurteilt wären. Warum sollte ein Tumor eines eineiigen Zwillings sich anders verhalten als ein Hauttransplantat von einem eineiigen Zwilling; ein solches Hauttransplantat wird ja auch nicht abgestoßen.

Tumorspezifische Antigene in erbgleichen Tieren

1953 gelang Foley aber dann doch der Nachweis, daß auch gegen erbgleiche Impftumoren in erbgleichen Empfängertieren Abwehrmechanismen mobilisiert werden. Seine Experimente wurden 1957 von Prehn und Main bestätigt

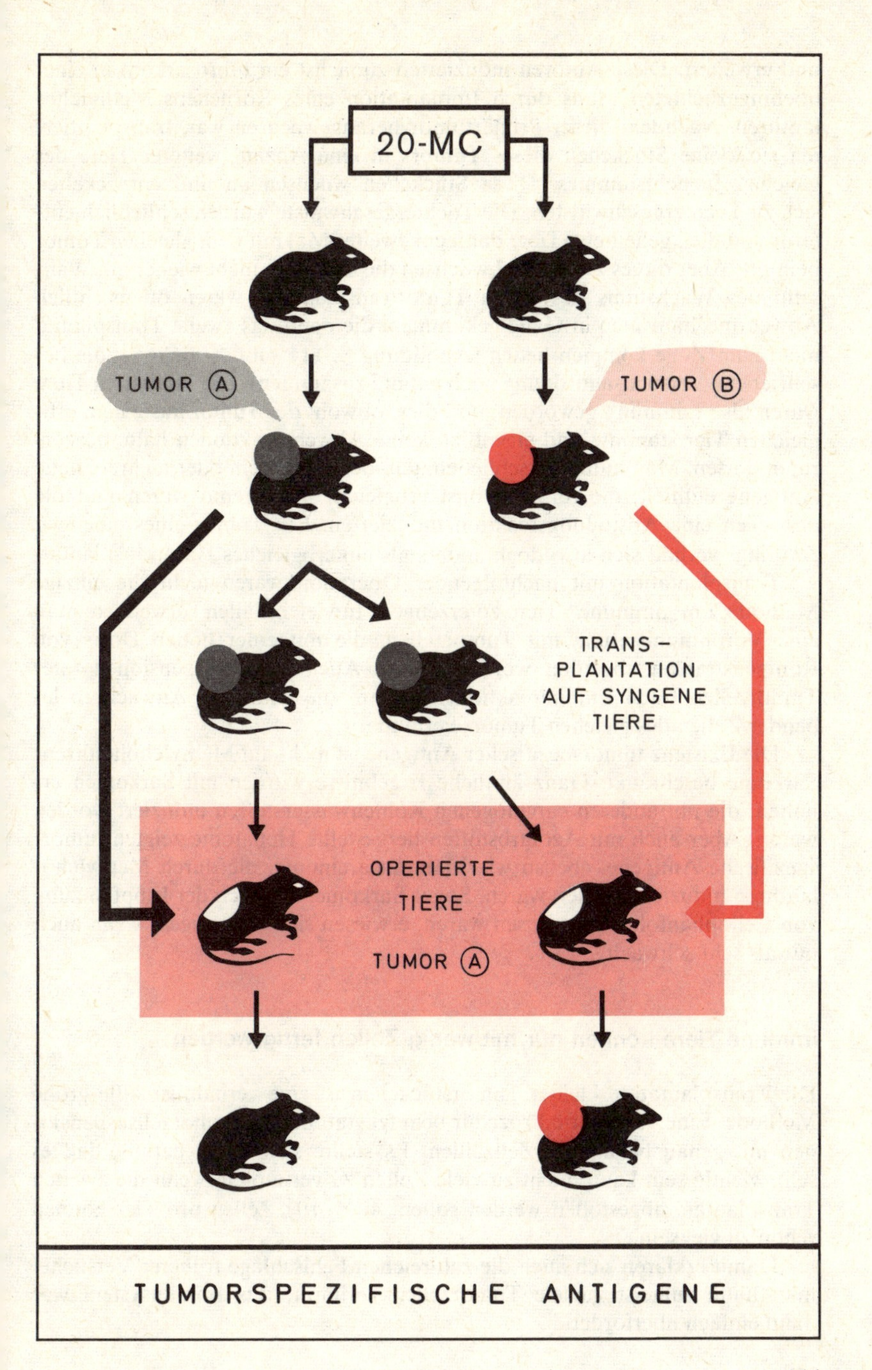

TUMORSPEZIFISCHE ANTIGENE

und erweitert. Diese Autoren induzierten zunächst ein Fibrosarkom in einer hochingezüchteten Maus durch Implantation eines Körnchens Methylcholanthren. Nachdem dieser Primärtumor herangewachsen war, transplantierten sie kleine Stückchen dieses Tumors in eine Anzahl weiterer Tiere des gleichen Inzuchtstammes. Diese Stückchen wuchsen an und entwickelten sich zu Tochtergeschwülsten. Die Tochtergeschwülste wurden schließlich entfernt und die „geheilten" Tiere dann ein zweites Mal mit dem gleichen Tumor beimpft. Aber dieses zweite Mal wuchsen die Tumoren nicht wieder an. Während des Wachstums des ersten Tumortransplantates waren offensichtlich Abwehrmechanismen in Gang gekommen, die dann das zweite Transplantat nicht zum Zuge kommen ließen (Abbildung S. 111 faßt — links — die beschriebene Versuchsanordnung noch einmal zusammen). Die operierten Tiere waren also „immun" geworden, und dies, obwohl der Tumor aus einem erbgleichen Tier stammte und eigentlich keine Abwehrreaktionen hätte hervorrufen dürfen. Man muß nun schließen, daß der Tumor ein oder mehrere neue Antigene enthielt, die für das sonst erbgleiche Tier fremd waren und die deswegen eine Abstoßungsreaktion induzierten. Ein Tumor eines eineiigen Zwillings verhält sich also doch anders als ein erbgleiches Hauttransplantat.

Transplantation mit nachfolgender Operation waren nicht die einzige Methode, um „immune" Tiere zu erzeugen. In vielen Fällen verwendete man eine Vorimmunisierung mit Tumorzellen, die mit einer hohen Dosis von Röntgenstrahlen abgetötet worden waren. Auch diese Suspensionen toter Tumorzellen rufen Immunreaktionen hervor, die dann das Anwachsen lebender Zellen des gleichen Tumors verhindern.

Die Existenz tumorspezifischer Antigene ist nicht auf Methylcholanthren-Sarkome beschränkt. Ganz ähnliche Ergebnisse wurden mit Sarkomen erhalten, die mit anderen carcinogenen Kohlenwasserstoffen induziert worden waren. Aber auch mit Azofarbstoffen hergestellte Hepatome zeigten tumorspezifische Antigene, ebenso wie Mammacarcinome, die durch Methylcholanthren induziert worden waren. Sogar Sarkome, die nach der Einpflanzung von Cellophanfolien gewachsen waren, erwiesen sich als antigen, wenn auch nur als sehr schwach.

Immune Tiere können nur mit wenig Zellen fertig werden

Die Transplantation kleiner Tumorstückchen ist eine verhältnismäßig grobe Methode. Eine verfeinerte Prozedur benutzt statt dessen Tumorzellsuspensionen mit genau bekannten Zellzahlen. Es stellte sich dabei heraus, daß es sehr wichtig sein kann, nicht zu viele Zellen zu verimpfen, wenn die zweiten Transplantate abgestoßen werden sollen. 4×10^5 Zellen pro Tier können schon zu viel sein.

Damit erklären sich auch die zahlreichen Fehlschläge früherer Versuche: man hatte zumeist zuviele Tumorzellen verimpft; das Immunsystem war dann einfach überfordert.

Die Abwehr der Tumorzellen kann ins Reagenzglas vorverlegt werden

Bei den Prozessen, die schließlich zur Abstoßung eines transplantierten Tumors führen, spielen Lymphocyten sicher eine Schlüsselrolle. Auch ohne die Vermittlung löslicher Antikörper können Lymphocyten spezifisch Tumorzellen inaktivieren. Direkter Kontakt zwischen „immunem" Lymphocyt und Tumor-Zielzelle scheint erforderlich und ausreichend.

Diese Reaktionen lassen sich auch im Reagenzglas durchführen (Abbildung unten). In eine Maus wurden einige Zellen einer in Gewebekultur gehaltenen Tumorlinie intraperitoneal injiziiert. Nach einigen Tagen ließen sich dann immunaktive Lymphocyten aus der Milz des immunisierten Tieres isolieren. Diese Lymphocyten wurden mit Tumorzellen gemischt und bei 37 °C inkubiert; nach 6—9 Std hatten die Lymphocyten die Tumorzellen abgetötet. Der Tod der Tumorzellen läßt sich elegant mit folgender Methode zeigen: die Tumorzellen werden vor der Reaktion mit den Lymphocyten mit radioaktivem ^{51}Cr markiert. Dazu werden sie einfach für kurze Zeit in eine chromhaltige Lösung verbracht. Wenn nun die markierten Tumorzellen von den Lymphocyten aufgelöst werden, dann wird radioaktives Chrom freigesetzt. Man braucht nun nur noch die nicht lysierten Zellen abzuzentrifugieren: im Überstand findet sich um so mehr radioaktives Chrom, je mehr Zellen lysiert wurden.

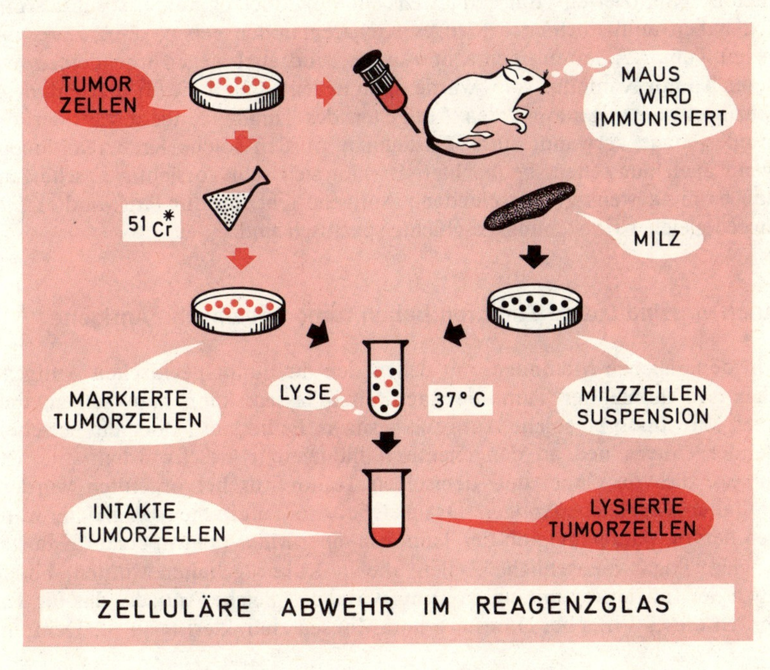

ZELLULÄRE ABWEHR IM REAGENZGLAS

Werden Tumorzellen, die im Reagenzglas mit aktiven Lymphocyten zusammengebracht worden waren, auf ein Tier rücktransplantiert, so gelingt die Rücktransplantation nicht mehr: die Abwehr gegen diese Tumorzellen war gewissermaßen ins Reagenzglas vorverlegt worden.

Individuelle Tumoren haben individuelle Antigene

Schon Prehn und Main hatten gefunden, daß die verschiedenen Sarkome, die sie mit Methylcholanthren erzeugt hatten, alle verschiedene tumorspezifische Antigene besaßen. War beispielsweise eine Reihe von Tieren gegen das Fibrosarkom A immunisiert worden — durch Vorbehandlung mit röntgen-toten Zellsuspensionen oder anderen Methoden —, dann waren diese Tiere nur gegen den Tumor A immun. Andere Tumoren (B, C . . .) konnten auf diesen Tieren ungehindert wachsen (Abbildung S. 111). Umgekehrt wuchs Tumor A durchaus auf Tieren, die gegen andere Tumoren immunisiert worden waren. Es zeigte sich sogar, daß Tumoren, die auf dem gleichen Tier gleichzeitig entstanden waren, verschiedene (tumor-spezifische) Antigene haben können.

Nach sehr vielen Einzeluntersuchungen stellt es sich immer mehr heraus: *die antigene Individualität der einzelnen Tumoren ist charakteristisch für chemisch induzierte Tumoren*. Man sollte natürlich nicht erwarten, daß alle chemisch induzierten Tumoren jeweils ein individuell charakteristisches Antigen haben müßten. Sicher wird es Kreuzreaktionen geben, d. h. Tiere, die gegen Tumor A immun gemacht wurden, sind auch gegen irgendeinen anderen Tumor X immun. Dies würde dann bedeuten, daß die für den Tumor A spezifischen Antigene mit den Antigenen des Tumors X identisch oder zumindest nahe verwandt sind. Tatsächlich wurden solche Kreuzreaktionen, wenn auch nur selten, beobachtet. Es läßt sich sehr vorsichtig abschätzen, daß es mindestens 20 verschiedene Antigene gibt, die für (verwandte) Tumoren gleicher Entstehungsgeschichte spezifisch sind.

Auch virusinduzierte Tumoren haben tumorspezifische Antigene

Mit den gleichen Methoden, mit denen sich die tumorspezifischen Antigene chemisch induzierter Tumoren nachweisen lassen, kann man zeigen, daß auch Virustumoren solche Antigene besitzen. Es besteht jedoch ein entscheidender Unterschied zu den chemisch induzierten Geschwülsten: alle Tumoren, die von einem und demselben Tumorvirus hervorgerufen wurden, enthalten das gleiche Antigen. Das gleiche Virus ruft immer das gleiche Antigen hervor, unabhängig ob der Tumor in einer Maus oder in einem Hamster wächst. Sogar menschliche Zellen, die in Kultur gehalten werden, bilden nach der Infizierung mit einem Tumorvirus das gleiche Antigen, das für Tumoren dieses Virus bei Hamstern und Mäusen charakteristisch ist. Dem ungeheuer vielfältigen Antigenspektrum chemisch induzierter Tumoren steht also eine eintönige Gruppenspezifität der Virustumoren gegenüber.

Die Virus-Tumor-Antigene haben nichts mit dem eigentlichen Viruspartikel zu tun, sie sind nicht etwa antigene Bestandteile der Proteinhülle des Virus — soweit es sich um DNA-Tumorviren handelt. Stellt man nämlich Antikörper her, die gegen das Virus selbst gerichtet sind, so reagieren diese Antikörper nicht mit ganzen Tumorzellen. Die Virustumorantigene sind also ein Zellprodukt, das als Antwort auf die Infektion mit einem Tumorvirus hergestellt wird. Wer dieses Zellprodukt programmiert, das Genom der Zelle selbst oder aber das Genom des Virus, ist noch nicht entschieden. Sehr wahrscheinlich ist aber das Virusgenom verantwortlich, denn sonst wäre es nur sehr schwer zu verstehen, daß in den verschiedensten Zellen immer das gleiche Antigen nach der Virusinfektion gebildet wird.

Tumorspezifische Antigene rufen eine echte Immunreaktion hervor

Wir bezeichneten die Tiere, auf denen nach einer geeigneten Vorimmunisierung keine (syngenen) Tumortransplantate mehr angingen, als „immun". Diese Bezeichnung unterstellt, daß das Immunsystem der Tiere wirklich für den Schutz verantwortlich war. Es gibt nun eine Reihe von Gründen, die für eine echte Immunabwehr sprechen.

Allein die hohe Spezifität der Reaktionen macht das Immunsystem verdächtig: Tumor A macht nur gegen sich selber immun, nicht aber gegen andere Tumoren. Gerade diese strenge Auswahl aber ist für immunologische Reaktionen charakteristisch. Ein Patient, der gerade Scharlach hatte, kann durchaus an Diphtherie erkranken, und überstandene Grippe schützt nur wenig gegen Kinderlähmung. Darüber hinaus gibt es aber auch direkte Indizien dafür, daß die Abstoßung von Tumortransplantaten in erbgleichen Tieren wirklich auf Immunabwehrkräften beruht.

Die Abstoßung syngener Tumortransplantate als Modell einer körpereigenen Tumorabwehr

Vielen erscheint auch die moderne Tumorimmunologie als ein „Studium interessanter Artefakte", und ein gewichtiger Einwand liegt tatsächlich auf der Hand: die Transplantation von Tumoren — auch die auf erbgleiche Tiere — ist eine im hohen Maße künstliche Situation. Auf den ersten Blick haben die spontane Entstehung oder die chemische Erzeugung eines Tumors kaum oder nur sehr wenig mit einer Transplantation zu tun.

Doch nehmen wir einmal an, daß das Immunsystem eines höheren Organismus wirklich eine Rolle spielt, um das Gleichgewicht innerhalb einzelner Organe und Zellgruppen aufrechtzuerhalten. Dann könnte das Immunsystem auch im Zentrum einer körpereigenen Tumorabwehr stehen: es wäre gegen alle Zellen gerichtet, die „nicht dabei waren", als das System lernte, zwischen Ich und Nicht-Ich zu unterscheiden. Alle Zellen, die bei der Prägung des Immunsystems „noch" nicht zum Organismus gehörten, würden nun als „fremd" gelten. Dies würde bedeuten, daß auch alle Tumorzellen, die im Laufe der Lebenszeit eines Organismus neu entstanden sind, vom Immunsystem automatisch als fremd registriert werden müßten.

Die Frage nun, ob eine Zelle für einen Organismus „fremd" ist oder „nicht-fremd", läßt sich durch ein Transplantationsexperiment beantworten. *Wächst* das Transplantat an, so war es *nicht-fremd,* wird es dagegen *abgestoßen,* dann war es als *fremd* erkannt worden. So betrachtet, erscheint die Übertragung eines Tumors auf einen erbgleichen, vorimmunisierten Zwilling gar nicht mehr als reiner Artefakt. Der Empfänger-Zwilling erkennt den Tumor in genau dem gleichen Maß als fremd, wie der ursprünglich tumortragende Zwilling, denn sie verfügen beide über den gleichen Bestand an Körperzellen.

Der Experimentator bedient sich einzig und allein zweier Kunstgriffe:

1. er heizt die Immunreaktion des Empfängers vor der Tumorimplantation an (Vorimpfen mit dem gleichen Tumor, der dann aber operativ entfernt wird; vorimpfen mit abgetötetem Tumormaterial u. ä.).
2. er hält die Zellzahl so niedrig, daß das vorimmunisierte Tier eine Chance hat, mit den Tumorzellen fertig zu werden.

Der ursprüngliche Tumorträger — von dem das Transplantat stammt — hatte ganz offensichtlich seinen Tumor nicht in Schach halten können. Trotzdem gibt es Hinweise, daß auch er „seinen" Tumor als „fremd" empfunden hatte. Betrachten wir also als nächstes ein Experiment, das zeigt, daß tumorspezifische Antigene nicht nur für andere Tiere eines erbgleichen Stammes „neu" sind, sondern auch für das einzelne Tier selber.

Eine Ratte kann gegen einen eigenen Primärtumor Abwehrkräfte mobilisieren

Die Mobilisierung eigener Abwehrkräfte läßt sich in einem Experiment zeigen, das den bisher beschriebenen Versuchen, mehrere Tiere zu immunisieren, sehr ähnlich ist (Alexander). Einer Ratte wird 3,4-Benzpyren unter die Haut implantiert; nach 8 Monaten entwickelt sich ein Primärsarkom. Dieser Tumor wird herausoperiert und zur Herstellung einer Zellsuspension verwendet. Zur Kontrolle, ob diese Suspension intakte, lebende Tumorzellen enthält, werden je 2×10^6 Zellen in erbgleiche Tiere injiziert.

In allen Tieren entwickelten sich Tumoren. Wurde dagegen die gleiche Zellzahl auf den ursprünglichen Tumorträger zurücküberimpft, so entwickelten sich nur in 10% der Fälle Tumoren, (d. h. man mußte den Versuch, einen Primärtumor auf den ursprünglichen Tumorträger zu übertragen, zehnmal machen, bis einmal ein Tumor anging). Die Tumorträger besaßen demnach

Abwehrkräfte, die sie weitgehend vor der Rücktransplantation ihres eigenen Tumors schützten.

Eine Frage stellt sich unmittelbar: warum war dann der Tumor trotz dieser Abwehrkräfte gewachsen? Offensichtlich handelt es sich hier um ein quantitatives Problem.

Dies zeigt sich in einem nur wenig modifizierten Versuch. Im Tumorträger beließ man jeweils einen Teil des Primärtumors. Danach wurden, genau wie eben beschrieben, 2×10^6 Tumorzellen pro „partiellen Tumorträger" rückverimpft. Dieses Mal gingen die neuen Tumoren in 70% der Fälle an. Die Abwehr gegen die transplantierten Tumorzellen war offensichtlich von den Resten des Primärtumors weitgehend „aufgebraucht". Auch hier wieder erweist sich die körpereigene Immunabwehr nur als ein sehr begrenzter Schutz. Wenn es gilt, zu viele Zellen in Schach zu halten, muß sie versagen.

Gehören tumorspezifische Antigene notwendig zum Tumorwachstum?

Tumorspezifische Antigene sind weitverbreitet. Allerdings ist in vielen Fällen die durch Tumoren hervorrufbare Abstoßungsreaktion nur schwach. Das gilt beispielsweise für die von Riggins untersuchten spontanen Maus-Adenocarcinome oder auch für die von Klein genauer analysierten Sarkome, die nach der Implantation von Cellophanfolien gewachsen waren. Bei zahlreichen Spontantumoren konnte bisher sogar überhaupt noch keine Antigenität nachgewiesen werden.

Danach ist die Gretchenfrage, ob tumorspezifische Antigene notwendigerweise zur Ausrüstung einer Tumorzelle gehören, nicht mit einem eindeutigen Ja zu beantworten. Es wäre schwer zu verstehen, daß viele Tumoren offensichtlich nur kaum oder überhaupt keine Antigene dieser Art haben, wenn diese Antigene wirklich für die Eigenschaften einer Tumorzelle entscheidend wichtig sind. Statt einer Ursache für die malignen Eigenschaften einer Zelle wird man bei diesen Antigenen zunächst eher an eine Konsequenz des Malignisierungsprozesses denken, eine Konsequenz, die nicht immer einzutreten braucht. Doch dies wäre voreilig.

Das gleiche Carcinogen kann Tumoren mit durchaus verschieden starker Antigenität erzeugen. „Frühe" Tumoren sind stärker antigen als „späte", wobei „früh" eine kurze Latenzperiode, „spät" eine lange Latenzperiode bedeutet. Späte Tumoren — so kann man interpretieren — sind eben länger durch das Immunsystem gefiltert worden, durch ein System, das Tumorzellen um so leichter entfernen kann, je antigener sie sind. Man muß wohl daraus den Schluß ziehen, daß Tumorzellen die zunächst neu erworbenen antigenen Strukturen nach und nach wieder verlieren können.

Schon bei den Transplantationstumoren hatte man immer wieder die Erfahrung gemacht, daß sie sich zunehmend entdifferenzieren („vereinfachen"), wobei sich auch ihre antigenen Eigenschaften immer mehr abschleifen. Tumoren, die ursprünglich nur auf einen sehr begrenzten Empfängerkreis überimpfbar waren, können schließlich auf ein weites Tierspektrum übertragen werden. Wir könnten also an der Vorstellung festhalten, daß tumorspezifische Antigene notwendig zu der Erstausstattung einer Tumorzelle gehören — wenn sie fehlen, würde man schließen, sind sie eben wieder verloren gegangen.

Warum aber sollten sie notwendig zur Erstausstattung gehören? Bei Wachstumsregulation denkt man heute an eine Beteiligung der Oberflächenstrukturen der Zellen. Tumorzellen — die sich den Wachstumsregulationen weitgehend entzogen haben — haben auch veränderte Zellmembranen (vgl. S. 86), und es ist daher denkbar, daß die entscheidenden Veränderungen einer Tumorzelle gegenüber einer Normalzelle gerade Veränderungen der Zellmembranen sind. Veränderte Zelloberflächen hätten nun eine doppelte Konsequenz: einmal würden sie der Zelle die Möglichkeit geben, sich den Regulationszwängen des Organismus zu entziehen, zum anderen aber wären veränderte Oberflächenmuster gleichbedeutend mit veränderter Antigenität. Dann aber wären die — zunächst auftretenden — neuen Antigene notwendig mit der Cancerisierung gekoppelt.

Gibt es wirklich tumorspezifische Antigene?

Diese Frage jetzt noch zu stellen, erscheint verspätet. Es bleibt aber zu bedenken, daß die tumorspezifischen Antigene einzig und allein durch Transplantationsreaktionen definiert waren. Ein positiver Transplantatabstoßungstest wurde als Anwesenheit neuer Antigene gedeutet. In diesem Sinn, aber auch nur in diesem Sinn existieren diese Antigene zunächst wirklich.

Dies bedeutet aber nicht, daß man nicht doch vielleicht eines Tages diese Antigene als einzelne Substanzen isolieren und charakterisieren könnte. Die Chancen allerdings sind nicht allzu groß. Bisher hat man jedenfalls wenig Erfolg gehabt, die Immunreaktionen statt mit ganzen Zellen auch mit Zellextrakten hervorzurufen. Wenn überhaupt eine Immunisierung gelang, war sie ganz wesentlich schlechter als eine Ganz-Zell-Immunisierung. Bei der Herstellung der Zellextrakte werden die Zellmembranen und zum großen Teil ihre Feinstruktur zerstört. Und wahrscheinlich kommt es gerade auf diese Membranen und ihre Feinstruktur an.

Zellmembranen, d. h. die Zelloberflächen, sind für das „immunologische Erkanntwerden“ einer Zelle sicher wichtig. Nicht nur, weil es unmittelbar einleuchtet, in der Zelloberfläche so etwas wie ein Zell-Gesicht zu sehen. Auch bei den Reaktionen zwischen Tumorzellen und Lymphocyten müssen sich Zelloberflächen wechselseitig erkennen können. Als Erkennungssignale kommen komplementäre Strukturen in Frage: negative Ladungen des Lymphocyten würden positiven Ladungen der Tumorzelle entsprechen, herausragenden Strukturteilen der Tumorzelle müßten Einbuchtungen beim Lymphocyten zugeordnet werden.

Wie schon erwähnt, haben Tumorzellen gegenüber Normalzellen veränderte Membranen. Gerade diese Membranveränderungen aber erfaßt nun das Transplantationsexperiment. Veränderte Feinstrukturen bieten neue, fremde, nicht mehr vom Immunsystem tolerierte Antigenstrukturen. Dabei ist es nicht notwendig, daß sich nun einzelne Bausteine der Zelloberfläche realiter verändern. Bloße Veränderungen in der gegenseitigen Anordnung, Veränderungen in den Nachbarschaftsbeziehungen würden ausreichen, neue Antigenstrukturen zu schaffen. Es würde auch genügen, wenn beispielsweise ein bestimmter Baustein fehlt, um im Mosaik der restlichen Bausteine eine Neugruppierung zu erreichen; neue antigene Gruppen könnten dann in großer Zahl entstehen. Tumorspezifische Antigene scheinen nach dieser Auffassung eher Fehlstellen, „Löcher" in komplexen Strukturen zu sein, als Variationen einer Antigengrundsubstanz oder gar eine Vielzahl chemisch faßbarer neuer Bausteine. Die Frage, ob es wirklich tumorspezifische Antigene gibt, wäre danach für den analysierenden Biochemiker möglicherweise mit Nein zu beantworten.

Es müßte dann einem Elektronenmikroskopiker, der in der Lage wäre, die Feinstruktur der Zelloberflächen zu betrachten, vorbehalten bleiben, die von den Transplantationsversuchen her erschlossenen „Antigene" sichtbar zu machen.

Antilymphocytenserum fördert Tumorwachstum

Barnards Herzverpflanzungen haben Immunosuppressiva zu sehr gefragten Medikamenten gemacht. Sie müssen verhindern, daß die transplantierten Organe wieder abgestoßen werden. Cytotoxische Substanzen werden eingesetzt, Cortisolderivate, aber vor allem Antilymphocytenserum. Dieses Antiserum — zu seiner Herstellung werden Pferde oder Kaninchen mit Lymphocyten immunisiert — erscheint theoretisch als das Mittel der Wahl: es vermeidet die Zellschädigung cytotoxischer Immunosuppressiva und auch die Nebenwirkungen einer Hormondauerbehandlung. Trotzdem ist auch das Antilymphocytenserum nicht unproblematisch, weil es nicht unproblematisch ist, die Immunabwehr eines Organismus für längere Zeit lahm zu legen. Nicht nur, weil damit natürlich die Gefahr infektiöser Erkrankungen erhöht wird, sondern vor allem, weil die körpereigene Abwehr von Tumorzellen gefährdet wird.

In Tierexperimenten hat es sich jedenfalls mit aller Deutlichkeit gezeigt, daß Antilymphocytenserum die Entstehung von Tumoren beschleunigt oder die Bildung von Metastasen erleichtert. Diese Experimente sind ein recht eindeutiger Hinweis darauf, daß Immunvorgänge für die Entstehung eines Tumors wichtig sind. Konkret: eine Tumorzelle lebt in ständiger Gefahr, vom Immunsystem erkannt und beseitigt zu werden. Es ist daher keineswegs „l'art pour l'art", Tumorimmunologie zu betreiben.

Chemische Carcinogene sind immunosuppressiv

Schon vor 25 Jahren zeigte Haddow, daß es eine deutliche Parallele gibt zwischen der carcinogenen Aktivität einer Substanz und ihrer cytotoxischen Wirkung. In den meisten Fällen traf es zu, daß gute Carcinogene auch sehr stark toxisch für Zellen waren. In der Zwischenzeit fand man, daß cytotoxische Substanzen sehr häufig auch das Immunsystem blockieren. Eine ganze Anzahl der heute in der Transplantationschirurgie verwendeten Immunblokker sind Weiterentwicklungen von Medikamenten, die ursprünglich als cytotoxische Substanzen in der Tumortherapie eingesetzt worden waren. Es war danach zu erwarten, daß cytotoxische Carcinogene das Immunsystem beeinträchtigen. Tatsächlich wurde dann auch eine weitgehende Parallelität zwischen carcinogener und immunosuppressiver Aktivität ermittelt. Je carcinogener eine Substanz, um so mehr verhinderte sie die Abstoßung beispielsweise von Hauttransplantaten.

Solche Transplantationen sind recht aufwendige Versuche, und man hat daher nach einfacheren Methoden gesucht, um die Funktionstüchtigkeit der Immunabwehr unter Carcinogeneinfluß zu analysieren. Stjernswaerd benutzte dazu Schaferythrocyten. Spritzt man diese Zellen einer Ratte ein, so bildet das Tier innerhalb weniger Tage Antikörper gegen Schaferythrocyten,

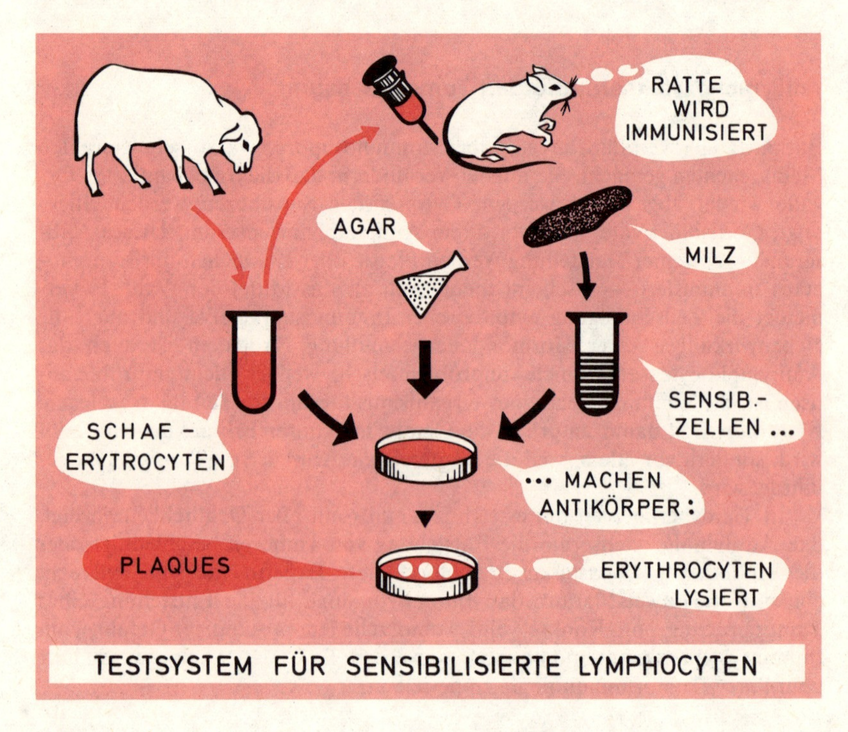

die (auch) von Lymphzellen in der Milz synthetisiert werden. Diese Zellen lassen sich isolieren und (in einer Mischung mit Agar) mit frischen Schaferythrocyten zusammengeben. In der gelförmigen Mischung bleiben die Zellen immobilisiert, und deshalb werden, wenn nun die sensibilisierten Lymphocyten ihre Antikörper abgeben, zunächst nur die unmittelbar benachbarten roten Blutzellen getroffen. Bei Anwesenheit von Complement lysieren die Antikörper diese Erythrocyten, und nach kurzer Zeit bilden sich deutlich erkennbare Höfe innerhalb des deckfarbenen Erythrocytenrasens aus. Diese „Plaques" können leicht ausgezählt werden und bilden ein direktes Maß für die Zahl der antikörperproduzierenden Lymphocyten (Jerne-Test) (Abbildung S. 120).

Mit Hilfe dieses Testes analysierte Stjernswaerd die Immunkapazität von Ratten beispielsweise nach der subcutanen Implantation von 0.5 mg 3-Methylcholanthren. (Diese Carcinogenmenge reicht aus, um nach wenigen Monaten maligne Sarkome zu erzeugen). Dabei zeigte es sich, daß während der gesamten Latenzzeit die Immunkapazität beträchtlich herabgesetzt war. Auch diese Analysen ergaben also, daß chemische Carcinogene immunosuppressiv wirken und daß sie schon bei den niedrigen Dosierungen, die ausreichen, um Tumoren zu induzieren, die Immunabwehr in Mitleidenschaft ziehen können.

Damit ist zwar nichts darüber ausgesagt, ob die durch die chemischen Carcinogene reduzierten „Abwehrkräfte" einen Einfluß auf die Tumorentstehung haben. Es wäre allerdings nicht so recht einzusehen, warum die immunosuppressive Wirkung von Antilymphocytenserum für die Tumorbildung wichtig sein sollte, während die immunosuppressive Wirkung chemischer Carcinogene keine Bedeutung hätte.

Doppelwirkung chemischer Carcinogene

Ein Carcinogen könnte also eine Doppelfunktion ausüben: einmal sorgt es für die Transformation normaler Zellen in eine Tumorzelle, auf der anderen Seite erhöht es die Überlebenschancen dieser Tumorzelle durch eine Schädigung der Immunabwehr (Immunosuppression) (Abbildung S. 122).

Doch noch eine weitere Möglichkeit erscheint denkbar. Gäbe es in einem lebenden Organismus von vornherein potentielle Tumorzellen, die einfach deswegen nicht zum Zuge kommen, weil sie vom Immunsystem ständig „geschluckt" werden, dann wäre der immunosuppressive Effekt der Carcinogene ihr eigentlicher carcinogener Effekt, ihr eigentlicher Wirkungsmechanismus.

Dies hätte eine sehr betrübliche Konsequenz: denn dann wären alle biochemischen Untersuchungen an carcinogenbehandelten Geweben lediglich Studien der toxischen Wirkung carcinogener Substanzen; mit der eigentlichen Carcinogenese hätten sie nichts zu tun. Diese fände dann im komplizierten Gewirr der Immunabwehrmechanismen statt, weitab von den untersuchten Zielzellen.

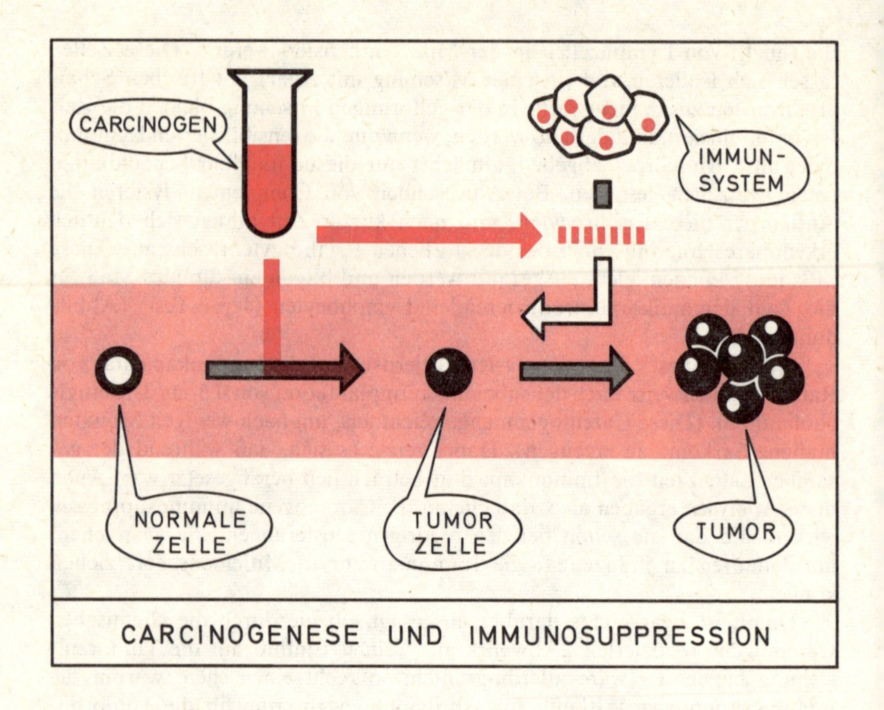

CARCINOGENESE UND IMMUNOSUPPRESSION

Immuntherapie

Der alte Traum, gegen den Krebs immunisieren zu können, ist zumindest teilweise wahr geworden. Mäuse und Hühner wurden erfolgreich gegen Tumorviren immunisiert und waren fortan resistent gegen Leukämieviren. Ein immunologischer Schutz gegen chemische Tumoren sollte eigentlich unmöglich sein, die Vielzahl der möglichen Tumorantigene verbietet die Herstellung eines generell wirksamen Impfstoffes. Theoretisch sind wir hier nicht sehr viel weiter, als schon Ehrlich mit seinen Brustkrebsmäusen gekommen war.

Wichtiger als prophylaktische Maßnahmen mit ihrem begrenzten Anwendungsbereich sind Versuche, herangewachsene, manifeste Tumoren immunologisch zu bekämpfen. Diese Bemühungen lassen sich in drei Gruppen einteilen: 1. Unspezifische Stimulierung der Immunmechanismen des Tumorträgers, 2. aktive Immunisierung und schließlich 3. passive Immunisierung.

1. Die normalen Immunabwehrkräfte eines Tumorträgers sind klein. Die besprochenen Transplantationsversuche an „immunen“ Tieren haben gezeigt, daß Mäuse nur einige Millionen Zellen bekämpfen können; solide Tumoren enthalten aber um mehrere Größenordnungen mehr Zellen. Schon 1924 gelang es aber Murphy, durch Stimulierung des Immunab-

wehrsystems mit Ölsäure das Auftreten spontaner Metastasen nach operativer Tumorentfernung stark herabzusetzen. 1964 wurde dieses Experiment von Martin wiederholt, allerdings mit weniger sensationellen Erfolgen, als sie Murphy hatte. (Er verwendete zur Stimulierung des Immunsystems Zymosan). Auch durch die wiederholte Injektion des Bacillus Calmette-Guerin (BCG) läßt sich die Abstoßungsreaktion von Transplantaten verstärken. Die gleiche Behandlung führte auch bei Tumoren zu Regressionen. In neuester Zeit wurde Poly I/C als Immunostimulans verwendet.

Die Methoden, die körpereigenen Immunreaktionen unspezifisch anzukurbeln, befinden sich noch in einem Stadium alchemistischer Undurchsichtigkeit. Zwar erlauben die Methoden der Transplantationsforschung gezielte Manöver, aber im großen und ganzen fehlen begründete Konzepte. Klare Vorstellungen liegen dagegen den Versuchen zugrunde, spezifisch zu immunisieren, und zwar sowohl den passiven als auch den aktiven Methoden.

2. Es ist denkbar, daß ein wachsender Tumor nur wenig Zellen abgibt und daß deswegen die Immunantwort des Tumorträgers keineswegs auf vollen Touren läuft. In einem solchen Falle würde eine Nachimmunisierung mit dem gleichen Tumor die Restkapazitäten des Retikuloendothelialsystems ausnützen. In einem von Haddow und Alexander studierten Fall zeigte es sich, daß Tumorregressionen zu beobachten waren, wenn das Immunsystem durch die Injektion von Zellen des gleichen Tumors „angeheizt“ worden war. Allerdings mußte noch eine lokale Röntgenbestrahlung hinzukommen.
3. Die Immunität gegenüber Tumortransplantaten geht wohl im wesentlichen auf immunaktive Lymphocyten zurück. Diese Erkenntnis ermöglicht eine gezielte *passive* Immunisierung von Tumorträgern. Dazu wird der Tumor des zu heilenden Tieres auf andere syngene Tiere überimpft, wodurch in diesen Tieren eine Immunreaktion gegen diesen Tumor in Gang kommt. „Immune Lymphocyten“ können dann gewonnen werden (Milz, Ductus thoracicus) und dem ursprünglichen Tumorträger injiziert werden.

Enhancement: Die paradoxe Erhöhung des Tumorwachstums durch Immunisierung

Werden Tiere mit abgetöteten Tumorzellen immunisiert, so verringern sich im allgemeinen, wie wir nun erörtert haben, die Chancen, daß ein Tumortransplantat angeht und wächst. Gelegentlich tritt aber gerade der umgekehrte Effekt ein: der Tumor wächst schneller, wenn das Tier mit Tumormaterial vorimmunisiert wurde.

Dieses „Enhancement“ (engl. Verstärkung) scheint auf einem anderen Mechanismus zu beruhen als die Erzeugung einer Tumorimmunität. Tiere, die immun gegen Tumoren gemacht wurden, haben Lymphocyten, die gegen die Tumorzellen aktiv sind. Tiere, die „enhanced“ wurden, haben lösliche Antikörper, die ebenfalls gegen die Tumorzellen gerichtet sind. Sehr klar kommen die Unterschiede heraus, wenn man Tumorzellen einmal mit Lymphocyten, das andere Mal mit Antikörpern eines immunisierten Tieres *in vitro* inkubiert: im einen Fall (nämlich nach der Behandlung mit Lymphocyten werden die Tumorzellen abgetötet und sie wachsen im Tier nicht an; im anderen Fall (nämlich nach der Antikörperbehandlung) wachsen die Tumorzellen sogar beschleunigt. Will man das Phänomen des Enhancement erklären, so kann man davon ausgehen, daß die löslichen Antikörper die antigenen Strukturen der Tumorzellen besetzen. Danach sind zwei Konsequenzen möglich:

1. Die belegten Tumorzellen können keine weiteren Immunreaktionen auslösen, die zur Erzeugung aktiver Lymphocyten geführt hätten.
2. Die belegten Tumorzellen können von Lymphocyten nicht mehr angegriffen werden, da ja gerade die für Lymphocyten wichtigen Erkennungsbezirke auf den Zelloberflächen abgedeckt und dadurch unzugänglich wurden.

In beiden Fällen ist die normale Reaktion immuner Lymphocyten gegen Tumorzellen behindert; die Überwachung der Tumorzellen ist dadurch gestört, der Tumor kann ungehinderter wachsen.

Das Enhancement ist das Damoklesschwert der Immuntherapie von Tumoren. Solange man nicht mit Sicherheit vorhersagen kann, ob eine Prozedur zur Immunität oder zum Enhancement führt, so lange können alle immunologischen Maßnahmen, das Tumorwachstum zu hemmen, in das Gegenteil umschlagen: statt der erhofften Zerstörung des Tumors wird das Tumorwachstum gesteigert.

Zusammenfassung

Hinweise auf die Existenz eines körpereigenen Tumorüberwachungssystems brachte die Entdeckung tumorspezifischer Transplantationsantigene. Der chemisch induzierte Tumor A immunisiert seinen Träger gegen eine Zweittransplantation des gleichen Tumors, vorausgesetzt, daß die Zellzahlen genügend niedrig liegen. Hohe Zellzahlen bei der Transplantation können die bei der Immunisierung aufgebauten Immunschranken leicht überspielen. Die Immunisierung mit chemisch induzierten Tumoren ist hochspezifisch: andere Tumoren als der zur Immunisierung verwendete lassen sich im allgemeinen „widerstandslos“ transplantieren.

Tumorspezifische Transplantationsantigene bei Virustumoren sind dagegen für die Tumoren eines und desselben (DNA-)Virus gleich. Sie sind nicht identisch mit Antigenen des Viruspartikels selbst.

Antilymphocytenserum beschleunigt das Tumorwachstum; vielleicht spielt die immunosuppressive „Nebenwirkung“ chemischer Carcinogene eine Rolle bei der Carcinogenese.

Die Immunotherapie von Tumoren verwendet Maßnahmen zur Aktivierung des Immunabwehrsystems. Aktive, aber auch passive Immunisierungen haben zusammen mit klassischen Therapiemethoden zu Tumorrückbildungen geführt. Auch unspezifische Aktivierungen des Immunsystems können therapeutisch ausgenützt werden.

Gelegentlich wird paradoxerweise durch Immunisierung mit Tumormaterial verstärktes Tumorwachstum erreicht: dieses Phänomen des „Enhancement" ist ein ernster Störfaktor für alle immuntherapeutischen Bemühungen.

Naturgeschichte einiger Tumorviren

„Krebs ist keine Infektionskrankheit". Jahrhundertelange Erfahrung der Chirurgen und Pathologen hatte diesen Satz erhärtet; nie waren im Umgang mit Tumormaterial irgendwelche Vorsichtsmaßregeln ergriffen worden, nie hatten sich solche Maßnahmen als notwendig erwiesen. Die Krebsstation ist eben kein Isolierhaus. Es mußte daher als eine absurde Idee erscheinen, mit vollem Ernst zu diskutieren, daß Viren gelegentlich Krebs erzeugen können. Viren sind verantwortlich für Pockenepidemien und Grippewellen, was aber sollten sie mit Magencarcinomen und Lungenkrebs zu tun haben?

Doch die Virusforschung war schon immer eine revolutionäre Wissenschaft. Der erste niederländische Virologe, Martius Willem Beijerinck (1851—1931) — ein Botaniker nach seiner Profession — schockierte seine Kollegen mit der Ankündigung, daß es ihm gelungen sei, die Mosaikkrankheit des Tabaks mit zellfreien Extrakten aus kranken Pflanzen zu übertragen. Beijerinck hatte seine Säfte über dichte Filter gereinigt, die mit Sicherheit alle Bakterienzellen zurückgehalten hatten. Für alle Bakteriologen aber waren Bakterienzellen die unabdingbare Voraussetzung für eine Infektion; „Zellfreie Extrakte" konnten eigentlich gar nicht infektiös sein.

Die ersten Virologen ernteten daher nur Hohn; man unterstellte ihnen einfach, daß sie entweder Löcher in ihren Filtern oder aber in ihren Köpfen haben müßten. Unverdrossen aber schrieb Beijerinck: „Die Existenz dieser Contagia (= ansteckenden Agenzien) beweist, daß Leben — wenn man Stoffwechsel und Vermehrung als seine wichtigsten Kennzeichen versteht — nicht untrennbar mit Strukturen verbunden sein muß. In seiner primitivsten Form ist Leben vielmehr wie Feuer, wird es wie eine Flamme von der lebenden Substanz genährt; eine Flamme, die nicht durch Urzeugung entsteht, sondern durch andere Flammen weitergegeben wird". In der Sprache der alten Elementarlehre müßte man von „Feuer-Wasser" reden.

Der quadratschädlige Holländer hatte auch privat revolutionäre Ideen. Bei seiner Berufung an das Delfter Polytechnikum diskutierte er mit dem Direktor der Schule über Reorganisationsprobleme. Als der Schulleiter meinte, daß die Leitung der Schule in jedem Falle bestehen bleiben müsse, erwiderte Beijerinck: „Wenn irgendetwas verschwinden muß, ist es gerade die Direktorstelle". Probleme dieser Art werden noch heute erörtert; Beijerincks Lehre vom „flüssigen Leben" jedoch geriet rasch in Mißkredit.

Sehr bald erkannte man, daß auch die „filtrierbaren Viren" eine definierte Größe haben, und mit Hilfe genormter Filter ließen sich die Partikel sogar ausmessen. Es gelang aber nicht, Viren auf einem künstlichen Nährboden zu züchten. Ohne lebende Zellen findet eine Virusvermehrung nicht statt. Der Slogan vom „geborgten Leben“ oder auch die Bezeichnungen „Schmarotzer auf innerzellulärem Niveau“ und „vagabundierende Gene“ kennzeichnen die Situation. Viren zwingen die Wirtszelle, Energie und Baumaterialien für die Produktion von neuen Viren zur Verfügung zu stellen. Wenn die Viren das Kommando übernommen haben, arbeitet die Zelle gegen ihre Interessen für diese Aufgabe. Eine virusinfizierte Zelle ist vom Tod gezeichnet, ein Virus ohne Zelle ist eigentlich tot.

Als Stanley auch noch entdeckte, daß das Tabakmosaikvirus kristallisiert werden kann, schienen die Viren völlig aus der Biologie herauszufallen. Heute ist die Aufregung über das „Kristall-Leben“ weitgehend abgeklungen, und die Virusforschung ist zu einem festen Bestandteil des biologischen Establishments geworden.

Die Tumorviren mußten länger um ihre Anerkennung kämpfen. Tumorviren schienen von Anfang an im Widerspruch zu zwei Grunddogmen der Medizin zu stehen:

1. Sie mißachteten offensichtlich Virchows Konzept vom Krebs als einer zellulären und nur einer zellulären Erkrankung. Nach Virchows Auffassung wurde die Krebszelle „aus sich heraus“ zur Krebszelle, ein Parasit war dabei nicht gefragt.
2. Sie setzten sich aber auch gelegentlich über Kochs Postulate hinweg.

Robert Koch hatte gefordert — und alle Bakteriologen tun es auch heute noch —, daß die Ursache einer infektiösen Krankheit erst dann erkannt ist, wenn eine ganze Reihe von Voraussetzungen erfüllt ist:

a) Der Mikroorganismus muß in jedem einzelnen Krankheitsfalle nachgewiesen werden. Mikroskop und Agarplatte sind die wichtigsten Werkzeuge.
b) Das „erregende Agens“ muß in Reinkultur zu züchten sein.
c) Diese Reinkulturen müssen bei geeigneten Tieren diese Krankheit erzeugen können.
d) Auch aus dem neu erkrankten Tier muß sich das „Agens“ isolieren lassen. Die Weiterzüchtung muß möglich sein.

Koch selber und viele nach ihm konnten nach diesen strengen Regeln verfahren und damit die Erreger zahlreicher Infektionskrankheiten isolieren und identifizieren. Pasteur dagegen mußte schon Abstriche machen: Er konnte das „Tollwut-Agens“ zwar von Hund zu Hund und auch von Kaninchen wieder auf Kaninchen übertragen. Es gelang ihm aber nicht, das „Virus“ zu sehen und es außerhalb eines lebenden Organismus zu züchten.

In noch größere Schwierigkeiten kamen dann die Tumorvirologen. Auch sie konnten natürlich ihre „tumor-agents“ weder sehen, noch gelang es ihnen, sie in künstlichen Nährmedien zu vermehren. Viel schlimmer aber war, daß sie sehr häufig aus Tumoren, die sie mit zellfreien Extrakten erzeugt hatten, gar keine Viren mehr isolieren konnten: Das Virus schien aus diesen Tumoren verschwunden zu sein. Oft ließen sich weder charakteristische Viruspartikel in diesen Tumorzellen elektronenmikroskopisch nachweisen noch gelang es, infektiöse Extrakte aus Virustumoren herzustellen. Die Virologen prägten für diese Situation den Begriff des „maskierten Virus".

In Wirklichkeit aber waren die Viren gar nicht verschwunden: Zuerst fand man ihre Spuren und schließlich entdeckte man auch die maskierten Viren selber. Viren können eben mehr, als nur roh zuschlagen; sie müssen nicht immer ihren Wirt zwingen, Viruspartikel um Viruspartikel bis zur Selbstzerstörung zu produzieren. Eine Zelle kann eine Virusinfektion sehr wohl überleben, doch gelegentlich um einen hohen Preis: Sie kann dabei die Fähigkeit verlieren, sich einem höheren Organismus einzufügen. Sie wird zur Tumorzelle und tötet so schließlich ihren Wirtsorganismus und damit auch sich selber.

Stellen wir zunächst einmal in einer kurzen Naturgeschichte der Tumorviren die wichtigsten Vertreter vor.

Leukämien der Hühner

Chronische Leukämien sind bei Hühnern keine seltene Krankheit. Dabei sind das Knochenmark, aber auch lymphoide Organe wie Milz oder Lymphknoten befallen. Hühner können darüber hinaus an einer „roten Leukämie" erkranken, bei der Jugendformen der Erythrocyten (Erythroblasten) im Blutbild überhandnehmen (vgl. hierzu S. 240).

1908 fanden die Dänen Ellermann und Bang, daß sich solche *Erythroblastosen* zellfrei übertragen lassen. Die „filtrierbaren Agentien" kommen in erkrankten Hühnern in derart großen Mengen vor, daß ein Millionstel Milliliter Blut genügt, um ein gesundes Huhn zu infizieren.

Mit dieser Entdeckung hätte die Geschichte der Tumorviren beginnen können. Aber damals waren Leukämien noch keineswegs als „Krebserkrankungen" anerkannt. Das Dogma von der ausschließlich zellulären Natur des Krebses blieb also zunächst unangetastet.

Neben diesen Erythroblastosen bei Hühnern kommen auch *myeloische Leukämien* vor. Auch diese Form wird von einem Virus hervorgerufen und läßt sich zellfrei übertragen. Unglücklicherweise reagieren Hühner, selbst wenn sie zum gleichen Zuchtstamm gehören, sehr unterschiedlich auf diese Viren. Große Tierzahlen waren daher notwendig, um statistisch gesicherte Ergebnisse zu bekommen. J. W. und D. Beard haben deshalb geradezu Fließbandmethoden entwickeln müssen, um mit diesen Schwierigkeiten fertig zu werden. Probleme, genügend Virus zu beschaffen, gab es allerdings auch hier nicht: 1 ml Blut kann eine Milliarde infektiöser Viruspartikel enthalten; eine einfache Ultrazentrifuge genügt, um diese Partikel anzureichern.

Die *lymphatische Leukämie* der Hühner dagegen ließ sich sehr lange nicht übertragen. Dies war um so ärgerlicher, als diese Leukämieform eine große wirtschaftliche Bedeutung hat. Dort, wo Geflügelzucht auf engstem Raum im großen Stile betrieben wird, kann fast die Hälfte des Geflügelbestandes von dieser Krankheit befallen werden. Die lymphatische Leukämie war geradezu zu einer „Kulturkrankheit der Hühner“ geworden.

Bei dieser Leukämieform bleiben die leukämischen Blutzellen gewöhnlich in den Geweben „stecken“ und werden nicht in die Blutbahn ausgeschwemmt („aleukämische Form“). Tumorknötchen finden sich vor allem in der stark vergrößerten Leber, aber auch in der Lunge, im Pankreas, den Nieren und sogar in der Haut.

Erst 1941 gelang es, lymphomatöses Gewebe zu übertragen, und weitere fünf Jahre später berichteten Burmester und Mitarbeiter vom United States Department of Agriculture Poultry Research Laboratory in East Lansing, Michigan, über die ersten erfolgreichen zellfreien Übertragungen. Wiederum 10 Jahre später standen erste Impfstoffe zur Verfügung. Damit war die erste Schutzimpfung gegen Krebs gelungen. Daß es sich „nur“ um einen Virustumor handelte, trübte etwas die Siegesfreude.

Im großen Maßstab wurde in East Lansing untersucht, wie sich die Lymphomatose verbreitet. Dabei fand man zwei Wege:

1. Einmal kann diese Leukämieform über das Ei an die Nachkommen weitergegeben werden (sogenannte „kongenitale“ oder „vertikale“ Infektion).
2. Zum anderen wurde auch eine direkte Ansteckung beobachtet: wurden Hühnchen aus einem „gesunden“ Stamm mit „kranken“ Tieren zusammengebracht, so bekamen auch die gesunden Tiere Lymphomatose. Die genauere Analyse erbrachte, daß die Übertragung auf dem Luftweg geschieht, daß aber nur ganz junge Tiere angesteckt werden können („Horizontale Ansteckung“).

Die Hühnerlymphomatose trägt daher durchaus Züge einer klassischen Viruserkrankung, sei es einer epidemischen Gruppe oder eines trivialen Schnupfens. „Wäre es nicht interessant, wenn auch andere Tumorviren sich nach Art einer einfachen Erkältung ausbreiten würden?“, fragte R. J. Huebner vom National Institute of Health. Interessant gewiß, aber auch in hohem Maße beunruhigend.

Sorgfältige Untersuchungen haben aber eigentlich nie irgendwelche Hinweise erbracht, daß menschliche Tumoren ansteckend sein könnten. Solche Untersuchungen sind allerdings von vornherein ungeheuer schwierig, weil nach einer erfolgreichen „Ansteckung“ noch mit sehr langen Wartezeiten gerechnet werden muß, bevor ein Tumor diagnostiziert werden kann. Klare Anamnesen sind da doch wohl nur sehr selten möglich. Würden nach der Infektion mit einem Schnupfenvirus Jahrzehnte vergehen, bis der Schnupfen ausbricht, wäre eine klare Ätiologie der Erkrankung praktisch unmöglich.

Rous-Sarkom-Virus (RSV)

Tumorvirus Nummer 1 ist ohne Zweifel das Rous-Sarkom-Virus. Bei den Hühnerleukosen hatte es heftige Diskussionen gegeben, ob es sich hier wirklich um echten Krebs handelt. Bei einem soliden Sarkom dagegen ist die Diagnose, ob Tumor oder nicht, wesentlich einfacher.

Peyton Rous, einem jungen Pathologen am Rockefeller Institute in New-York, war es zum ersten Male gelungen, ein spontanes Hühnersarkom zellfrei zu übertragen (1910). Er hatte aus einem Sarkom in der Brust einer Plymouth-Rock-Henne einen Extrakt hergestellt, ihn über bakteriendichte Filter gereinigt und schließlich jungen Hühnern der gleichen Rasse in die Brust eingespritzt. Bei einigen dieser Tiere entwickelten sich Tumoren, die genau wie der ursprüngliche Tumortyp in Lunge, Leber und andere Organe metastasierten. Rous war daher sicher, daß er mit seinem Extrakt echte Tumoren erzeugt hatte. Es konnte auch kein Zweifel sein, daß es sich um ein Virus handeln mußte. Rous blieb jedoch vorsichtig und nannte sein Sarkom-Virus ganz unverfänglich „tumor-agent". Trotzdem fand er kaum Beachtung, und die Päpste der Zellularpathologie blieben ablehnend: *Ein* Virus macht noch keinen „zellfreien Krebs".

Tatsächlich traten bei den zellfreien Übertragungen immer wieder Schwierigkeiten auf. Die zellfreien Präparate waren meist arm an Viren, was bedeutete, daß ein Überimpfen nur mit schlechten Ausbeuten oder überhaupt nicht gelang. „Virusreiche Tumoren sind durchweg ein Kunstprodukt des Laboratoriums", räumte sogar Oberling ein — ein enthusiastischer Verfechter einer allgemeinen Virusätiologie des Krebses —, „eine Kunstform, die man erhält, wenn man über längere Zeit fortgesetzt auf ganz junge Tiere überimpft."

Shope-Papillomvirus beim Kaninchen

Bei wilden Kaninchen (cotton tail), die in Kansas und Iowa im mittleren Westen der USA heimisch sind, wurden schon lange immer wieder warzenähnliche Geschwülste beobachtet. Manche dieser Warzen waren so groß, daß die Jäger von „Hörnern" sprachen.

R. E. Shope hatte in den frühen dreißiger Jahren versucht, solche Tumoren zellfrei zu übertragen. Die Tumoren wurden zerrieben, filtriert, und das Filtrat zahmen Kaninchen eingerieben, nachdem die Haut vorher mit Glaspapier „angerauht", also skarifiziert worden war. Schon nach etwa einer Woche zeigten sich die ersten Papillome.

Auch wilde Kaninchen ließen sich mit diesen Extrakten infizieren, doch gab es wichtige Unterschiede (Abbildung S. 132):

1. Die Tumoren wachsen bei *wilden* Kaninchen langsam und führen in der Regel zu stark verhornenden großen Warzen („Papillome"). Diese Tumoren können mechanisch abgerieben werden, und sogar Spontanheilungen sind auf diese Weise möglich. Bei den *zahmen* Kaninchen wachsen die Papillome schneller und sie verhornen weniger als bei den wilden.
2. Auch das Virus selbst verhält sich bei zahmen und wilden Kaninchen verschieden. In den langsam wachsenden Papillomen der *wilden* Kaninchen sind Viren, elektronenmikroskopisch und im Infektionstest mit zellfreien Extrakten nachweisbar. Die Tumoren der *zahmen* Kaninchen enthalten dagegen kein freies Virus. Extrakte aus diesen Tumoren rufen bei anderen Kaninchen keine Tumoren mehr hervor.

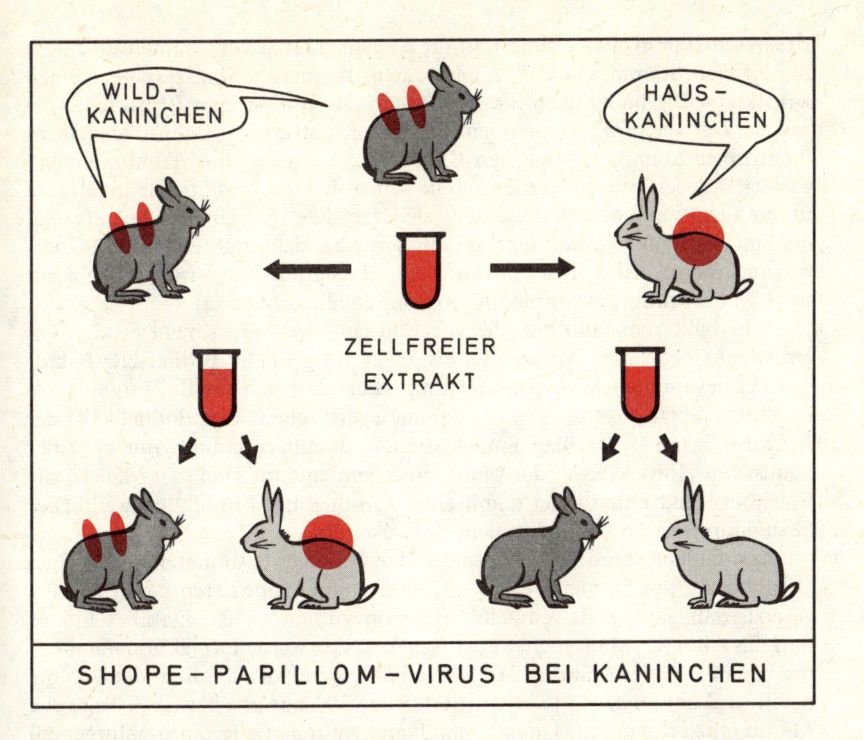

SHOPE-PAPILLOM-VIRUS BEI KANINCHEN

Niemand würde daher vermuten, daß die Tumoren der zahmen Kaninchen Virustumoren sind. Obwohl sie durch Viren erzeugt wurden, sind im herangewachsenen Tumor die Viren verschwunden. Allerdings sind sie nicht spurlos verschwunden. Man spricht hier von maskiertem Virus. Was dies molekularbiologisch bedeutet, werden wir später genauer zu betrachten haben.

Bittners Milchfaktor

Es gibt Mäusestämme, in denen Brustkrebs häufig, und solche, in denen er selten oder gar nicht vorkommt. Als man solche Stämme untereinander kreuzte, erlebte man Überraschungen: es war bei diesen Kreuzungen keineswegs gleichgültig, ob jeweils der Vater oder die Mutter aus einem Brustkrebsstamm kam. Die Nachkommen erkrankten viel häufiger an Brustkrebs, wenn die Mutter aus einem Tumorstamm stammte. Dies stand im Gegensatz zu den Mendelschen Regeln, und man begann schon, sich Gedanken zu machen, ob nicht die Vererbung von Krebs mit extrachromosomalen Faktoren verknüpft sein konnte.

Bittner fand 1936 eine einfache Erklärung: die Muttermilch enthält einen Faktor, der Brustkrebs fördert. Bringt man nämlich junge Mäuse aus einem

Brustkrebsstamm mit Kaiserschnitt zur Welt und läßt sie von Ammen aus einem tumorfreien Stamm säugen, so entwickeln die jungen Mäuse später keinen Brustkrebs. Sie haben also ihre genetische Disposition zum Brustkrebs vergessen. Das reziproke Experiment gelang ebenfalls: junge Mäuse aus einem tumorfreien Stamm entwickelten Brustkrebs, wenn sie von „Tumorammen“ gesäugt worden waren. Bittner nannte seinen Faktor „milk borne mammary tumor agent“ und behielt diese neutrale Bezeichnung auch noch bei, als man erkannt hatte, daß es sich hier um ein Virus handeln mußte (zellfreie Übertragung, Vermehrung in sensitiven Tieren, Isolierung von Viruspartikeln mit der Ultrazentrifuge, elektronenmikroskopische Besichtigung).

Sehr bald aber fand man heraus, daß ein Virus allein nicht genügt, um Brustkrebs bei diesen Mäusen zu erzeugen. So geht der Bittnersche Faktor nur bei bestimmten Mäusestämmen an. Hier zeigt sich die Bedeutung einer genetischen Disposition, einer stammesspezifischen Empfindlichkeit der Brustdrüsenzellen. Darüber hinaus können Mammacarcinome nur bei einer „günstigen Hormonlage“ der Maus entstehen: entfernt man den Mäusen die Eierstöcke und unterbindet damit einen Großteil der Produktion weiblicher Sexualhormone, so kommt es nicht zu Brustkrebs.

Zusammenfassend läßt sich sagen, daß bei einer bestimmten genetischen Veranlagung das Bittner-Virus Mammacarcinome induzieren kann, vorausgesetzt, daß genügend weibliches Hormon vorhanden ist. Darüber hinaus darf das Alter der Maus nicht außer Acht gelassen werden: Infektion unmittelbar nach der Geburt führt in 100% der Fälle später zu Tumoren; der Tumorbefall wird auf 60 bzw. 10% reduziert, wenn 20 Tage alte bzw. 120 Tage alte Mäuse infiziert wurden. Diese Komplikationen treten allerdings naturgemäß nur auf, wenn die Tiere *nicht* über die Muttermilch infiziert wurden.

Nur wenn alle Faktoren „stimmen“, erkranken die Mäuse. „Es ist Zeit, mittelalterliche Anschauungen über Ursache und Wirkung fallen zu lassen und in Begriffen multipler Wechselbeziehungen zu denken“, schreibt einmal J. Huxley, und der Fall Bittner illustriert sehr deutlich diesen Satz.

Polyoma

Auch Mäuseleukämien können zellfrei übertragen werden. L. Gross gelang es 1951, aus Organen leukämiekranker Mäuse einen zellfreien Extrakt herzustellen, der bei neugeborenen Mäusen wieder Leukämien hervorrief.

Sarah E. Stewart wiederholte die Gross'schen Experimente und auch sie konnte Mäuseleukämien zellfrei erzeugen. Zu ihrer Überraschung blieb aber in einem Inzuchtstamm die Leukämie aus. Statt dessen entwickelten sich bei diesen Mäusen nach 10 Monaten Tumoren der Ohrspeicheldrüse (Parotis) und Nebennierentumoren. Doch dann kam wieder die übliche Enttäuschung: aus den fertigen Parotistumoren ließen sich keine aktiven zellfreien Extrakte mehr herstellen. Auch hier war das tumorerzeugende Virus wieder verschwunden.

Sarah Stewart verbündete sich daraufhin mit B. E. Eddy vom National Institute of Health. Eddy hatte ein großes und produktives Laboratorium für Gewebekulturen aufgebaut, in dem ein großer Teil der Arbeiten gemacht worden war, die schließlich zu einem Polioimpfstoff geführt hatten. Affennierenzellen hatten sich dabei als idealer „Nährboden" für die Kinderlähmungsviren erwiesen.

Auf solchen Nierenzellen versuchten nun Stewart und Eddy, das neue „Parotis-Virus" zu vermehren. Doch die Ergebnisse waren äußerst mager: die Tumorausbeuten blieben nach wie vor niedrig. Vielleicht lag es daran, daß ein Mausvirus sich eben nur schlecht auf Affenzellen vermehren läßt. Stewart probierte es daher mit Mäusezellkulturen. Mäuseembryonen wurden vorsichtig zerkleinert und mit Trypsin in Einzelzellen zerlegt. Diese Zellsuspensionen wurden dann in Kulturflaschen ausgesät. Auf den herangewachsenen Zellrasen schließlich gab man dann Organextrakte leukämischer Mäuse.

Jetzt zeigte das Virus, was es konnte: zellfreie Präparationen aus diesen infizierten Mäuseembryozellen erzeugten in fast 100% der behandelten Tiere bösartige Tumoren. Aber nicht nur die Treffsicherheit des Virus war bemerkenswert. Die virusreichen Extrakte produzierten nun keineswegs mehr nur Parotistumoren: „Die Thymusdrüse, ein Organ unmittelbar über dem Herzen, war häufig in Mitleidenschaft gezogen, in vielen Fällen füllte ein Thymustumor fast den ganzen Brustkorb. Im Widerspruch zur Regel, daß Mammacarcinome sich nur bei weiblichen Tieren entwickeln, erzeugte das neue Virus auch bei männlichen Tieren Brustkrebs. Lungentumoren waren gewöhnlich vom Mesothel-Typ (äußere Hülle dieses Organs) und sie überzogen die gesamte Lunge mit fingerähnlichen Auswüchsen, die man auch mit bloßem Auge sehen konnte. Hautkrebse bedeckten oft die ganze Körperoberfläche. Die Schweißdrüse, die nur in den haarlosen Oberflächen der Mäusepfoten vorkommen, entwickelten ebenfalls Tumoren. Alle diese Tumoren sind epitheliale Tumoren, die man gemeinhin als Carcinome bezeichnet. Das Virus induzierte aber auch Sarkome: Bindegewebstumoren und Knochentumoren. Betroffen waren auch die Auskleidungen der Blutgefäße und die Hohlräume der Leber. Wir entdeckten sogar einen Tumor im Nervengewebe" (Stewart).

Die massiven Dosen hatten eine ganz erstaunliche Virulenz erkennen lassen. Gelegentlich kamen bis zu 10 verschiedene Tumortypen bei einer einzigen Maus vor. Die Entdecker gaben daher ihrem neuen Virus den Namen „Polyoma" —, der Vieltumorerzeuger.

Aber war es wirklich nur ein einziges Virus? War es nicht ebenso wahrscheinlich, daß es sich hier um eine ganze Virusfamilie handelt? Wären verschiedene Viren beteiligt, dann müßte man erwarten, daß bei der Virusproduktion in der Gewebekultur einzelne Viren besser, andere schlechter vermehrt würden. Dann müßten nach sehr vielen Passagen schließlich einzelne Viren aussterben, andere dagegen überhandnehmen. Doch auch noch nach fast 100 Passagen in der Gewebekultur erzeugte die Viruspräparation immer noch die gleiche Vielfalt an Tumoren. Daraus ließ sich der Schluß ziehen, daß „Polyoma" keine Mischung aus verschiedenen Viren mit verschiedenen Zielorganen darstellt. Dieser Schluß wurde schließlich auch mit „erbreinen" Polyoma-Stämmen bestätigt (solche erbreinen Virusstämme stammen letzten Endes von einem einzigen Viruspartikel ab). Jede einzelne untersuchte Reinkultur von Polyoma produzierte wieder die gleiche Mannigfaltigkeit von Tumoren wie die ursprünglichen Viruspräparate.

Polyoma aber hatte noch mehr Überraschungen bereit. Die bis dahin bekannten Tumorviren waren in der Wahl ihrer Wirte sehr wählerisch. So wächst bespielsweise „Bittner" nur auf ganz bestimmten Mäusestämmen. Das Polyomavirus aber übersprang mühelos die Schranke zwischen einzelnen Mäusestämmen, aber auch zwischen verschiedenen Tierarten: Polyoma erzeugt Tumoren beim Hamster, bei der Ratte und beim Kaninchen. Dabei erwiesen sich Hamster als besonders empfindlich: schon nach zwei Wochen entstehen Tumoren.

Warum aber war man dann dem Polyomavirus noch nie zuvor in der Natur begegnet? Die Skeptiker konnten wieder einmal behaupten, daß Virustumoren lediglich Kunstprodukte des Laboratoriums sind. Aber es fanden sich „natürliche" Erklärungen.

Polyomaviren sind hervorragende Antigene. Im Blut beimpfter Tiere finden sich spezifisch gegen dieses Virus gerichtete Antikörper, ob die Tiere Tumoren bekamen oder nicht. Sogar Tiere, die nur in der gleichen Boxe wie virusbehandelte Mäuse saßen, hatten in vielen Fällen Antikörper produziert. Polyoma hat auch vor Menschen keinen Respekt: einige Mitarbeiter der Stewart-Gruppe, die schon jahrelang mit diesem Virus gearbeitet hatten, besaßen polyomaspezifische Antikörper.

In Mäusekolonien wird das Virus durch Speichel und Exkremente verbreitet. Mäusemütter können aber ihren Kindern Polyomaantikörper mitgeben. Spontane Polyomatumoren sind daher selten. Nur in der Gewebekultur, in der es keine Antikörper gibt, läßt sich Polyoma in großen Mengen herstellen.

Mäuseleukämie- und Mäusesarkom-Viren

Wir erwähnten es bereits: Auch Mäuseleukämien können wie Leukämien der Hühner zellfrei übertragen werden. Es gibt mittlerweile eine ganze Anzahl verschiedener Virusstämme, die nach ihren Entdeckern benannt werden: z. B. Gross, 1951, Friend, 1957, Rauscher, 1962.

Einen einfachen quantitativen Test für Rauscher-Viren hat Sachs beschrieben: Eine verdünnte Viruslösung wird in die Schwanzvene erwachsener Mäuse injiziert. Nach etwa 9 Tagen bilden sich in der Milz deutlich sichtbare Knötchen, die sich leicht auszählen lassen.

Diese Mäuse-Leukämieviren sind mit den Geflügelleukoseviren verwandt (auch das Rous-Sarkom-Virus und die neuerdings aufgefundenen Mäuse-Sarkomviren gehören zur Familie). Es gibt immunologische und morphologische Familienähnlichkeiten:

1. Diese Viren haben gemeinsame (gruppenspezifische) Antigene.

2. Im Elektronenmikroskop zeigen sie charakteristische Formen (dunkle Kerne mit einer davon abgesetzten äußeren Hülle); die sogenannten C-Partikel gehören dazu.

Mit diesem immunologisch-morphologischen Steckbrief wurden in neuerer Zeit auch bei Katzen, Hamstern und Hunden RNA-Tumorviren nachgewiesen. Gelegentlich fanden sich sogar in menschlichen Zellen diese C-Partikel.

Humanmedizinischer Exkurs

Warzen waren bislang die einzigen (gutartigen) Neubildungen beim Menschen mit gesicherter Virusätiologie (Das Warzenvirus ist mit dem Shope-Papillom-Virus verwandt).

Unter starkem Verdacht stehen vor allem die menschlichen Leukämien. Direkte Beweise stehen aber hier wie auch in anderen Fällen aus. Mit dem Elektronenmikroskop konnten zwar immer wieder C-Partikel festgestellt werden. Der Beweis jedoch, daß diese Partikel auch Tumoren verursacht hatten, ist naturgemäß mit dem Elektronenmikroskop nicht möglich. Doch die Indizienkette wird immer enger. Warum auch sollten C-Partikel bei Hühnern, Mäusen und Katzen Leukämien erzeugen, nicht aber beim Menschen.

Das sogenannte Burkitt-Lymphom wurde in den letzten Jahren nun als „erster" menschlicher Virustumor anerkannt. Es handelt sich hier um ein malignes Lymphom im Hals- und Kieferbereich, das in bestimmten Gegenden (beispielsweise in Äquatorialafrika) gehäuft auftritt. Epidemiologische, immunologische und elektronenmikroskopische Analysen haben ein Virus der Herpes-Gruppe verantwortlich gemacht. Ein ähnliches Virus scheint auch den schon lange bekannten sogenannten Luckeschen Nierentumor beim Frosch auszulösen.

Menschen- und Affenviren: Adenoviren und SV–40

Zur Herstellung von Polioimpfstoff werden Affennierenzellen in großem Maßstab gezüchtet. In solchen Kulturen entdeckte man ein Affenvirus, das bei neugeborenen Hamstern Tumoren hervorrief. (SV 40 bezeichnet einen bestimmten Typus eines solchen „*S*imian *V*irus"). Man kennt bis heute keine menschliche Krankheit, die etwas mit SV 40 zu tun haben könnte; man hat aber streng darauf geachtet, daß bei der Herstellung des Polioimpfstoffes keine Verunreinigung mit diesem Virus mehr vorkam.

SV 40 kann auch Gewebekulturzellen in abnorme, „tumorähnliche" Formen umwandeln. Diese Umwandlung gelingt nicht nur mit Hamsterzellen, sondern auch mit menschlichen Zellen. Werden solche „transformierten" Hamsterzellen jungen Hamstern implantiert, so wachsen sie zu Tumoren heran. Experimente mit menschlichen SV 40-transformierten Zellen stehen naturgemäß aus.

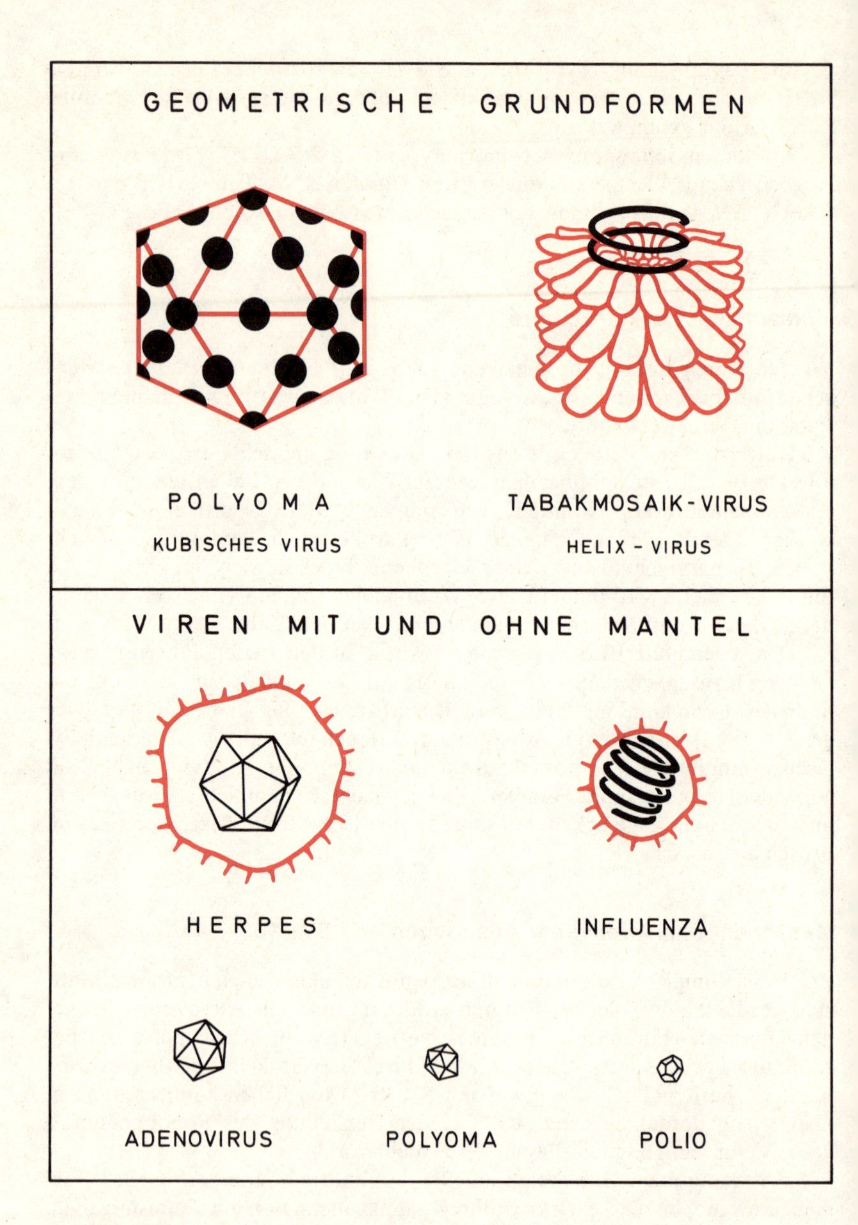

SV 40 blieb aber nicht das einzige tumorerzeugende Primatenvirus. Ganz triviale menschliche Erkältungsviren erwiesen sich als oncogen. Diese Adenoviren waren zunächst aus Rachenmandeln infizierter Kinder isoliert worden (adenoids — engl. Rachenmandeln). Man begegnete ihnen dann immer wieder bei epidemischen Erkältungskrankheiten. Vor allem bei Rekruten — in neuer Umgebung neuen Viren schutzlos preisgegeben — erzeugen diese Viren schmerzhafte Halsentzündungen.

Wenn sie in neugeborene Hamster injiziert werden, können Adenoviren Tumoren erzeugen. Nicht alle Adenotypen — es gibt etwa 30 verschiedene — sind oncogen: Adeno 12 ist ein Beispiel für einen tumorerzeugenden Typ.

Klassifikation „tierischer" Viren

Zwischen den Tumorviren und den „klassischen Viren" gibt es offensichtlich keine grundsätzlichen Unterschiede.

Die Klassifizierung der Viren kann nach verschiedenen Gesichtspunkten erfolgen (vgl. Abbildung S. 136 und Tabelle S. 138):

RNA oder DNA

Im allgemeinen besteht ein Virus aus einem „Viruskern" aus Nucleinsäuren und einer „Hülle" aus Proteinen. Je nachdem, ob es sich bei der Nucleinsäure um DNA oder RNA handelt, spricht man von RNA- bzw. DNA-Viren.

Helix oder kubisch

Die einzelnen Bausteine der Proteinhülle können „schraubenförmig" oder „kubisch" angeordnet sein: Klassisches Beispiel für ein schraubenförmiges Virus (Helix) ist das Tabakmosaikvirus, das allerdings nicht zu den tierischen Viren gehört. Kubische „Viruskristalle" dagegen sind beispielsweise das Polyomavirus oder die Adenoviren. Im Innern der „Kristalle" liegt die DNA, auf den Kanten des Ikosaeders sind die Proteine angeordnet. (Ikosaeder gehören wie Würfel zu den kubischen Kristallen. In Platos Reihe der Elementarkörper ist der Ikosaeder dem Element Wasser zugeordnet, und wer in der Wissenschaftsgeschichte an ein *„Nil novi infra lunam"* glaubt, kann hier Beziehungen bis hin zu Beijerincks *„contagium vivum fluidum"* herleiten).

Mit oder ohne Mantel

Das Elementarvirus (Nucleinsäure + Hüllproteine) kann nun noch in einen Mantel eingepackt sein oder nicht. Häufig besteht ein Teil dieses Mantels aus Bestandteilen der Zellmembran. Die Virushelix ist gelegentlich geknäuelt, damit sie besser in einen solchen Mantel paßt.

Groß oder klein

Schließlich lassen sich Viren einfach nach ihrer Größe unterscheiden, und so spricht man beispielsweise von den „kleinen DNA-Viren" wie Polyoma oder SV-40.

Tumorviren bilden nun innerhalb eines solchen Schemas keine besondere Gruppe: Das Grippevirus steht neben dem Rous-Sarkom-Virus und die Adenoviren neben Polyoma.

Die Verzahnung geht aber noch weiter. Das gleiche Virus kann sowohl als Tumorvirus wie auch als „klassisches" Virus auftreten. Beispielsweise ist

Klassifikation tierpathogener Viren

Helix		Kubisch		
RNA	DNA	RNA	DNA	
mit Hülle			*mit Hülle*	*ohne Hülle*
Influenza Mäuseleukämie Bittner Geflügel-leukämie Rous-Sarkom	Myxom Pocken Shope-Fibrom	Entero-viren Reoviren Polio	Herpes	Adenoviren Polyoma Shope-Papillom SV 40 Adeno 12 Warzen (menschlich)

ein besonderer Typ des „Halsschmerzvirus" — Adeno 12 — entschieden carcinogen: Wenn man ihn neugeborenen Hamstern injiziert, bilden sich innerhalb kurzer Zeit metastasierende Sarkome.

Die Doppelgesichtigkeit zeigt sich besonders deutlich beim Influenzavirus: Behandelt man Mäuse mit diesem Virus, so bekommen sie eine grippeähnliche Erkrankung. Behandelt man sie mit Tabakrauch, so passiert gar nichts. Setzt man jedoch die Mäuse gleichzeitig Tabakrauch und Influenzavirus aus, so entstehen Lungentumoren (Leuchtenberger). Ein „harmloses" Virus wird so im Verein mit „harmlosem" Tabakrauch zu einem Tumorvirus. Dies zeigt klar, daß „klassische" Viren in Tumorviren „umschlagen" können.

Aber auch das umgekehrte Phänomen ist verbreitet: Tumorviren verhalten sich gelegentlich wie normale Viren. Bei sehr jungen Tieren kann ein Tumorvirus zu Zellzerstörungen und damit zu Blutungen führen. Dies hat man beim Shope-Papillom-Virus, aber auch beim Rous-Sarkom-Virus beobachtet.

Wir wollen den vorläufigen Schluß ziehen, daß die Entscheidung darüber, ob ein bestimmtes Virus einen Tumor erzeugt, ganz wesentlich von der Zielzelle abhängt. Doch stellen wir die genauere Diskussion dieser Frage noch zurück und wenden uns zunächst einmal dem Verhalten von Viren in der Gewebekultur zu. Dabei beschränken wir uns aus Raumgründen auf die kleinen DNA-Viren Polyoma und SV-40.

Zusammenfassung

Beim Siegeszug der Bakteriologie um die Jahrhundertwende fehlte die Krebsforschung: alle Versuche scheiterten, ein Bakterium für die Erzeugung tierischer Tumoren dingfest zu machen. Immer wieder stellten sich Keime, die aus Tumorgewebe isoliert worden waren, als harmlose Begleiter oder als Sekundärinfektionen heraus. Die Tumorviren wurden daher mit größtem Mißtrauen betrachtet; doch im Laufe der Zeit haben sich zahlreiche oncogene Viren ihren Platz im Arsenal tumorerzeugender Faktoren erkämpft.

Tumoren der verschiedensten Arten können durch Viren erzeugt werden: Hauttumoren (Shope-Papillom-Virus), Nierencarcinome (Polyoma), Mammacarcinome (Bittner-Faktor) und viele andere. Allen vorweg stehen allerdings Sarkome (Rous-Sarkom-Virus) und Leukämien aller Variationen bei Geflügel und Mäusen und neuerdings auch Katzen.

Tumorviren unterscheiden sich nicht grundsätzlich von den „klassischen" tierpathogenen Viren: so gehören die Leukoseviren zur gleichen Gruppe wie die Grippeviren. Sogar Viren der gleichen Art können sowohl oncogen als auch „klassisch", d. h. zelltötend wirken: von den halsschmerzerzeugenden Adenoviren gibt es Typen, die bei neugeborenen Hamstern Tumoren erzeugen.

Tumorviren können in den Untergrund gehen: Tumoren, die durch Viren erzeugt worden waren, müssen nicht immer Viren enthalten. Aus den schnell wachsenden Papillomen der Hauskaninchen beispielsweise ist das Shope-Papillom-Virus „verschwunden".

DNA-Tumorviren in der Gewebekultur

Immer mehr Tumorviren wurden entdeckt, immer mehr Tumoren ließen sich durch Viren erzeugen; doch lange Zeit blieb die Tumorvirologie in einer sehr mißlichen Lage.

In vielen Fällen mußte sie den strengen Beweis schuldig bleiben, daß ihre Tumoren wirklich Virustumoren waren, denn aus vielen virusinduzierten Tumoren war das Virus verschwunden. Die klassischen Kriterien der Bakteriologie für eine Virusätiologie mußten also versagen.

Ebenso mißlich aber waren sehr oft die methodischen Probleme: lange Latenzzeiten von mehreren Monaten bis gelegentlich auch über ein Jahr machten rasche Experimente unmöglich. Genaue Experimente blieben immer wieder nur Wunschtraum: viele Versuchstiere reagierten sehr unterschiedlich auf Viruspräparate, und die Viruspräparationen selber waren von Charge zu Charge sehr verschieden wirksam.

Diese Lage änderte sich grundlegend, als die Techniken der Gewebekultur auf Probleme der Tumorvirusforschung angewendet wurden: „Bestimmte Tumorviren vermehren sich sehr gut in solchen Kulturen, und dies erlaubt eine genaue Viruszählung, aber auch eine wirkungsvolle Virusproduktion. Gelegentlich verursachen Tumorviren eine Umwandlung einer normalen Kulturzelle in eine solche mit den Eigenschaften einer Tumorzelle. Und all dies kann nicht in Monaten, sondern innerhalb weniger Tage demonstriert werden (Habel).“

Bevor wir uns nun dem Verhalten der DNA-Tumorviren in der Gewebekultur zuwenden, müssen wir ein praktisches Problem klären.

Zählung lebender Viren im Plaque-Test

Man kann Viren direkt unter dem Elektronenmikroskop auszählen, dabei kommen aber auch tote Viren und „leere Hüllen“ mit in die Bilanz, und man kann leicht falsche Schlüsse ziehen. Vernünftiger ist es daher, nur die aktiven Viruspartikel zu zählen. Dazu muß man sich eine Zellsorte aussuchen, in der sich das Virus gut vermehrt (für Polio wären Affennierenzellen und für Polyoma beispielsweise Mäuseembryozellen geeignet), diese Zellen in eine Petrischale aussäen und warten, bis der Zellrasen dicht gewachsen ist. Dann werden die Zellen mit einer verdünnten Viruslösung „beimpft“, man läßt die Viren in die Zellen eindringen und überschichtet schließlich mit Agar. Durch diesen Trick können die bei der Lyse infizierter Zellen freiwerdenden Virusteilchen nicht mehr ungehindert diffundieren. Sie können daher nur jeweils die Nachbarzellen neu infizieren und sich auch nur dort weiter vermehren. Auf diese Weise frißt gewissermaßen ein einziges Virus ein mit dem bloßen Auge sichtbares Loch (plaque) in den Zellrasen. Wenn die zu testende Viruslösung nur wenige Viren enthält, können die wenigen auf einer Platte erzeugten „Löcher" nicht zusammenfließen. Sie lassen sich dann leicht auszählen, und man bekommt so ein Maß für die Zahl aktiver Viruspartikel („infektiöse Einheiten"); Abbildung :

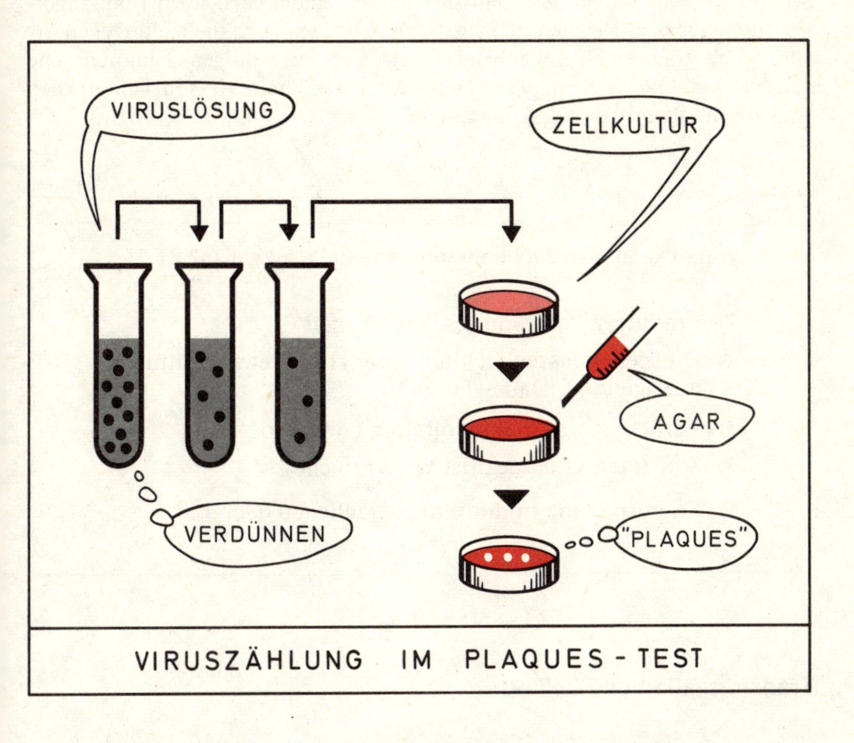

VIRUSZÄHLUNG IM PLAQUES - TEST

Viele tierpathogene Viren lassen sich auf diese Art und Weise quantitativ bestimmen: Polioviren, Adenoviren, aber auch Tumorviren.

Transformation in vitro

Tumorviren können jedoch in der Regel mehr, als nur Löcher in einen geeigneten Zellrasen stanzen. Sie können die strengen gesellschaftlichen Regeln einer Gewebekultur außer Kraft setzen.

Auch Zellen in einer Kultur fügen sich in eine Ordnung. Sie teilen sich nur so lange, wie sie Platz haben. Ist der Zellrasen dicht zugewachsen, hören sie mit den Zellteilungen auf, der enge Kontakt von Zelle zu Zelle verhindert neue Mitosen („Kontakthemmung").

Zellen, die mit Tumorviren infiziert wurden, halten sich gelegentlich nicht an diese Abmachungen: sie wachsen über ihre Nachbarn hinweg und bilden dabei unregelmäßige Zellhaufen. Allein diese morphologischen Kennzeichen („piling up" und „criss-cross") erinnern schon entfernt an kleine Tumoren. Tatsächlich gelang der Nachweis, daß diese Zellhaufen wirklich aus Tumorzellen bestehen. Implantiert man sie nämlich einem geeigneten Empfängertier (d. h. aus dem gleichen Inzuchtstamm, aus dem auch die Kulturzellen ursprünglich stammten), so entwickeln sie sich zu richtigen Tumoren. Die „Kreuz- und Quer-Zellen" waren also durch das Tumorvirus in Tumorzellen transformiert worden (vgl. Abbildung S. 143):

Woran kann man eine transformierte Zelle erkennen?

1) Erhöhte Wachstumsgeschwindigkeit
2) Die Zellen lassen sich unbegrenzt in Gewebekultur passagieren („Dauerstamm")
3) Verlust der Kontakthemmung („cris-cross")
4) Auftreten virusspezifischer Antigene
5) Tumorbildung in immun-verträglichen Tieren

Transformation und Zelltod

Transformation und Zellschädigung können nebeneinander ablaufen: infiziert man embryonale Mäusezellen beispielsweise mit Polyomavirus, so kann man neben den durchsichtigen Plaques auch die charakteristischen Zellhäufchen sehen.

Zelltod und Zelltransformation sind zwei so grundsätzlich verschiedene Vorgänge, daß man eigentlich annehmen sollte, daß dafür auch zwei verschiedene Virustypen verantwortlich wären. Dies hätte eine einfache Konsequenz: Viren, die aus einem einzelnen Plaque isoliert wurden, dürften immer nur wieder Plaques erzeugen, aber keine Transformationen.

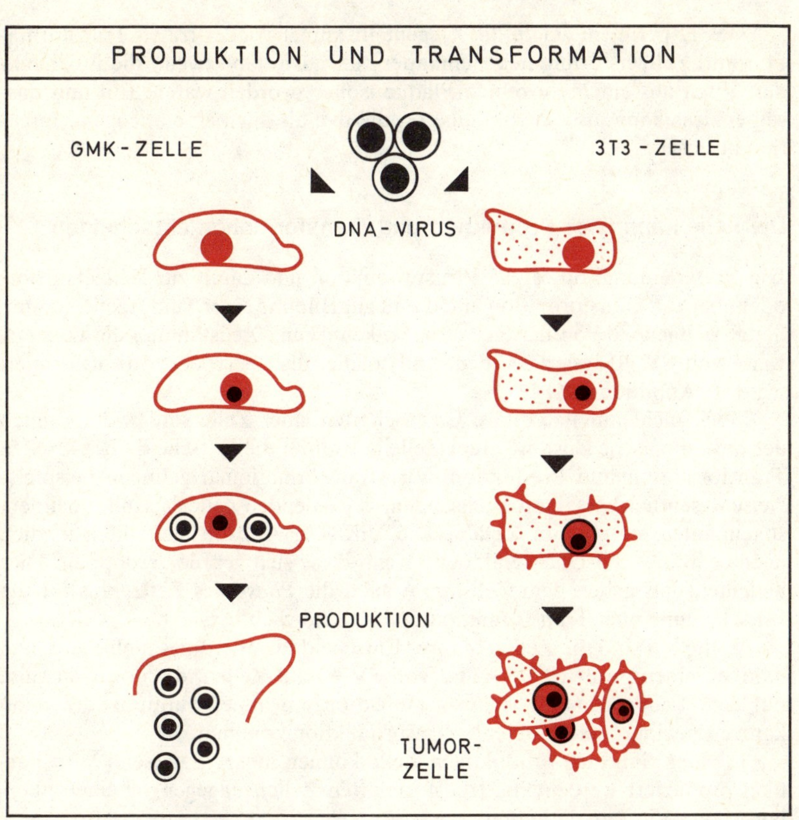

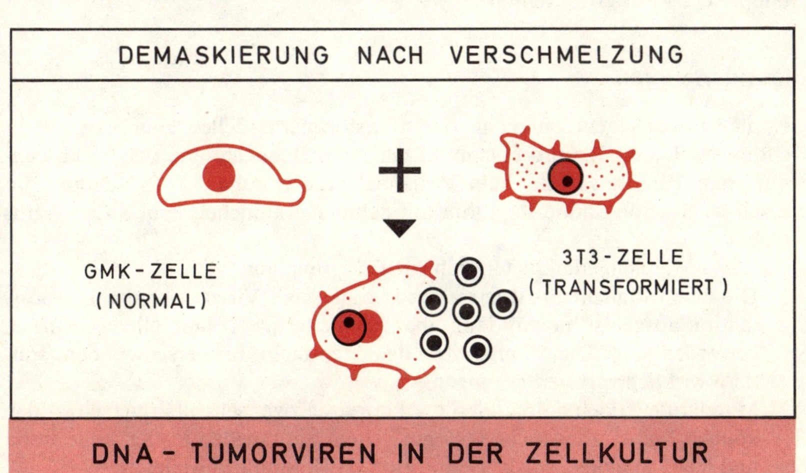

DNA-TUMORVIREN IN DER ZELLKULTUR

Das Experiment zeigte das Gegenteil: immer wieder traten Transformation und Zellzerstörung nebeneinander auf, auch dann, wenn die infizierenden Viren aus einem einzelnen Plaque isoliert worden waren. Ein und dasselbe Virus kann also sowohl eine produktive als auch eine oncogene Infektion auslösen.

Die Zelle kann über Produktion und Transformation entscheiden

Die Entscheidung, ob es zur Virusproduktion und damit zur Zellzerstörung oder aber zur Transformation und damit zur Bildung einer Tumorzelle kommt, hängt weitgehend von der Zelle ab. So kennt man Zellstämme, die vorzugsweise von SV-40 lysiert werden, und solche, die überwiegend transformiert werden (Abbildung S. 143).

Doch nicht nur hereditäre Eigenschaften einer Zelle sind wichtig, auch der physiologische Zustand einer Zelle beeinflußt die Entscheidung zwischen Transformation und Produktion. Virustransformationen gelingen beispielsweise wesentlich besser mit wachsenden, sich teilenden Zellen als mit ruhenden, sogenannten stationären Zellen. Die Virus-DNA kann sich offensichtlich leichter in die Zell-DNA einfädeln, wenn diese sich gerade verdoppelt. Dies bedeutet, daß neben dem Zell*stamm* auch die *Phase* des Zellzyklus für die Entscheidung über Transformation und Zelltod wichtig ist.

Völlig frei sind die Zellen in ihrer Entscheidung allerdings nicht: gibt man nämlich einen großen Überschuß von SV-40 auf Zellen, die normalerweise nur eine Transformation zulassen (Infektion mit hoher Multiplizität), dann kann es zu einer „unerlaubten“ Virusproduktion kommen.

In einer einzelnen produktiven Zelle können mehrere tausend Viruspartikel produziert werden; die transformierten Zellen dagegen scheinen überhaupt kein Virus zu enthalten.

Maskierte Viren

Es überrascht eigentlich nicht, daß transformierte Zellen kein Virus mehr enthalten. Dieser Befund entspricht der alten Beobachtung, daß in virusinduzierten Tumoren häufig kein Virus mehr nachweisbar ist. (So enthält das rasch wachsende Shope-Papillom auf zahmen Kaninchen kein Shope-Virus mehr).

Zwei Möglichkeiten bieten sich zur Erklärung an:

1. Die eine Möglichkeit ist trivial und besagt, daß Viren zwar die Transformation ausgelöst haben, dann aber für die fertige Tumorzelle entbehrlich geworden sind. Die Viren wären demnach nicht nur verschwunden, sondern wirklich verloren gegangen.
2. Man lernte jedoch bald, daß die Tumorviren zwar scheinbar verschwinden können, dabei aber nicht verloren gehen. Sie tauchen in der Zelle unter und leben in einer „maskierten Form“ im Untergrund weiter.

Bakteriophagen liefern das klassische Modell für solche „maskierten Viren". Phagen sind Viren, die sich in Bakterien vermehren und dabei die Bakterienzelle auflösen. Doch nicht immer kommt es zur Vermehrung und nicht immer findet eine Lyse statt. Es gibt „stumme Infektionen", bei denen ein Phage zwar in eine Zelle eindringt, sie aber nicht zerstört. Die Nachkommen einer solchen infizierten Bakterienzelle sind scheinbar gesund. Sie können aber irgendwann einmal plötzlich wie wild neue Phagenpartikel produzieren und dabei dann zugrunde gehen. Verschiedene Faktoren lösen diese verzögerte Explosion aus: Ultraviolett- und Röntgenstrahlen, Peroxyde, verschiedene Farbstoffe, verschiedene Carcinogene.

In latent infizierten Bakterienzellen ist das Virus nicht mehr nachweisbar, nach der Lyse aber ist es plötzlich wieder in zahlreichen vollständigen Kopien da. In der Zwischenzeit muß es daher in „irgendeiner Form" überwintert haben, bei jeder Zellteilung muß es mit-geteilt worden sein. Das Virus hat sich wie ein Gen verhalten.

Bakterium und Phage können also eine „explosive Ehe" führen, die irgendwann einmal durch äußere Einflüsse zu Bruch geht: das Virusgenom übernimmt dann die Leitung der Geschäfte und sorgt ausschließlich für eine Phagenvermehrung. Der Wirt muß seine gesamten Produktionseinrichtungen und seine Energieversorgung in den Dienst dieser Aufgabe stellen und er muß schließlich daran zugrunde gehen.

Das Modell der latenten Phagen trifft in groben Zügen auch auf die DNA-Tumorviren zu. Auch Polyoma und SV-40 verschwinden nicht völlig aus den transformierten Zellen. „Heiße Spuren" deuten auch in scheinbar virusfreien Tumorzellen auf ein Virus hin.

Auf den Spuren maskierter Tumorviren: Virusspezifische Antigene

Erste Spuren konnte man mit immunologischen Methoden lesen: in virustransformierten Zellen finden sich Antigene, die in normalen Zellen fehlen. Diese Antigene sind je nach transformierendem Virus verschieden: so gibt es beispielsweise polyomaspezifische und SV-40-spezifische Antigene.

Solche virusspezifischen Antigene wurden im *Zellkern* transformierter Zellen entdeckt. Man hat sie T-Antigen (Tumor-Antigen) genannt: Hamster, die polyoma-induzierte Tumoren tragen, produzieren Antikörper gegen polyomaspezifisches Kernantigen. Markiert man diese Antikörper mit fluoreszierenden Farbstoffen, dann lassen sich die Antigene im Mikroskop nachweisen: Zellen mit T-Antigen zeigen nach der Inkubation mit markiertem Antikörper hell fluoreszierende Kerne, Zellen ohne Antigene bleiben dunkel.

Das T-Antigen ist kein Bestandteil des Virus, etwa ein Protein aus der Proteinhülle; seine Funktion ist noch ungeklärt. Neuere Untersuchungen haben ergeben, daß es virusinduzierte Tumorzellen gibt, die kein T-Antigen enthalten. Danach dürfte dieses Antigen für die Transformation entbehrlich sein.

Virusspezifische Antigene sind auch auf den *Zellmembranen* transformierter Zellen lokalisiert (S-Antigene für surface antigens, engl.). Diese Antigene sind für die Abstoßung transplantierter Virustumoren verantwortlich. Wie wir im letzten Kapitel gesehen haben, gelingt es, Tiere gegen transplantierte Virustumoren in begrenztem Umfang immun zu machen. Versucht man auf solche resistenten Tiere ein zweites Mal den gleichen Virustumor zu überimpfen, so wachsen die übertragenen Tumorzellen nicht an, vorausgesetzt, daß nicht zu viele Zellen transplantiert wurden.

Die Lokalisierung dieser Transplantations-Antigene auf den Zellmembranen ist gut gesichert:

1. Ganz allgemein nimmt man an, daß Transplantationsantigene auf den Zelloberflächen sitzen. Nur dann ist eine unmittelbare Reaktion zwischen transplantierter Zelle und abwehrender Immunzelle (Lymphocyt) möglich.
2. Immunreaktionen lassen sich statt mit intakten virustransformierten Tumorzellen auch mit sogenannten Zellschatten (engl. ghosts) auslösen. Diese Schatten sind die Hüllen von in hypertonischer Salzlösung geplatzten Zellen, die aber die Oberflächensubstanzen der ursprünglichen Zelle weitgehend bewahrt haben.

Antigene Substanzen des Viruspartikels selbst (Proteinuntereinheiten) sind wiederum nicht mit dem S-Antigen identisch. Die S-Antigene werden von der transformierten Zelle auf Anweisung des Virus produziert. Verschiedene Zellrassen produzieren das gleiche Antigen, wenn sie vom gleichen Virus transformiert wurden (vgl. S. 114).

Fragen wir nun nach der biologischen Bedeutung dieser Transplantationsantigene. Transplantationen und die Abstoßung von Transplantaten sind recht künstliche Situationen, sozusagen biologische Ausnahmefälle, die nur im Experiment verwirklicht werden können. Dennoch gibt es gute Hinweise, daß virusspezifische Substanzen vom Typ der Transplantationsantigene auch bei der „normalen" Entstehungsgeschichte eines Virustumors eine Rolle spielen.

Die veränderten Antigenstrukturen der Tumorzelle alarmieren die Immunabwehr des Wirtsorganismus. Die transformierten Zellen erscheinen „neu" und „fremd" und setzen dadurch Verteidigungsmaßnahmen in Gang. Das Virus hat körpereigene Zellen „verfremdet". Diese Verfremdung hat offensichtlich zwei Effekte:

1. Einmal fällt die verfremdete Zelle aus dem Ordnungsgefüge des Gesamtorganismus heraus; sie unterwirft sich nicht mehr den Regeln der Gemeinschaft und wird so zur Tumorzelle.
2. Gerade diese Verfremdung aber bietet nun auch dem Wirtsorganismus eine Handhabe, die Tumorzellen als „Fremdmaterial" abzustoßen.

Nach dieser Auffassung stehen die S-Antigene im Mittelpunkt der viralen Tumorgenese: je mehr diese Antigene eine Zelle verfremden, um so leichter wird sie den normalen Regulationssignalen ausweichen können, um so mehr ist sie aber dann auch durch die Immunabwehr des Körpers gefährdet. Diese Beziehung leuchtet ein, durch harte experimentelle Tatsachen ist sie aber bisher noch nicht belegt.

Virusspezifische Antigene sind nicht die einzigen „Fingerabdrücke“ der Tumorviren in transformierten Zellen geblieben. Als besonders verräterische Spuren erwiesen sich virusspezifische Ribonucleinsäuren.

Auf den Spuren maskierter DNA-Tumorviren: Virusspezifische Ribonucleinsäuren

Transformierte Tumorzellen produzieren virusspezifische messenger-RNA.

Der Nachweis dieser speziellen messenger-RNA gelingt mit der sogenannten DNA-RNA-Hybridisierungstechnik; zu ihrem Verständnis müssen wir etwas weiter ausholen.

Messenger-RNA übernimmt die genetische Information der DNA, d. h. sie kopiert stückweise die Nucleotidsequenz der DNA. Messenger-RNA und DNA sind daher einander komplementär, wobei allerdings ein einzelner messenger immer nur kurze Sequenzbereiche der DNA umkopiert. Mischt man nun DNA und messenger-RNA aus der gleichen Zelle miteinander, so

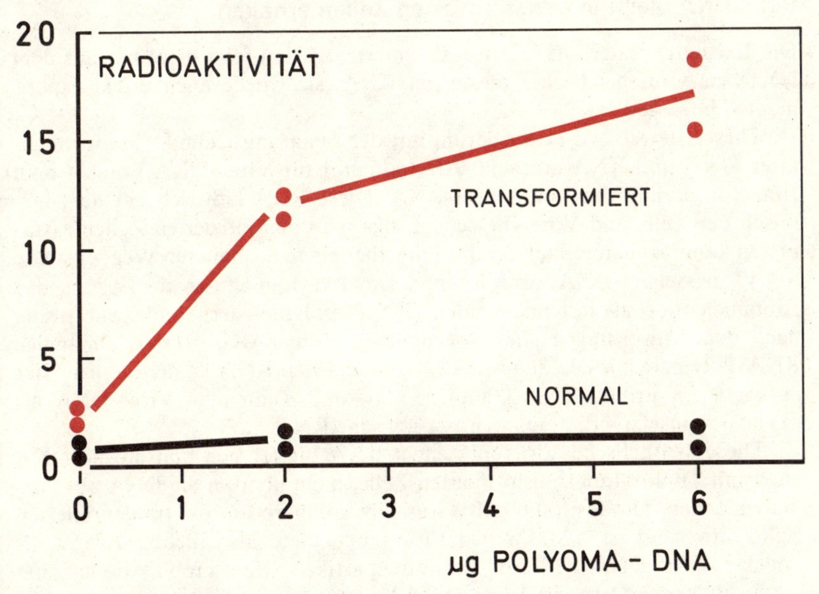

Hybridisierungsexperimente mit Virus-DNA und Zell-RNA Radioaktiv markierte RNA aus normalen (●) und transformierten (●) Zellen wurde mit steigenden Mengen Polyoma-DNA hybridisiert (10^5 = 100 %). Nicht hybridisierte RNA wurde entfernt und nur die gebundene Aktivität gemessen.

lagern sich die einander entsprechenden Nucleotidsequenzen zusammen. Die DNA/RNA-Komplexe lassen sich abtrennen und quantitativ bestimmen. Mischt man dagegen irgendwelche DNA mit irgendwelchen Messengern zusammen, so wird man in der Regel nur eine geringe Assoziation finden.

Auch die Informationen der Virus-DNA werden zunächst auf RNA-Moleküle umkopiert, und auch diese virusspezifischen messenger-RNA lassen sich mit Virus-DNA hybridisieren. Virusspezifische m-RNA ist also definiert als eine RNA, die mit Virus-DNA hybridisierbar ist.

Versucht man, RNA aus nicht infizierten normalen Zellen mit Virus-DNA zu hybridisieren, so findet keine Paarung statt. Isoliert man dagegen RNA aus transformierten Zellen, und hybridisiert sie mit Virus-DNA, so findet eine teilweise Hybridisierung zwischen RNA und DNA statt: Allerdings läßt sich nur ein sehr kleiner Bruchteil der Gesamt-RNA einer transformierten Zelle paaren, die Bindung an die Virus-DNA ist aber hoch signifikant (Abbildung S. 147).
Dies bedeutet, daß auch in transformierten Zellen virusspezifische RNA vorkommt, obwohl die Viren selber unsichtbar bleiben.

Diese neue Spur weist unmittelbar auf die Virus-DNA hin, denn woher sollte die Zelle sonst die Informationen für diese RNA bekommen?

Virus-DNA bleibt in transformierten Zellen erhalten

Die Existenz viraler DNA in transformierten Zellen folgt nicht nur aus dem Nachweis virusspezifischer messenger-RNA, sie wurde auch direkt experimentell bewiesen.

Dieser Beweis wurde wiederum mit der „Paarungstechnik" komplementärer DNA und RNA erbracht. Als Indikator für Virus-DNA braucht man zunächst einmal Virus-messenger-RNA. Diese RNA läßt sich aus dem Gemisch der Zell- und Virus-messenger, das man aus infizierten Zellen extrahieren kann, isolieren. Dulbecco wählte aber einen eleganteren Weg; er stellte SV-40-messenger-RNA künstlich her. Dazu verwendete er ein Enzym, das Ribonucleotide zu Polynucleotiden (RNA) polymerisiert, und zwar streng nach den Anweisungen einer sogenannten Primer-DNA (DNA-abhängige RNA-Polymerase). Die Sequenz der synthetischen RNA ist der Sequenz der zugegebenen Primer-DNA komplementär, und wenn man Virus-DNA als „Primer" einsetzt, erhält man virusspezifische RNA.

Diese synthetische Virus-messenger-RNA bindet sich nun an die DNA einer mit Tumorviren transformierten Zelle, nicht aber an die DNA aus normalen Zellen. Daraus folgt, daß Virus-DNA dauernd in der transformierten Zelle anwesend ist. „Maskiertes Virus" bedeutete also nichts anderes als „nackte Virus-DNA", „Kern" des Viruspartikels. Eine grobe Abschätzung ergab, daß etwa 10—50 Virus-DNA-Exemplare pro Zelle vorliegen. Alle Kopien sind im Zellkern lokalisiert. Wenn man die Beobachtung hinzunimmt, daß die Transformation besser gelingt, wenn in den Zellen gerade DNA-Synthese abläuft, dann kann man zu der Anschauung kommen, daß die

Virus-DNA in die DNA der Wirtszelle eingebaut wird. Bei jeder Zellteilung teilt sich die Virus-DNA mit. Würde sie das nicht tun, so müßte sie allmählich verloren gehen, und dies wurde nie beobachtet.

Streng genommen beweist die Nucleinsäuren-Hybridisierungstechnik eigentlich nur, daß zumindest Teile der Virus-DNA in der transformierten Zelle existieren. Eine neue Technik erlaubt nun den weiter gehenden Schluß, daß das gesamte Virusgenom eines SV-40-Virus in einer transformierten Zelle erhalten bleiben kann.

Demaskierung des Tumorvirus: Zellverschmelzung erzwingt Virusproduktion

In den letzten Jahren ist es gelungen, Säugetierzellen miteinander zu verschmelzen (Ephrussi, Harris). Bei diesem Prozeß entstehen zunächst Zellen mit zwei oder mehr Zellkernen; später bildet sich ein einziger Kern, der aber dann die Chromosomen beider „Elternzellen" enthält.

Normalerweise sind solche Zellverschmelzungen zwischen Zellen höherer Organismen selten. Ihr Nachweis gelingt gewöhnlich nur in Spezialfällen, in denen die durch Verschmelzung gebildete „Superzelle" gegenüber den einfachen Elternzellen selektiv im Vorteil ist. Es gibt allerdings einen Trick, die Zellverschmelzung zu erzwingen. Der Trick besteht darin, daß man die zu verschmelzenden Zellen mit Sendai-Virus behandelt. Dieses Virus — es erhielt seinen Namen nach einem Ort in Japan — macht normalerweise eine grippeähnliche Erkrankung. In Zellkulturen jedoch kann es Zellverschmelzungen einleiten: das Virus enthält offensichtlich einen „Fusionsfaktor", der die Zellwände für die Fusion vorbereitet. Die Verschmelzung gelingt auch mit „toten", UV-inaktivierten Sendai-Viren. Dies hat den wesentlichen Vorteil, daß es nach der Zellverschmelzung nicht zu einer Produktion von Sendai-Viren kommt.

Koprowski hat nach der Sendai-Methode eine ganze Reihe transformierter Zellen (scheinbar „ohne" Virus) mit normalen Zellen, in denen eine Virusproduktion stattfinden kann, fusioniert. In den entstandenen, mehrkernigen Zellhybriden lief dann die Virusproduktion an. Die „produktive Zelle" wandelt das „maskierte Virus" der transformierten Zelle in ein produktives Virus um (Abbildung S. 143).

Diese Experimente beweisen zweierlei:

1. Auch in transformierten Zellen kann das Gesamtgenom des Virus erhalten bleiben, denn nach der Verschmelzung werden wieder komplette Virusteilchen hergestellt.
2. In einer transformierten Zelle unterbleiben also offensichtlich Reaktionen, die schließlich zur Produktion fertiger Viren führen. So findet beispielsweise keine Synthese von Hüllproteinen statt; die Massenproduktion von Virus-DNA bleibt aus. Eine transformierte Zelle hält „ihr" Virus unter Kontrolle.

Die Virus-DNA ist für die Transformation verantwortlich

Wir haben gesehen, daß transformierte Zellen immer noch Virus-DNA enthalten. Es gibt nun einen einfachen Beweis, daß diese DNA auch für die Transformation von entscheidender Bedeutung ist. Dieser Beweis gelang zuerst mit Polyoma (Stewart).

Polyoma läßt sich wie viele andere Viren in seinen Nucleinsäurekern und in seine Proteinhülle zerlegen. Die Nucleinsäurefraktion kann dann gereinigt und beispielsweise zu Hamsterzellen gegeben werden. Dabei werden Zellen zu Tumorzellen transformiert, genauso wie wenn die Kulturen mit intaktem Polyoma behandelt worden wären. Auch am Tier erwies sich Polyoma-DNA als carcinogen. Proteinpräparationen bleiben dagegen immer wirkungslos. Der Schluß ist eindeutig: die Nucleinsäure des Tumorvirus ist für die Transformation verantwortlich.

Die Tumorvirologen haben damit einen alten Erfahrungssatz der Virusforschung bestätigt: „Die Nucleinsäuren sind an allem schuld". Schon 1956 hatte Schramm am Beispiel des Tabakmosaikvirus (TMV) nachgewiesen, daß die Nucleinsäure aus TMV die gleichen Löcher in Tabakblätter fressen kann wie intakte Virusstäbchen, und auch beim TMV waren Proteinextrakte wirkungslos geblieben. In den folgenden Jahren gelang es, aus zahlreichen Viren solche „infektiösen Nucleinsäuren" zu extrahieren. Infiziert man mit diesen infektiösen Nucleinsäuren empfindliche Zellen, so werden wieder komplette Viruspartikel produziert, genau wie nach einer Infektion mit intakten Viren.

Die Nucleinsäuren enthalten also alle „Informationen", die ein Virus braucht, um sich in einer Zelle zu vermehren. Virus-DNA und Virus-Genom sind identisch. Den Chromosomen eines höheren Organismus entspricht der Nucleinsäurekern eines Virus. Virustumoren werden also letzten Endes durch die Gene des Virus induziert.

Ein DNA-Tumorvirus enthält nur wenige Gene

Ein „alter" Lehrsatz der Molekulargenetik lautet: „Ein-Gen-Ein-Enzym". Was für Bakterien und Pilze richtig ist, gilt auch für Viren. Auch die Gene eines Virus verschlüsseln Enzyme und Proteine: Enzyme, die zusätzlich zu den Enzymen der Wirtszelle für die Virusvermehrung sorgen; Proteine, die den Stoffwechsel der Zelle umsteuern, und schließlich Proteine, die die Eigenschaften der Zellmembranen verändern.

Schätzen wir einmal ab, wieviel Gene die DNA eines Polyoma- oder SV-40-Virus repräsentiert. Ein Einzelstrang Polyoma-DNA enthält etwa 5 000 Basen — wie man leicht aus dem Molekulargewicht der intakten DNA berechnen kann. Aus der Molekulargenetik wissen wir, daß drei Nucleotide eine bestimmte Aminosäure festlegen. Die gesamte DNA eines Polyoma- oder eines SV-40-Virus kann demnach etwa 1700 Aminosäuren verschlüsseln. Etwa ein Viertel davon wird benötigt, um die Aminosäuren des Hüllproteins zusammenzubauen. Der Rest würde ausreichen, um für etwa 4—8 kleinere Proteinmoleküle die Baupläne zu liefern. Die maximale Zahl genetischer Faktoren, die ein Polyoma-Virus in eine Zelle einbringen kann, wäre demnach kaum größer als 5—10.

„Da ein Tumorvirus (also) nur wenige Gene besitzt, sollte es relativ einfach sein, diejenigen zu identifizieren, die für die Tumorinduktion verantwortlich sind, und dabei herauszufinden, welche Funktionen diese Gene in den infizierten Zellen haben" (Dulbecco).

Dazu müssen wir nun zunächst einmal einen Katalog der bisher bekannten „virusspezifischen Ereignisse" aufstellen, die eintreten, wenn ein Virus eine Zelle infiziert hat.

Welche Gene sind transformationsverdächtig?

1. Nach der Virusinfektion steigt bei „ruhenden Zellen" die DNA-Synthese der Zelle. Auch die Enzyme, die für die Vermehrung der DNA benötigt werden, werden in erhöhtem Maße gebildet.
   Die zelluläre DNA-Synthese ist bei einer „ruhenden" Zelle gebremst. Die Viren sind also offensichtlich in der Lage, diese Bremse zumindest teilweise zu lösen. Diese Virusfunktion empfiehlt sich daher als eine Funktion, die für die Tumorgenese von Bedeutung sein könnte.
2. Transformierte Zellen enthalten „neue", sogenannte Surface-Antigene, die sich bei Transplantationen dieser Tumorzellen zu erkennen geben. Diese Antigene werden wohl vom Virus und nicht von der Zelle kodifiziert (vgl. S. 146).
3. Neben den Transplantationsantigenen enthalten die Kerne infizierter Zellen ein weiteres virusspezifisches Antigen, und auch dieses Antigen ist nicht mit Komponenten des Viruspartikels identisch. Es scheidet allerdings aus dem Kreis der Tumorkandidaten aus, denn es wurden in der letzten Zeit Tumorzellen entdeckt, die ohne T-Antigene auskommen.
4. Auffälligstes Merkmal eines Virus ist seine äußere Struktur, d. h. seine Proteinhülle. In den transformierten Zellen werden aber keine Hüllproteine hergestellt. Diese Proteine sind offensichtlich für eine Transformation entbehrlich. Das entsprechende Gen scheidet also als „Tumorerzeugendes" Virusgen aus.

Zu diesen Virusfunktionen kommen nur noch einige wenige weitere, deren Diskussion aber hier zu weit führen würde. Unser Katalog zeigt also, daß die meisten der möglichen Virus-Gene bereits entdeckt wurden. Der Kreis der verdächtigen Gene ist daher nicht nur klein, sondern in Grunde schon bekannt.

Erste Wetten wurden bereits abgeschlossen: die Virusfunktionen, die DNA-Synthese induzieren können, liegen dabei gut im Rennen (siehe oben unter 1.): vor allem aber sind die Oberflächenantigene (vgl. 2.), die sich als

Transplantationsantigene zu erkennen geben, in hohem Maße transformationsverdächtig, da sie ja eine Zelle „verfremden".

Wetten allein aber genügt nicht, doch die Experimente sind klar, die eine endgültige Entscheidung treffen können: man erzeuge Mutationen in den einzelnen Genen des Virusgenoms, blockiere damit abwechselnd alle Funktionen des Virus und prüfe, ob ein solches Virus immer noch oncogen ist. Auf diese Weise müßte es sich leicht herausfinden lassen, welche dieser Funktionen für die Transformation unerläßlich ist.

Diese Experimente scheinen einfach zu sein, doch die kurze Liste von nur wenigen Genen eines Polyoma-Virus muß nicht bedeuten, daß die genetische Analyse unkompliziert sein wird. Einzelne Genprodukte könnten miteinander in komplexe Wechselwirkungen treten und so — trotz einer sehr geringen Zahl von „Urgenen" — zu einer großen Vielzahl phänotypischer Endprodukte führen.

Wechselwirkungen sind natürlich auch zwischen Zell- und Virusprodukten zu erwarten; auch dadurch könnten einige wenige Virusfunktionen schließlich zu zahlreichen Veränderungen führen, die alle virusspezifisch wären. Wir müssen daher noch einmal die Rolle der Zelle bei der Transformation diskutieren.

Noch einmal die Rolle der Zelle

Im System Virus-Zelle tragen beide Verantwortung, und die Verantwortung der Zelle ist dabei sicher nicht klein. Es kommt nicht allein auf das Tumorvirus an: das gleiche Shope-Papillom-Virus erzeugt auf Hauskaninchen schnell wachsende, bösartige Tumoren, bei wilden Kaninchen entstehen nur langsam wachsende, gutartige Papillome. Polyoma kann auf sehr jungen Tieren zu Zellzerstörungen führen, ohne daß Tumoren entstehen müssen. Am deutlichsten aber wird die Verantwortlichkeit der Zelle bei einigen reinen Zellstämmen, die in Gewebekultur gehalten werden: der Hamsterzellstamm BHK und die Mäusezellen 3T3 lassen sich mit SV-40 transformieren, ohne daß eine nennenswerte Virusvermehrung erfolgt. In anderen Zellstämmen findet dagegen fast ausschließlich Virusproduktion statt.

Die Zelle kann also weitgehend Art und Verlauf der Infektion bestimmen, die Zelle stellt die Weichen, ob es zur Bildung einer Tumorzelle oder aber zur Virusproduktion kommt. Eine Zelle auf dem Weg zur Transformation ist offensichtlich in der Lage, die Vermehrung eines DNA-Tumorvirus zu unterdrücken (Produktion der Hüllproteine und Massenproduktion der Virus-DNA bleiben dann aus).

Die Kontrolle der Zelle ist radikal: die Zelle verbietet, daß die Virus-DNA alle ihre Informationen in messenger-RNA übersetzt: Auf dem Niveau der Transkription findet eine Zensur statt.

Hybridisierungsexperimente ergaben, daß in transformierten Zellen weniger Virusinformationen abgelesen werden als in produktiven Zellen. Daraus läßt sich der Schluß ziehen, daß schon auf dem Niveau der Transkription (DNA → mRNA) die Entscheidung gefällt wird, ob es zur Transformation oder zur Produktion kommt. In neuester Zeit wurden allerdings Bedenken angemeldet und man meint, daß die Kontrolle auf der Ebene der Translation erfolgt (vgl. S. 169).

Die Zelle ist danach eigentlich an der Virusproduktion und so an ihrem eigenen Tod schuld. Könnte sie vielleicht auch für die Transformation verantwortlich sein?

Unterstellen wir einmal, daß jede Zelle potentiell die Fähigkeit besitzt, sich zu teilen. „Leben möchte wachsen und sich teilen (Szent-Györgyi)". Dazu bedarf es keines Stimulus, lediglich einer günstigen Gelegenheit, meint Bullough; „Gelegenheit macht Mitosen". Ganz sicher gilt dies für Einzelzellen, aber auch die Zellen eines höheren Organismus scheinen nicht ganz den Urzustand unkontrollierten Wachstums vergessen zu haben.

Nach dieser Auffassung müßte ein Tumorvirus eigentlich eine Zelle nur noch zum „Weglaufen" veranlassen. Das Virus gäbe dabei lediglich den Anstoß; weglaufen kann die Zelle von allein. Die von einem Tumorvirus induzierten Funktionen und Merkmale hätten demnach nur mittelbar etwas mit den neoplastischen Eigenschaften einer Zelle oder auch gar nichts damit zu tun.

Faszinierender allerdings ist die Vorstellung, daß das *Virus selbst* in der Lage ist, eine Zelle auf neoplastischem *Kurs* zu *steuern.* Dann aber würden die vom Virus gesetzten Veränderungen mehr oder weniger direkt, in jedem Falle aber verantwortlich zur Transformation führen. Es gibt im Augenblick keine guten Gründe, warum man dies den Tumorviren eigentlich nicht zutrauen sollte. Die Lösung des Virus-Krebsproblems wäre aber dann in Sicht: es läßt sich absehen, wie lange man wohl braucht, um alle genetischen Funktionen eines Tumorvirus durchzuprüfen.

Ein Seitenblick auf RNA-Tumorviren

RNA-Tumorviren können sich, im Gegensatz zu den bisher besprochenen DNA-Tumorviren, in infizierten Zellen vermehren, ohne die Wirtszelle abzutöten. Mehr noch, Zellen, die durch RNA-Tumorviren transformiert wurden, können immer noch Viren produzieren. Zu diesen Viren gehören beispielsweise das Rous-Sarkom-Virus (RSV) und die Leukose-Viren.

Auch bei Tumorzellen, die durch RNA-Tumorviren induziert wurden, sind die Zellmembranen verändert und auch hier wurden Transplantationsantigene entdeckt. RNA-Tumorviren könnten also Normalzellen ebenso „verfremden" wie DNA-Tumorviren.

Bestimmte RNA-Tumorviren sind auf sogenannte „Helfer-Viren" angewiesen: Nur wenn Helfer-Viren mit von der Partie sind, kommt es zur Virusproduktion. Der Grund: Nur diese Helfer können Hüllen produzieren; die „eigentlichen" Tumorviren schlüpfen schließlich auch in diese Helfer-Hüllen.

Doch RNA-Tumorviren hatten noch mehr Überraschungen bereit: Schon 1964 hatte Temin postuliert, daß diese Viren eine spezifische DNA nach den Anweisungen (Basensequenz) ihrer RNA konstruieren; also gerade das Gegenteil, was normalerweise passiert. Mit dieser Annahme schien es ihm leichter zu verstehen, daß 1. Zellen, die durch RNA-Tumorviren transformiert wurden, auch transformiert bleiben, m. a. W. daß die Transformation „vererbt" wird und daß 2. zur Einleitung der Transformation nach der Virusinfizierung DNA-Synthese stattfinden muß.

Wenn diese Annahme richtig ist, dann müßten RNA-Tumorviren ein Enzym enthalten, das DNA-Stränge nach dem Vorbild der Virus-RNA polymerisiert. Eine solche Polymerase wurde tatsächlich entdeckt (Temin, Baltimore und Spiegelman); sie ist in gereinigten Viren enthalten und macht DNA/RNA-Doppelstränge. (Ganz offensichtlich muß nicht alle Information von der DNA ausgehen.)

Damit könnten sich die RNA-Tumorviren sehr eng an die oncogenen DNA-Viren anschließen, und ein „Seitenblick" auf diese Viren wäre eigentlich nichts weiter als ein „Rückblick" auf die DNA-Tumorviren.

Zusammenfassung

DNA-Tumor-Viren führen gelegentlich ein Doppelleben: in der Gewebekultur können sie

1. die Zellen abtöten (cytopathischer Effekt) oder
2. die Zellen transformieren. Dabei entstehen direkt neoplastische Zellen, die entgegen den Regeln der „Kontakthemmung" über Nachbarzellen hinweg wachsen. Beim Transplantieren auf geeignete Tiere entstehen Tumoren. Die Entscheidung über Produktion und Transformation kann die infizierte Zelle treffen.

In virusinduzierten Tumoren, aber auch in transformierten Zellen können die Viren „verschwinden". Maskierte Tumorviren verraten sich aber durch virusspezifische Antigene und durch virusspezifische messenger-RNA. In transformierten Zellen bleibt also Virus-DNA nachweisbar.

Ein DNA-Tumorvirus (beispielsweise Polyoma) enthält nur wenige Gene (weniger als 10). Ihre genaue Analyse sollte Rückschlüsse erlauben, welche Schritte für die Transformation einer Normalzelle in eine Tumorzelle unerläßlich sind. Für einen Tumorvirologen reduziert sich das Problem der Carcinogenese „von einem Problem der Zellgenetik zu einer Aufgabe der Virusgenetik. Die Vereinfachung geht über mehrere Größenordnungen" (Dulbecco).

Genetik und Krebs

Virchows „Zellularpathologie“ hatte die Zelle in den Mittelpunkt der Lehre von den Krankheiten gestellt: Zellen, die Träger des Lebens, sind auch Sitz der Krankheiten. Wer etwas über Krankheiten erfahren will, muß daher vor allem die Zellen studieren.

Die moderne Pathologie blieb aber hier nicht stehen. Virchows Zellen erwiesen sich als ungeheuer kompliziert aufgebaute Gebilde mit eigenen Steuerorganen, Energieversorgungsbetrieben und Produktionsanlagen. Doch auch diese Zellbestandteile sind noch sehr komplexe Strukturen, aus sehr vielen Molekülen der verschiedensten Typen zusammengesetzt.

Ganz folgerichtig ist daher die Molekularpathologie von kranken Zellen zu „kranken Molekülen“ (Pauling) weitergegangen. „Krank“ sind Moleküle dann, wenn sie durch irgendeinen Konstruktionsfehler nicht mehr in der Lage sind, die ihnen innerhalb einer Zelle und eines Organismus auferlegten Leistungen zu vollbringen.

Klassische Beispiele sind die Hämoglobine, also die Moleküle, die für den Sauerstofftransport zuständig sind. Der Austausch einer einzigen Aminosäure in einer Peptidkette des Hämoglobins durch eine „falsche“ Aminosäure kann zu einem Hämoglobinmolekül mit völlig veränderten Eigenschaften führen. Am bekanntesten sind die Sichelzellhämoglobine geworden: In diesem Fall läßt sich schon grob morphologisch am bloßen Aussehen der Erythrocyten erkennen, daß „defekte“ Hämoglobinmoleküle vorliegen. Die genaue chemische Analyse zeigte, daß in einer Peptidkette des Sichelzellhämoglobins lediglich die Aminosäure Valin gegen Glutaminsäure ausgetauscht wurde.

Sehr oft sind wichtige Moleküle nicht verändert, sondern fehlen mehr oder weniger vollständig. Hier scheint das Konzept eines „kranken“ Moleküls zu versagen. Doch gerade Beispiele dieser Art von molekularer Pathologie sind zahlreich: Diabetes mit Insulinmangel, Aglobulinämie, bei der Globuline fehlen, Phenylketonurie mit Ausfällen in der Enzymkette, die normalerweise die Aminosäure Phenylalanin abbaut u. a. m. Doch „hinter“ diesen fehlenden Molekülen stehen auch wieder falsche, „kranke“ Moleküle; gestörte Enzyme beispielsweise oder „mutierte“ DNA. Auch als man über den Krebs nachdachte, versuchte man, mit dem Begriff der „kranken Moleküle“ zu arbeiten. Doch welche Moleküle wären hier krank?

Eine Krebszelle führt — in der Regel — zu Tochterzellen, die auch wieder Krebszellen sind. Dieses „genetische Gedächtnis“ einer Tumorzelle läßt sich am einfachsten mit der Annahme verstehen, daß eben das genetische Material dieser Zelle verändert ist. Genetisches Material aber würde bedeuten: Chromosomen bzw. DNA.

Die Frage, welches Molekül nun denn in einer Krebszelle „krank“ ist, wäre also danach mit DNA zu beantworten. Allerdings wäre es vielleicht besser, nicht von einem „kranken“, sondern von einem „maßlosen Molekül“ zu sprechen (E. Bäumler). Diese Bezeichnung kennzeichnet sehr anschaulich die Situation: Die rücksichtslose Teilung ist damit ebenso erfaßt wie die Weitergabe dieses „Freiheitsdranges“ an die Tochterzellen, denn das maßlose Molekül ist das genetische Material selber.

Diese Idee, daß Chromosomen etwas mit Krebs zu tun haben, ist fast ebenso alt wie die Entdeckung der Chromosomen. Schon in den letzten zehn Jahren des 19. Jahrhunderts beobachtete man in Tumorzellen veränderte Chromosomenmuster und mitotische Anomalien, Unregelmäßigkeiten bei der Zellteilung. Theodor Boveri (1862—1915), Biologe in Würzburg, formulierte dann zu Beginn dieses Jahrhunderts seine *Chromosomentheorie maligner Tumoren* und faßte damit seine Beobachtungen zusammen: Tumorzellen enthalten danach eine von der Norm abweichende Chromosomenzahl; Ursache und Voraussetzung scheinen überstürzte Zellteilungen zu sein.

Chromosomenveränderungen in Tumorzellen: Das Philadelphia-Chromosom

Immer wieder wurden bei Tumorzellen von der Norm abweichende Chromosomenzahlen festgestellt. (Neben diploiden Zellen kommen tetraploide und höher polyploide Zellen vor; ebenso wie Chromosomensätze, in denen nur einige Chromosomen über- oder unterzählig vertreten sind). Dabei stellte es sich heraus, daß die meisten experimentellen Tumoren aus unheitlichen Zellpopulationen mit wechselnden Chromosomensätzen bestehen. Allerdings überwiegt häufig eine bestimmte Chromosomengruppierung („Stamm-Linie“).

Auch morphologisch veränderte Chromosomen lassen sich in Tumoren nachweisen. Solche „Marker“-Chromosomen erleichtern gelegentlich das Auffinden und die Diagnose bestimmter Tumorzellen. Bekanntestes Beispiel eines solchen Marker-Chromosoms ist das sogenannte Philadelphia-Chromosom. Es wurde bei Patienten mit chronischer myeloischer Leukämie entdeckt und kommt in Zellen des Knochenmarks und des Blutes vor. Sein Nachweis erlaubt eine gesicherte Diagnose. Im Namen blieb der Ort seiner Entdeckung der Nachwelt erhalten.

Das Philadelphia-Chromosom bildet aber eine Ausnahme. Normalerweise sind die quantitativen, aber auch die qualitativen Abweichungen von der Norm von Tumor zu Tumor, von Leukämie zu Leukämie verschieden. Da sich außerdem auch noch Zellen des „gleichen“ Tumors in ihrem Chromosomenhabitus unterscheiden können, besitzt die Cytogenetik — eben die

Wissenschaft vom Genmaterial einer einzelnen Zelle — als diagnostisches Hilfsmittel nur einen begrenzten praktischen Wert.

Immer wieder wurden Zweifel geäußert, ob die veränderten Chromosomensätze von Tumorzellen wirklich etwas mit den besonderen Eigenschaften dieser Zellen zu tun haben. Es wäre nämlich durchaus einleuchtend, daß bei Zellen, die rasch von Mitose zu Mitose laufen, rascher, als es ihrem „Naturell" eigentlich zukäme, daß bei solchen Zellen immer wieder Ungenauigkeiten beim Aussortieren der einzelnen Chromosomenpaare vorkommen müssen. Die überstürzten Teilungen würden daher mehr oder weniger notwendig zu den abnormen Chromosomengarnituren führen. Chromosomale Anomalien wären daher lediglich Folgeprodukt der Cancerisierung und nicht ihre Voraussetzung.

Wäre dies so, dann müßte es Tumoren mit einer völlig normalen Chromosomenausstattung geben. Tatsächlich wurden z. B. in der Reihe der sog. Minimalabweichungshepatome solche euploiden Tumoren festgestellt: Bei besonders langsam wachsenden Hepatomen dieser Serie konnten mit den üblichen Methoden der Cytogenetik keine Abweichungen von der Norm festgestellt werden. Diese Erkenntnis ist für die Humanpathologie allerdings keineswegs neu und überraschend: Bei menschlichen Tumoren scheinen normale Chromosomensätze die Regel zu sein.

Natürlich ist damit nicht ausgeschlossen, daß submikroskopische Veränderungen an den Chromosomen existieren und daß diese unsichtbaren Mutationen für die neoplastischen Eigenschaften der Tumorzelle entscheidend wichtig sind. Gerade nach solchen „unsichtbaren" Chromosomenveränderungen haben die Genetiker schon lange gesucht.

Erbfaktoren bei der Tumorentstehung: Tierstämme mit garantiertem Tumorbefall

Dr. Maud Slye hatte eine einfache Arbeitshypothese: wenn es ein oder auch mehrere Tumorgene gibt, dann sollte es möglich sein, diese Gene in ein Tier einzukreuzen oder auch wieder herauszuzüchten.

Grundsätzlich ist es einfach, irgendeine Eigenschaft, sagen wir einmal eine besondere Fehlfarbe, aus einer Mischpopulation zu isolieren. Werden nur solche Tiere weitergezüchtet, die das gewünschte Merkmal tragen, so kommt man im Lauf der Zeit zu Tieren, deren gesamte Nachkommenschaft dieses Merkmal trägt. Genau das Gleiche gilt, wenn man Tierstämme mit einem hohen Tumorbefall auslesen will: man braucht nur immer solche Tiere weiterzuvermehren, die eben einen bestimmten Tumor tragen. Bei der Züchtung reinerbiger Tumorstämme gibt es jedoch große Unbequemlichkeiten. Während man beispielsweise rasch sieht, ob eine Maus ein graues oder ein weißes Fell hat, muß man bei Tumortieren solange warten, bis sie — möglicherweise erst am Ende ihrer Lebensspanne — ihren Tumor bekommen. Erst dann kann man sagen, welche Kreuzung richtig liegt. In der Zwischenzeit müssen alle nachgekommenen Mäuse auf Verdacht gehalten werden, bis man weiß, welche dieser Nachkommen zur Weiterzucht in Frage kommen.

Maud Slye konnte bei den mehr als 200 000 Mäusen ihres „Mäusehauses" praktisch alle Tumoren sehen, die auch die Humanpathologie kennt. Viele ihrer Stämme entwickelten zu 100% Leukämie, Lungenkrebs, Mammacarcinome oder auch andere Krebsformen. Ohne äußere Einwirkung bekamen diese Tiere spontan ihre Tumoren, wenn sie nur genügend alt geworden waren. Damit war der Beweis gelungen, daß Krebs vererbbar ist. Die Existenz eines Krebsgens aber, an das Slye geglaubt hatte, wurde in der Folgezeit immer unwahrscheinlicher. Die Tumorgenetiker sind sich heute darin einig, daß die Entstehung eines Krebses nicht von einem einzigen, sondern von sehr vielen Faktoren abhängt.

Erinnern wir uns noch einmal an den Bittner-Faktor und den Brustkrebs bei Mäusen. Dort war das Virus, aber auch zugleich die genetische Konstitution der Maus wichtig. Aber was heißt in diesem Fall genetische Konstitution: a) Bestimmte Oberflächeneigenschaften der Zellen, die die Virusinfektion ermöglichen, können gemeint sein; b) ein genügend hoher Oestrogenspiegel gehört hierher, was wiederum bedeutet, daß Synthese und Abbau der weiblichen Sexualhormone in Follikeln und Leber aufeinander abgestimmt sein müssen. Doch damit ist die genetische Konstitution sicher noch nicht hinreichend beschrieben. Je mehr man weiß, um so mehr Faktoren wird man einbeziehen können und heute wird man sicher auch noch eine genetisch fixierte Immunabwehr mitdiskutieren wollen.

Oder denken wir an eine recessiv vererbbare Krankheit wie Xeroderma pigmentosum. Hier wird eine Überempfindlichkeit der Haut gegenüber Licht vererbt. In den ersten Lebensjahren entstehen an den belichteten Hautstellen Entzündungen, später kommt es zu einer Art Warzenbildung und schließlich zu Carcinomen. Dieser Krebs erscheint als Prototyp eines hereditären Krebses. In Wirklichkeit wird aber nicht der Krebs als solcher, sondern nur die Lichtempfindlichkeit vererbt.

Aber im Grunde gilt das nicht nur für genetisch bedingte Krankheiten, sondern für alle vererbbaren Merkmale überhaupt. Es werden allenthalben nur Anlagen und keine fertigen Merkmale weitergegeben. Gelegentlich mögen einfache Beziehungen zwischen Genotyp und Phänotyp, also zwischen Erbgut und Merkmalen bestehen, aber in der Regel ist das komplizierte Zusammenspiel zahlreicher Gene erforderlich, um komplexe Strukturen, wie ein Organ oder einen Flügel, auszubilden. Es sollte daher auch nicht verwundern, wenn Krebs nicht direkt, sondern nur als krebsfördernde Konstitution vererbt wird.

Allerdings müssen die Zusammenhänge zwischen Gen und Tumor nicht immer unübersichtlich sein. Verhältnismäßig einfache Analysen sind bei Tumoren möglich, die dann auftreten, wenn man nahe verwandte Arten miteinander kreuzt.

Tumorerzeugung durch Artkreuzung: Tumortragende Bastarde

Im Tier-, aber auch im Pflanzenreich gibt es zahlreiche Beispiele, in denen eine einfache Artkreuzung zur Tumorbildung führt. Bei Kohl *(Brassica)* erzeugt die Artkreuzung eine Tumordisposition, die eigentliche Tumorbildung wird dann durch Bodenbakterien ausgelöst. Bei Stechapfel, Löwenmäulchen, Kalanchoe, Tomate, Gerste u. a. lassen sich ebenfalls tumortragende Bastarde erzeugen. Am bekanntesten ist die „Herstellung" pflanzlicher Tumoren mit Tabakbastarden. Kreuzt man *Nicotiana glauca* mit *Nicotiana langsdorffii,* so entwickeln sich bei den F_1-Bastarden Tumoren, sowohl an der Wurzel, als auch am Sproß (vgl. S. 209).

Auch bei Tieren ist eine Tumorauslösung durch Bastardisierung keine Seltenheit. Man kennt sie bei Kreuzungen zwischen Entenarten, zwischen Hühnerrassen, bei Mäusebastarden, Grauschimmeln, Schmetterlingen u. a. Am genauesten untersucht sind Kreuzungen zwischen Zahnkarpfen, und hier wiederum weiß man am meisten über die Bildung von Melanomen (Anders).

Die Kreuzung zwischen den Zahnkarpfen *Platypoecilus maculatus* und *Xiphophorus helleri* — beide aus Mittelamerika — führt in der ersten Generation zu einer Ausweitung der schwarzen, melaninhaltigen Flecken der Rückenflosse. Auch die rötlich schimmernden Bezirke in der Umgebung der Farbflecke werden größer:

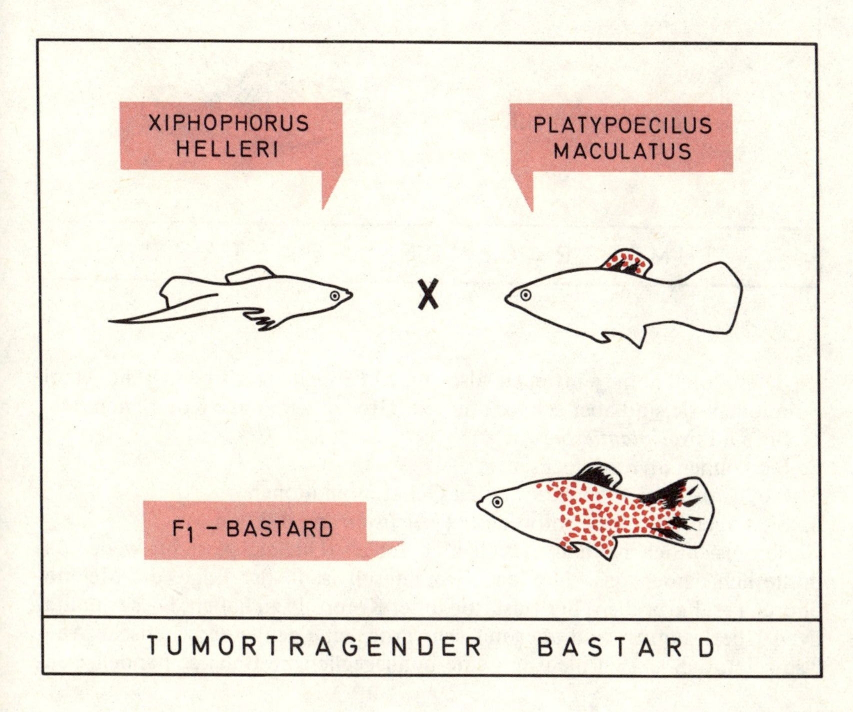

Wird dieser Bastard mit einem „fleckfreien“ *Xiphophorus* rückgekreuzt, lassen sich neue Bastarde erzeugen, die schon kurz nach der Geburt ausgedehnte Melaninflecken zeigen. Fast der gesamte Fischkörper ist außerdem von einer roten Grundfarbe überzogen. Die Flecken gehen innerhalb weniger Wochen in Melanome über, an denen die Tiere schließlich sterben:

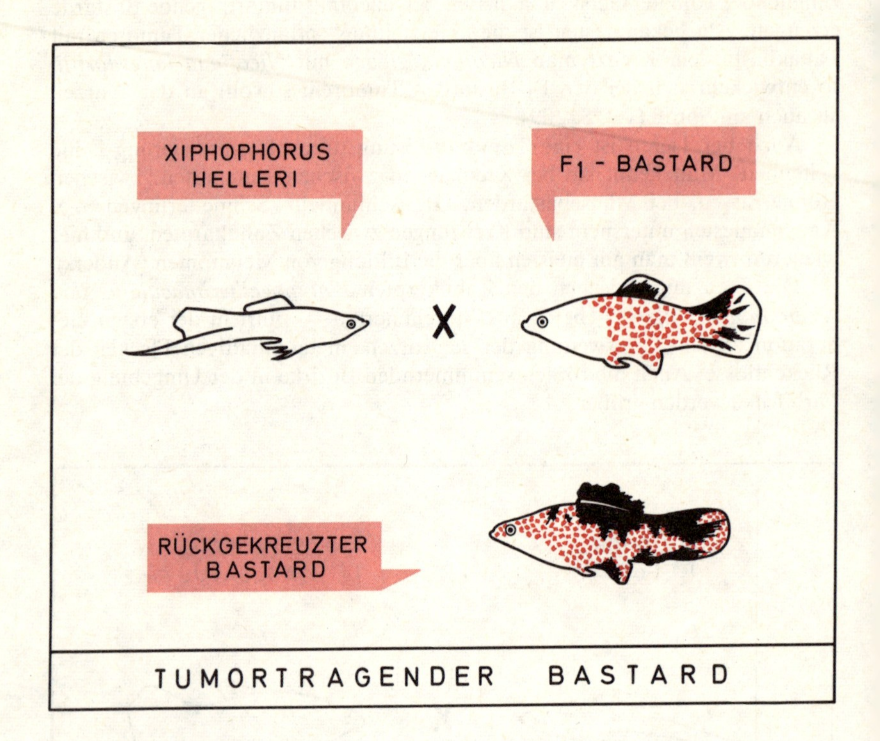

Diese Melanome entstehen also ausschließlich durch genetische Manipulationen; sie sind aber echte Tumoren. Greifen wir einige Kriterien heraus:

1. Sie sind *transplantierbar*
2. Sie können *invasiv* wachsen
3. Sie *metastasieren* bei bestimmten Genkombinationen
4. Sie haben Glykolysestoffwechsel (*Milchsäure*produktion).

Offensichtlich handelt es sich hier um ein Ungleichgewicht: weder das mütterliche, noch das väterliche Erbmaterial ist in der Lage, die Melanophoren (= Farbzellen) der Bastarde unter Kontrolle zu halten. Diese qualitativen Überlegungen sind aber nur sehr grob; eine genauere genetische Analyse zeigt, daß es sich nicht um eine unausgeglichene Balance handelt, sondern daß regulierende Gene des einen Partners durch das Einkreuzen nichtregulierender Gene des anderen Partners zunehmend verdünnt werden.

Betrachten wir doch zunächst einmal eine — stark vereinfachte — Genanalyse der beiden Paarungspartner. Zur Beschreibung der genetischen Konstitution brauchen wir für diesen speziellen Fall drei Gene (Abbildung S. 162):

1. Ein *Farbgen* (FG), das für die Ausbildung der Makromelanophoren bei Platypoecilus maculatus zuständig ist. Dieses Farbgen kann allerdings nicht allein darüber entscheiden, ob Farbzellen gebildet werden oder nicht. Dazu sind „Modifikationsgene“ notwendig, die darüber befinden, ob die Information des Farbgens tatsächlich auch verwertet wird. Zwei verschiedene Gensysteme kommen dafür in Frage:
2. *Repressionsgene* (RG) unterdrücken die Aktivität des Farbgens oder schränken sie zumindest stark ein. Dies gilt wiederum für P. maculatus. Von diesen Repressionsgenen weiß man, daß sie auf einem anderen Chromosom liegen wie das eigentliche Farbgen. Man muß also annehmen, daß ein von diesen Genen gesteuerter Repressor normalerweise nur eine wohldosierte Aktion des Farbgens zuläßt.
3. Zusätzlich zu diesen „Brems-Genen“ gibt es noch „Beschleunigungs-Gene“ *(Induktionsgene* = IG). Diese Gene fördern die Ausprägung der Melanophoren und zwar vermutlich auf eine sehr unspezifische Art und Weise. Sie erhöhen nämlich das Angebot an Aminosäuren und steuern darüber hinaus die Zusammensetzung des Aminosäurepools.

Mit Hilfe dieser Gene können wir die genetische Konstitution von Platypoecilus, Xiphophorus und deren Bastarde beschreiben und uns damit die Entstehung der Melanome verständlich machen (Abbildung S. 162).

Wir haben hier immer von Farbgenen gesprochen. Tatsächlich wird aber nicht nur die Synthese von Melanin entreguliert, sondern auch die „Synthese“ der melaninbildenden Zellen, der Melanophoren, selbst. Man könnte daher auch von einer Fehlregulation der Zellteilung eben dieser Melanophoren sprechen. Die sogenannten Farbgene wären danach gar nicht in erster Linie Farbgene, sondern Wachstumsgene. Diese Wachstumsgene sind im normalen Fall hinreichend reprimiert, im rückgekreuzten Bastard entfällt diese Bremse.

Wir können diesen Sachverhalt auch mit der „Chalon“-Terminologie (vgl. Kapitel S. 66) beschreiben: Chalone sind nach Bullough gewebsspezifische Substanzen, die im Gewebe selbst produziert werden und die die Wachstumsrate dieses Gewebes drosseln.

Mit diesem Chalonbegriff lassen sich auch Modelle für eine Tumorzelle entwerfen:

a) Eine Zelle kann unter dem Einfluß eines geringen Angebotes von Chalon stehen. Zellen unter Chalonmangelbedingungen müßten sich schneller teilen als normale Zellen.
b) Chalone müssen in irgendeiner Weise, direkt oder indirekt, DNA-Synthese und Mitosen beeinflussen. Dazu ist offensichtlich die Vermittlung eines Akzeptors erforderlich. Wird dieser Akzeptor geschädigt oder völ-

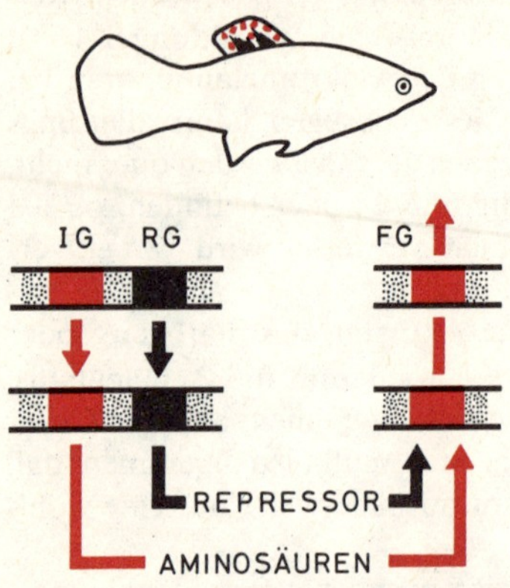

Farbgene (FG) werden durch Repressoren gebremst (RG). Die Förderung durch unspezifische Induktionsgene (IG) kann diese Bremse nicht überspielen.

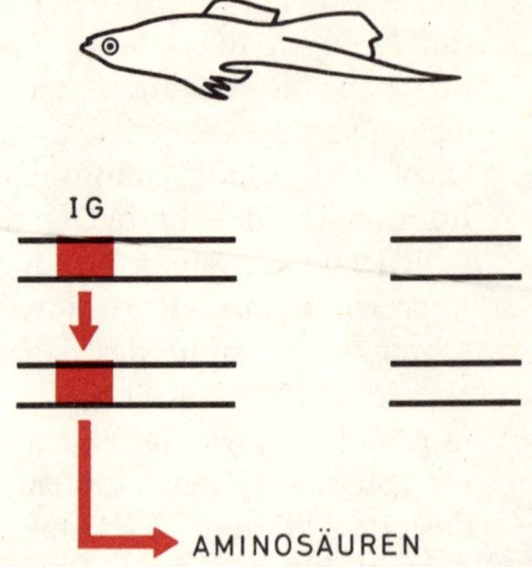

X. helleri hat in der Evolution kein Farbgen entwickelt. Daher fehlt auch das zugehörige Repressionsgen. Unspezifische Induktionsgene sind dagegen vorhanden.

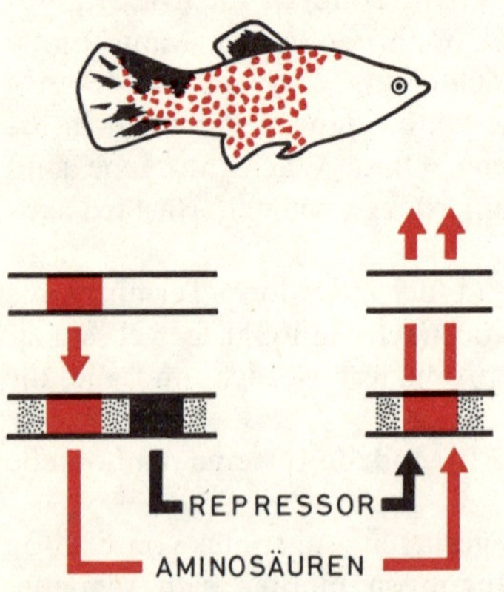

Partielle Enthemmung der Farbgene durch Wegfall eines Repressionsgenes. Die Induktionsgene bewirken jetzt eine Vergrößerung der Flecken und Tumoren.

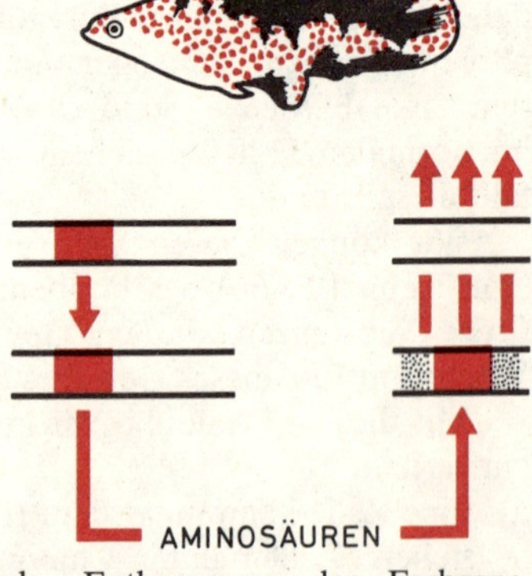

Starke Enthemmung der Farbgene, da Repressionsgene völlig fehlen. Förderung durch Induktionsgene führt hier zu schnell wachsenden Melanomen. (Nach Anders et al.)

lig inaktiviert, dann können die Chalone nicht angreifen, die gewebsspezifische Mitosebremse funktioniert nicht.

Doch zurück zu unseren Fischbastarden und ihren Genen: Das Repressionsgen entspricht dem Chalonproduzenten und damit indirekt dem Chalon, das Farbgen (FG) dem Chalonakzeptor. Wegfall des Repressors (Chalon) — also dem Produkt des Repressionsgens — kann dann unmittelbar zu einer erhöhten Teilung und damit zum Entstehen des Tumors führen.

Stellen wir noch einmal zusammen, welche Veränderungen am Genmaterial wir bis jetzt kennen gelernt haben:

1. Veränderungen des Chromosomenmusters und der Gestalt einzelner Chromosomen in vielen Tumoren weisen unmittelbar auf ein verändertes Genmaterial hin (vgl. Philadelphia-Chromosom).
2. Auch die Züchtung von Tumorstämmen beruht letztlich auf der Präexistenz veränderter Gene. In einer großen Tierpopulation sind offensichtlich genügend solcher zunächst verdeckter Genmutanten vorhanden, die in letzter Konsequenz zum Krebs führen und die es durch züchterische Maßnahmen eigentlich nur zu „konzentrieren“ gilt.
3. Schließlich führt auch die Herstellung eines Bastards zu einer Veränderung des Genmaterials, indem verwandte, aber nicht identische Chromosomen oder Chromosomenabschnitte ausgetauscht werden.

Wir haben bis jetzt die „Künstliche Carcinogenese“ ausgeklammert und müssen jetzt die Frage nachholen, welche Rolle das Erbgut bei der Erzeugung von Tumoren, beispielsweise mit Strahlen oder Chemikalien, spielt.

„Künstliche“ Carcinogenese und Erbgut

Wird Mäusen intramuskulär Methylcholanthren injiziert, so entwickeln sie Sarkome. In einer gemischten Mäusepopulation gibt es nun Tiere, die sehr stark reagieren, während einige überhaupt keine Tumoren bekommen. Selektioniert man diese „Ausreißer“, so lassen sich Tierstämme mit einer hohen und solche mit einer niedrigen Sensibilität gegenüber Methylcholanthren züchten. Aus diesen und ähnlichen Beispielen muß man den Schluß ziehen, daß auch die künstliche Tumorerzeugung vom Genbestand des Tieres abhängt. Ebenso wie bei den Spontantumorstämmen kann „genetische Konstitution“ hier vielerlei bedeuten: Verlust der Möglichkeit, die Carcinogene zu aktivieren, inkompetentes oder überkompetentes Immunsystem usw. usw. In einer gedachten Umgebung, in der etwa Methylcholanthren immer und unausweichlich anwesend ist, würde einzig und allein die genetische Konstitution den Ausschlag geben, ob Tumoren entstehen oder nicht. Die „Hierarchie der Ursachen“ kann sich also umkehren: für einen sensitiven Tierstamm mit konstantem Genbestand ist das Carcinogen, für Tiere, die einem konstanten Carcinogenspiegel ausgesetzt sind, jedoch das Erbgut *„primum movens“* der Tumorentstehung.

Gelegentlich scheinen Carcinogen und Vererbung in „die gleiche Kerbe zu hauen“: so gibt es Mäuse (z. B.: OC 28) mit genetisch fixiertem Lungenkrebs (allerdings nur 20% Tumorbefall). Diese Mäuse gehen nach „zusätzlicher“ Behandlung mit Diäthylnitrosamin in 100% der Fälle an Bronchialcarcinom zugrunde.

Die genetische Konstitution gewährt also entscheidende Schützenhilfe bei der Umwandlung einer Normalzelle in eine Tumorzelle durch einen carcinogenen Reiz. Doch wir können noch einen Schritt weitergehen und fragen, ob nicht schon die Carcinogene selbst mit dem Erbgut in Reaktion treten.

Betrachten wir noch einmal den tumortragenden Zahnkarpfenbastard in Abbildung S. 162. Dort waren die Repressoren, die das Zellwachstum kontrollieren, durch Kreuzung „herausverdünnt“ oder ganz eliminiert worden. Den gleichen Effekt müßte man erzielen, wenn durch einen direkten Angriff auf das Repressionsgen die Produktion des Repressors unterbunden würde. Ein solcher Angriff aber wäre nichts anderes als eine Mutation.

Gerade dieses ist der Inhalt der Mutationstheorie maligner Geschwülste (K. H. Bauer 1928, Whitman 1919): Carcinogene Reize (Strahlungen und Carcinogene) lösen Mutationen aus; Mutationen in wachstumsregulierenden Partien des Genmaterials sind für die neoplastischen Eigenschaften einer Tumorzelle verantwortlich. (Sprachliche Puristen sprechen hier lieber von der Mutationshypothese).

Diese carcinogen-induzierten Mutationen finden natürlich in Körperzellen statt und nicht in den Keimzellen. Dies bedeutet, daß die Veränderungen zwar auf die Nachkommen der mutierten Zelle, nicht aber auf die Nachkommen des Tieres weitergegeben werden. Die Mutationstheorie des Krebses heißt deswegen gelegentlich auch genauer Theorie der „somatischen Mutationen“.

Mutagene und carcinogene Aktivität können korreliert sein

Gute Mutagene sollten auch gute Carcinogene und umgekehrt, gute Carcinogene sollten auch gute Mutagene sein, wenn die Mutationstheorie richtig ist. Von Röntgenstrahlen weiß man schon sehr lange, daß sie mutagen, aber auch carcinogen wirken; das Gleiche gilt auch für die weichere Ultraviolettstrahlung. Doch nicht nur Strahlungen sind „doppelgesichtig“; auch eine ganze Reihe chemischer Mutagene sind gleichzeitig Carcinogene. Ein altbekanntes Beispiel sind die Senfgase.

In der Reihe der Nitrosamine ist die Korrelation zwischen Mutagenität und Carcinogenität gut erfüllt: je besser das Carcinogen, um so stärker ist es auch mutagen. Allerdings verliert der Beweis etwas an Beweiskraft, wenn man bedenkt, daß der Test auf Carcinogenität an Ratten, die Untersuchungen der Mutagenität aber an der Drosophila durchgeführt wurden. Diese im Grunde „inkommensurablen“ Testsysteme sind die eigentliche Crux jeder experimentellen Nachprüfung der „Genmutationshypothese“.

Für die meisten recht umfangreichen Listen, in denen die carcinogene und mutagene Aktivität verschiedener Substanzen miteinander verglichen werden, gilt diese Kritik, und es ist daher eigentlich nicht überraschend, wenn gelegentlich Substanzen beschrieben werden, die zwar mutagen, aber keineswegs carcinogen sind und umgekehrt.

So ist beispielsweise Methylcholanthren ein hervorragendes Carcinogen bei Mäusen und auch anderswo. Die Mutationsrate wird aber — und dies auch bei Mäusen — kaum heraufgesetzt. Auch bei Röntgenstrahlen bestehen beträchtliche quantitative Unterschiede: ein bestrahltes Tier reagiert viel empfindlicher mit Mutationen als mit Tumoren, also gerade umgekehrt wie bei Methylcholanthren. Ein echter Apologet der Mutationstheorie hat auch hier wieder einen überzeugenden Einwand zur Hand: Somatische Mutationen sind eben doch etwas anderes als Mutationen der Keimzellen. Allein die anatomische Topographie würde eine solche Annahme rechtfertigen.

Im strengen Sinn wäre es dann eigentlich nur zulässig, die carcinogenen Wirkungen einer Substanz mit deren Fähigkeiten zu vergleichen, somatische Mutationen auszulösen. Zu solchen rigorosen Vergleichen hat Smith beispielsweise Nicotiana, also wieder Tabak, herangezogen: bei bestimmten Tabakbastarden lassen sich Tumoren mit Strahlen induzieren. In der gleichen Pflanze ruft die Bestrahlung aber gleichzeitig somatische Mutationen bestimmter Farbgene hervor. Mutation und Carcinogenese liefen aber auf „getrenntem Kurs"; sie steuern verschiedene Zielzellen an. Nun, Pflanzentumoren finden in den Augen vieler Mediziner nicht allzuviel Gnade. Aber auch bei Tieren, wiederum bei Drosophila, mißlang der Versuch, somatische Mutationen mit der Entstehung von Tumoren in eine direkte Beziehung zu setzen.

Jedoch gibt es auch hier wieder gute Gegenargumente, auch hier hat sich die Mutationstheorie den „Weizen nicht verhageln lassen". Nehmen wir einmal an, daß irgendeine Prozedur oder irgendeine Substanz eine Mutation einer Körperzelle verursacht. Dann sollten unter diesen Mutationen einige beispielsweise die Produktion von Farbstoffen beeinflussen oder irgendwelche anderen „sichtbaren" Veränderungen setzen. Einige von ihnen aber würden eine Zelle zur Tumorzelle transformieren („Wachstumsregulationsmutante"). Diese Tumorzelle wäre jetzt gegenüber den anderen somatischen Mutanten ungeheuer bevorzugt: sie produziert in zunehmendem Maße Zellen ihres eigenen Schlages. Die anderen Mutanten müßten dem normalen Teilungsrhythmus des Gewebes folgen, d. h. sie könnten sich im Normalfall nur wenig vermehren. Es sollte daher ein seltenes Ereignis sein, eine somatisch mutierte Zelle anzutreffen, während es keineswegs ungewöhnlich sein müßte, auf eine Tumorzelle zu stoßen. Man vergißt immer wieder sehr leicht, daß auch ein makroskopisch sichtbarer Tumor aus mikroskopischen Anlagen hervorging, die dem beobachtenden Auge ebenso entgehen mußten wie viele der somatischen Mutationen.

Klare Korrelationen sollten also immer Ausnahmen sein.

Mutationshypothese als Denknotwendigkeit

Die Genmutationshypothese wartet also noch auf eine eindeutige experimentelle Beweisführung. Dies bedeutet aber nun keineswegs, daß diese Theorie zu den Akten gelegt wurde. Ganz im Gegenteil, sie ist so lebendig wie eh und je, und zwar einfach deshalb, weil sie fast denknotwendig ist:

1. Tumorzellen „vererben" ihre neoplastischen Eigenschaften auf ihre Tochterzellen. Dafür zeichnet in letzter Instanz das genetische Material der Zelle verantwortlich.
2. In der überwältigenden Mehrheit der Fälle ist die Umwandlung einer Normalzelle in eine Krebszelle irreversibel, der Weg zum Tumor ist ein Weg ohne Umkehr.

Beide Kriterien, „genetisches Gedächtnis" und „Irreversibilität", gelten nun auch für die klassische Mutation. Andere „genetische Mechanismen" wie Dauermodifikationen o. ä. scheinen deshalb ausgeschlossen. Damit aber schon schließt sich der „logische Ring": Mutationen haben die gleichen Kennzeichen wie die neoplastischen Veränderungen. Ob dann alle Carcinogene auch wirklich Mutagene sind, erscheint von hier als zweitrangige Frage; zumal es nun, wie wir gesehen haben, durchaus überzeugende Argumente gibt, warum die Korrelation zwischen Mutagenese und Carcinogenese immer wieder Ausnahmen haben muß.

Einwände gegen die Mutationstheorie

Virustumoren waren lange Zeit ein beliebtes Argument gegen die Mutationstheorie, sie lassen, so meinte man, eine Erklärung ihrer Genese auf der Basis einer Genmutation nicht zu. Neuerdings aber werden gerade diese Tumoren als eine Stütze für die Mutationstheorie herangezogen. Mutation ist dabei natürlich nicht gemeint im Sinne einer Veränderung vorhandenen Genmaterials. Es ist aber wohl sicher keine unsaubere Terminologie, auch dann von Mutation, von einer Veränderung des Genmaterials zu sprechen, wenn ein Virusgenom in das Zellgenom inkorporiert wurde — wie es bei den DNA-Tumorviren der Fall ist. Schließlich gibt es ja auch in der klassischen Genetik nicht nur Punktmutationen. Die neue Liebe zwischen Mutationstheorie und Virologen ist keineswegs durch neue Experimente und überraschende Befunde geweckt worden. Die „neuen" Tatsachen sind schon längere Zeit bekannt und diskutiert. Aber alte Feindschaften können auch einfach einschlafen.

Auch ein zweiter Einwand gegen die Mutationstheorie verliert immer mehr an Gewicht: die Tumorentstehung ist ein langsamer, gelegentlich sogar ein extrem langsamer Prozeß; die Auslösung einer *Mutation* ist dagegen durchweg ein rascher, sogar *sehr rascher Vorgang*.

Aber auch wenn eine Normalzelle durch eine Mutation in eine „potentielle" Tumorzelle umgewandelt wurde (vgl. hierzu Cocarcinogenese in Kapitel S. 40), ist dadurch noch kein Tumor entstanden. Erst zusätzliche Reize ermöglichen das tatsächliche Ausbrechen aus der Gewebehierarchie. Mit anderen Worten: lediglich die „Initiierung“ wäre möglicherweise mit einer Mutation gleichzusetzen; die Promotion zum Tumor muß nicht mehr mit mutativen Prozessen verknüpft sein. Nicht immer aber liegen die Verhältnisse so übersichtlich wie bei der Cocarcinogenese, nicht immer lassen sich Initiierung und Promotion deutlich voneinander trennen.

Allein die Tatsache, daß man über längere Zeit beispielsweise Buttergelb verfüttern muß, um Hepatome zu bekommen, ließ den Verdacht aufkommen, daß es mit einem einzigen „Treffer“ — Carcinogen gegen Genmaterial — eben nicht getan ist. Die genauere quantitative Analyse ergab, daß man mit vielen Treffern rechnen muß. Man kann daher von der Carcinogenese als von einer *Vieltrefferreaktion* sprechen. Die Latenzphase — d. h. die Zeit, in der ein Carcinogen verfüttert wird, ohne daß sich sichtbare Zeichen einer Cancerisierung zeigen — diese Vorbereitungsphase vor dem Umschlagen in die „Malignität“ wäre danach einfach die Zeit, die gebraucht wird, um genügend Treffer zu erzielen.

Schlußworte zur Mutationstheorie

„Die Einsicht, daß eine Krebszelle eine mutierte Zelle ist, gehört zweifellos zu den grundlegenden Fortschritten auf dem Gebiet der Tumorforschung“ (Euler). „Es ist heute ein Allgemeinplatz geworden zu sagen, daß es sich bei der Umwandlung einer Normalzelle in eine Tumorzelle um Erbänderung der Zelle handelt“ (Schultz). Beide Zitate stammen aus K. H. Bauer „Das Krebsproblem“, einem Buch, das nach den Worten seines Autors von „Geist und Sprache der Mutationstheorie diktiert ist“.

Doch lassen wir noch ein paar Zitate folgen: „Wir müssen bekennen, daß die Frage, ob man Krebs als eine Mutation betrachten kann, nicht gelöst ist. Überblickt man alle wissenschaftlich gesicherten Tatsachen, die für oder gegen die Mutationstheorie sprechen, so muß man zugeben, daß die Zunge der Waage eher der letzteren Seite zuneigt“ (Heston). Dieses Zitat gibt Oberling in seinem „Rätsel des Krebses“. Dieser Autor meint, daß „Krebs natürlich eine Mutation ist, wenn man als Mutation jede Zellveränderung auffaßt, die sich hereditär überträgt“. Und er fährt fort: „Werden wir uns also nicht durch das ‚Wort‘ betören lassen, das, zur rechten Zeit sich einstellt‘, so müssen wir versuchen, den Mutationsbegriff schärfer zu definieren.“ Im folgenden entwickelt dann Oberling vor dem Hintergrund einer nach seiner Meinung gescheiterten Mutationstheorie mit um so größerem Nachdruck die allgemeine Virustheorie.

Sachlich bleibt das Problem unentschieden, die Entscheidungen sind stark von Vorurteilen eingefärbt. Aber ein kräftiger Schuß Vorurteil hat einer guten Arbeitshypothese noch nie geschadet. Bei der Entstehung einer Tumorzelle ist es wohl nicht mit einer einzigen klassischen Mutation getan. Ebenso sicher scheint es aber, daß sich die entscheidenden Veränderungen am genetischen Material abspielen müssen, was letztlich bedeutet, daß Carcinogene mit der DNA der Zelle reagieren müssen. Im nächsten Kapitel sollen nun die Wechselbeziehungen der Carcinogene mit der DNA im einzelnen vorgestellt werden.

Zusammenfassung

Es gibt gute Gründe anzunehmen, daß die entscheidenden Veränderungen, die eine normale Zelle zu einer Tumorzelle machen, Veränderung des Erbguts sind.

1. In abweichenden Chromosomenmustern können diese Veränderungen unmittelbar sichtbar werden (Boveris Chromosomentheorie der malignen Tumoren). Gelegentlich zeichnen sich bestimmte Neoplasmen durch ein charakteristisch verändertes Chromosom aus; ein bekanntes Beispiel wäre das Philadelphiachromosom bei der chronischen myeloischen Leukämie. Tumoren mit „normalen" Chromosomensätzen erschweren jedoch Verallgemeinerungen.
2. Ein verändertes Genmaterial, das in letzter Konsequenz zu Tumoren führt, läßt sich durch züchterische Maßnahmen isolieren. Die so gewonnenen Tumorstämme, die sich auf bestimmte Tumoren mit einer 100%igen Treffsicherheit spezialisiert haben, sind ein wichtiges Werkzeug der experimentellen Cancerologie geworden. Auf die Frage, ob Krebs vererbbar ist, wurde damit ein klares Ja gegeben. Es ist allerdings nicht gelungen, einfache genetische Zusammenhänge zwischen Tumorhäufigkeit und Tumortyp aufzufinden. Nicht Krebs als solcher wird vererbt, sondern nur Anlagen. Aber dies ist für die Genetik ohnehin ein Gemeinplatz.
3. Gelegentlich führt einfache Artkreuzung unweigerlich zu Tumoren. Beispiele tumortragender Bastarde kommen aus der Botanik und der Zoologie. Die genetische Analyse zeigt, daß regulierende Gene der einen Art durch Kreuzung mehr oder weniger vollständig herausverdünnt werden.
4. Die Mutationstheorie des Krebses (z. B. K. H. Bauer 1928) unterstellt, daß carcinogene Reize, seien sie physikalischer oder chemischer Natur, zu Mutationen in somatischen Zellen führen. Von diesen Mutationen muß gefordert werden, daß sie wachstumsregulierende Funktionen in Mitleidenschaft ziehen. Dadurch wird auf einfachste Art und Weise das „genetische Gedächtnis" einer Tumorzelle interpretiert, das dafür sorgt, daß aus einer Krebszelle immer wieder Krebszellen des gleichen Typs entstehen. Der experimentelle Beweis dieser fast denknotwendig erscheinenden Theorie ist allerdings noch ein Desideratum.

DNA und Carcinogenese

In einem ganz wörtlichen Sinn hängt Leben an einem Faden: Lange, ungeheuer lange DNA-Ketten steuern Aufbau und Funktion eines Bakteriums ebenso wie Leistungen und Struktur einer Säugerzelle. (Dic DNA-Fäden einer einzigen Mauszelle würden, zu einem Faden zusammengeknüpft, eine Länge von fast einem Meter erreichen). Für den Chemiker sind es eigentlich recht einfache Fäden (Polynucleotide); Polyesterfäden würde der Kunststoffchemiker sagen, nur wenig komplizierter gebaut als etwa Nylon oder Terylen.

Doch die DNA-Moleküle sind „ganz besondere Fäden“: ihre vier Bausteine sind nur scheinbar willkürlich aneinandergereiht; sie verschlüsseln die rund 20 Aminosäuren der Proteine („genetischer Code“), wobei immer drei Nucleotide eine bestimmte Aminosäure („Triplet-code“) bedeuten. Beim Ablesen dieses molekularen Morsealphabets wird die Information des DNA-Bandes zuerst einmal auf ein RNA-Band überspielt (messenger-RNA) (Transkription). Überspielende Enzyme sind dabei RNA-Polymerasen. Die Dechiffrierung findet dann an den Ribosomen statt: hier werden die einzelnen Aminosäuren von Schleppern (transfer-RNA) an die richtigen Plätze auf der messenger-RNA bugsiert (Translation).

Alle diese Vorgänge sind recht komplex, ihr Endergebnis ist aber im Grunde einfach: Aminosäuren werden als Gemisch in einen „schwarzen Kasten“ gegeben, den sie in definierter Reihenfolge zusammengekoppelt wieder verlassen. In diesem Kasten gibt die DNA den Ton an; die Aminosäuresequenzen sind eindeutig durch die Nucleotidsequenzen der DNA definiert („Zentrales Dogma“).

Für eine Zelle leistet die DNA aber mehr als das Steuern von Proteinsequenzen. DNA kann identische Kopien von sich selber herstellen lassen („Prinzip des komplementären Doppelstranges“) und deswegen kann sie als genetisches Material auch die identische Reduplikation einer Zelle garantieren. Die beiden Vorgänge

1. Vermehrung der DNA und
2. Steuerung der Proteinsynthese

sind nahe miteinander verwandt. In beiden Fällen wird an einem aufgedrehten DNA-Doppelstrang ein neuer Strang komplementär angebaut. Besteht dieser neue Strang aus Desoxyribonucleotiden, so kommt eine identische Kopie des ursprünglichen Doppelstranges heraus. Werden dagegen Ribonucleotide polymerisiert, so entstehen messenger-RNA-Moleküle, die dann ihrerseits die Proteinsynthese festlegen.

Für die Experimentelle Krebsforschung wurde die DNA vor allem als genetisches Material interessant. Denn wenn man Tumorzellen als eine neue Zellrasse auffaßt, dann muß man auch annehmen, daß Tumorzellen über ein „neues" genetisches Material verfügen.

Tumor-DNA als Carcinogen

Tumorzellen müßten sich nach einem einfachen Rezept herstellen lassen: man behandle normale Zellen mit einer DNA-Präparation, die man aus Tumorzellen hergestellt hat, und übertrage direkt das „neue" genetische Material in normale Zellen. Cantarow hat solche Experimente gemacht: er präparierte DNA aus Hepatomen, inkubierte Zellen aus regenerierender Leber mit diesen Präparationen und injizierte dann die so behandelten Leberzellen direkt in die Lebern von Ratten. Nach etwa 12 Wochen fand er — allerdings in einem sehr geringen Prozentsatz — Tumoren an der Injektionsstelle.

Solche Berichte blieben aber bisher die Ausnahme; die neoplastische Transformation von normalen Zellen mit Tumor-DNA ist noch nicht in größerem Umfang geglückt. Zumeist wirkten die Nucleinsäurepräparationen einfach cytotoxisch: Nucleinsäuremengen von mehr als 200 γ/ml sind für die Zellen einer Zellkultur lethal. Warum macht die Transformation durch Tumor-DNA solche Schwierigkeiten? Bei Bakterien ist doch die Übertragung genetischer Eigenschaften durch DNA-Präparationen seit Avery zu einem Routineverfahren geworden.

Die Zellen höherer Organismen scheinen sich anders zu verhalten als Bakterien. 1956 wurde zwar der unglaublich scheinende Bericht verbreitet, daß es gelungen wäre, Enten durch DNA-Injektionen genetisch zu verändern. In Straßburg hatte man aus Zellen der Entenrasse Khaki Campbell DNA-Präparate hergestellt und sie Weißen Pekinesen gespritzt. Die Nachkommen der Pekinesen — so hieß es damals — hätten daraufhin einige Besonderheiten der Campbell-Enten gezeigt. Die Straßburger Enten erwiesen sich in der Folgezeit als „Enten"; später aber wurde dann doch von erfolgreichen Versuchen an Drosophila und an Zellen in Gewebekulturen berichtet.

Die Transformation höherer Zellen durch DNA ist offensichtlich eine heikle Sache, doch warum eigentlich? Es kann nicht daran liegen, daß DNA von höheren Zellen nicht aufgenommen wird. Es gelang der Nachweis, daß DNA auch als Makromolekül in die Zellen eindringen kann. Allerdings bleibt die DNA vorwiegend an der Zelloberfläche hängen (80%); nur zum weitaus kleineren Teil dringt sie wirklich ins Zellinnere ein. Dabei scheint die Zelle selbst keine enzymatische Hilfestellung zu geben: schon bei 0 °C wird DNA aufgenommen.

Natürlich bestehen entscheidende Unterschiede zwischen einer Bakterien- und einer Säugerzelle und gerade auch im Aufbau der genetischen Substanz: einfache DNA-Fäden im Falle der Bakterien, komplizierte Chromosomenstrukturen bei höheren Zellen. Es würde einleuchten, daß es für einen DNA-Faden problematisch ist, sich in ein Chromosom einzufügen.

Von dieser „Regel“ gibt es aber eine wichtige Ausnahme.

Infektiöse Tumorvirus-DNA, ein potentes „chemisches Carcinogen“

Aus Polyoma-Virus läßt sich infektiöse DNA isolieren; infektiös, das heißt, daß sich Zellen damit wie mit intaktem Virus infizieren lassen. Dabei entstehen die üblichen „Löcher“ im Zellrasen („Plaques“), die sich auszählen lassen. Aber mehr noch: diese DNA-Präparate sind carcinogen: Werden sie neugeborenen Hamstern injiziert, so entwickeln sich Tumoren.

Warum gelingt der Virus-DNA, was der Tumor-DNA so schwer fällt? Denkbar wäre, daß die Virus-DNA „weiß“, wie sie in das Genom der Wirtszelle eingepaßt werden kann, während normale DNA einfach als makromolekularer Fremdkörper empfunden wird, den es zu zerstören gilt.

Sehr wahrscheinlich fällt die Entscheidung aber schon auf dem Weg zur Zelle: das Serum einer Maus inaktiviert beispielsweise Bakterien-DNA innerhalb weniger Minuten, Polyoma-DNA dagegen bleibt unangetastet. Deshalb hat Polyoma-DNA eine gute Chance, auf eine empfindliche Zielzelle zu treffen und dann zu transformieren.

Vom Standpunkt des Chemikers ist diese DNA durchaus ein „chemisches Carcinogen“: ihre Bausteine sind genau definiert, man kennt die Art ihrer Verknüpfung und man weiß, wieviele sich zu einem Polydesoxyribonucleotid zusammengeschlossen haben. Allerdings machen dieses Carcinogen die vielen, leicht spaltbaren Esterbindungen zwischen den einzelnen Desoxynucleosiden leicht verwundbar, und auch seine beachtliche Größe erschwert ihm den Zutritt zu einer Zelle.

Gegenüber den klassischen Carcinogenen wie 3,4-Benzpyren hat die Polyoma-DNA jedoch auch einen entscheidenden Vorteil: sie enthält offensichtlich alle Informationen, die notwendig sind, um eine normale Zelle „umzusteuern“. Wie ein falscher Lotse steuert sie das Schiff mit Absicht in Untiefen. Benzpyren und auch die anderen chemischen Carcinogene müssen dagegen erst einmal „Hand an die Steuerhierarchie“ einer Zelle legen; und dies müßte bedeuten, daß sie Hand an die DNA legen müssen.

Carcinogene stören DNA-Synthese

Nach Applikation von carcinogenen Substanzen wird sehr häufig beobachtet, daß die DNA-Synthese absinkt. Werden zum Beispiel carcinogene Kohlenwasserstoffe auf die Rückenhaut einer Maus gepinselt oder wird eine Maus mit diesen Substanzen gefüttert, in beiden Fällen beobachtet man eine kurzzeitige Hemmung der DNA-Synthese in der Haut. Auf die Depression folgt in der Regel eine Periode vermehrter DNA-Neubildung.

Man neigt heute allgemein dazu, weder der verringerten noch der erhöhten Synthesegeschwindigkeit eine größere Bedeutung für die Carcinogenese beizumessen. Man schiebt diese Effekte einfach auf das Konto der „toxischen Nebenwirkungen“ und man meint, daß auf eine Schädigung eine Regeneration der geschädigten Zellen erfolgt. Carcinogene machen aber nicht nur der DNA-Synthese zu schaffen.

Carcinogene stören die Bildung adaptiver Enzyme

Adaptive Enzyme sind Enzyme, die nur auf Bedarf von einer Zelle bereitgestellt werden. Vor allem bei Mikroorganismen kennt man viele Beispiele. Aber auch eine Leber stellt bestimmte Enzyme nur auf Anforderung her: so induziert Tryptophan das tryptophanabbauende Enzym Tryptophanpyrrolase, Tyrosin induziert Tyrosintransaminase usf. (Substratinduktion). Carcinogene können nun diese Induktion hemmen: so verhindern Buttergelb und Acetylaminofluoren die Induktion von Tryptophanpyrrolase durch Tryptophan.

Auch in kompliziertere Induktionsprozesse können Carcinogene eingreifen: durch Cortison wird beispielsweise in der Leber Glucose-6-phosphatase induziert, und auch diese hormonale Induktion wird von carcinogenem Methyl-Buttergelb blockiert. Nimmt man in Analogie zu den Regulationsprozessen in Bakterien an, daß bei der Induktion von Enzymen bis dahin unterdrückte DNA-Informationen abgelesen werden, so ergibt sich als Fazit: Carcinogene können das Ablesen der DNA stören.

Zu einem sehr ähnlichen Ergebnis kam de Maeyer in einem ganz anderen System. Er untersuchte den Einfluß carcinogener und nichtcarcinogener Kohlenwasserstoffe auf die Virusproduktion in Zellkulturen. Dabei fand er, daß cancerogene Substanzen die Produktion von DNA-Viren, nicht aber die von RNA-Viren hemmen können. Nicht-carcinogene Kohlenwasserstoffe waren in beiden Fällen ohne Effekt auf die Virusproduktion. Auch diese Befunde legen den Schluß nahe, daß die Ablesung von DNA (in diesem Fall von Virus-DNA) durch Carcinogene gestört werden kann.

Eine Blockade der DNA-Informationen würde bedeuten, daß die Synthese von messenger-RNA eingeschränkt oder sogar ganz eingestellt wurde. Biochemisch gesprochen würde dies heißen, daß die DNA-abhängigen RNA-Polymerasen mit einer DNA, die von einem Carcinogen modifiziert wurde, Schwierigkeiten haben.

RNA-Polymerasen lassen sich rein herstellen, und mit solchen reinen Enzympräparaten läßt sich die Synthese von RNA mit Hilfe von DNA auch im Reagenzglas durchführen. Man braucht dazu nur reines Enzym, RNA-Bausteine (Adenosintriphosphat, Guanosintriphosphat usw.) und als Baumuster DNA. Diese DNA ist wichtig, denn ohne sie kann die RNA-Polymerase die Bausteine nicht zu einer RNA-Kette zusammensetzen.

Man hat nun DNA aus normaler Leber mit DNA aus „carcinogenbehandelter Leber“ miteinander verglichen und dabei herausgefunden, daß die „Carcinogen-DNA“ schlechter geeignet war, die RNA-Synthese zustande zu bringen als die normale DNA. Damit war gezeigt, daß Carcinogene tatsächlich die Ablesung von DNA-Informationen erschweren können.

Eine einfache Erklärung wäre nun, daß Carcinogene direkt an die DNA gebunden würden und dort — gewissermaßen wie Widerhaken — das Vorbeigleiten der RNA-Polymerase stören.

Chemische Carcinogene reagieren mit der Zell-DNA

Lange Zeit hatte man diese Reaktion übersehen. Für Jahre interessierte man sich fast ausschließlich für die Bindung chemischer Carcinogene an lösliche Proteine und man sah in dieser Koppelung eine Schlüsselreaktion für die Umwandlung einer Normalzelle in eine Tumorzelle. Auch heute noch steht diese Vorstellung recht hoch im Kurs, doch im Laufe der Jahre wurde man unsicher. Immer mehr Beobachtungen paßten nicht mehr zu diesen Vorstellungen.

1. Baldwin berichtete von dem heterocyclischen Carcinogen Tricyclochinazolin, das 1. insgesamt kaum an lösliche Proteine gebunden wird und das sich 2. bevorzugt an Albumine und nicht an h-Proteine bindet.
2. Die Bindung von Carcinogenen an lösliche Proteine läßt sich reduzieren, ohne die Tumorausbeuten zu reduzieren. Auch Experimente dieser Art legen es nahe, daß die Komplexe aus Proteinen und Carcinogenen keine unmittelbare Bedeutung für die Carcinogenese haben.

Mehr und mehr kam man dazu, nach Reaktionen mit der DNA zu suchen. Bei diesen Recherchen stellte es sich heraus, daß Carcinogene sehr wohl in der Lage sind, mit der Zell-DNA zu reagieren. Dabei wird um so mehr Carcinogen gebunden, je aktiver dieses Carcinogen ist. Brookes hat die Bindung carcinogener und nichtcarcinogener polycyclischer Kohlenwasserstoffe an die DNA der Mäusehaut studiert und dabei gefunden, daß die Bindung recht genau den Iball-Indices für carcinogene Aktivität folgt: Naphthalin mit dem Index Null wurde nicht gebunden, 7,12-Dimethylbenzanthracen, das den höchsten Index der Serie besaß, wurde am besten gebunden (1.0 Molekül pro 25 000 Nucleotide).

Auch eine Beobachtung Boutwells stützt die Hypothese, daß die Bindung der Carcinogene an die DNA etwas mit der Carcinogenese zu tun hat. Er fand, daß Propiolacton — ein Initiator für Hauttumoren — bei verschiedenen Dosierungen genau proportional zu den späteren Tumorausbeuten an die DNA der Mäusehaut gebunden wird.

In welcher Form die polycyclischen Kohlenwasserstoffe gebunden werden, weiß man noch nicht; bei anderen Carcinogenen ist man dagegen besser unterrichtet.

Kovalente Bindungen zwischen Carcinogenen und Guanin

Bevorzugter Bindungspartner unter den Bausteinen der DNA ist das Guanin, eine der Purinbasen. Betrachten wir ein paar Beispiele:

Senfgas reagiert mit dem „oberen" Stickstoff des 5-Ringes (N_7):

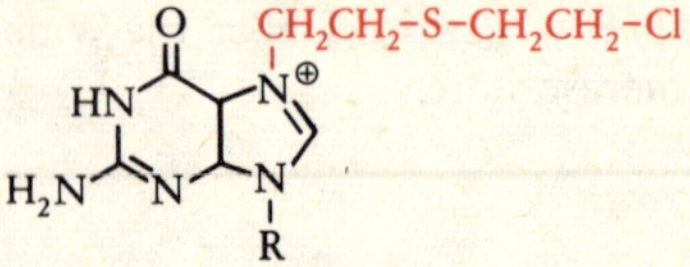

Diese Reaktion folgt den allgemeinen Regeln einer Alkylierung (vgl. Kapitel S. 181).

Propiolacton wird ebenfalls an Guanin gebunden:

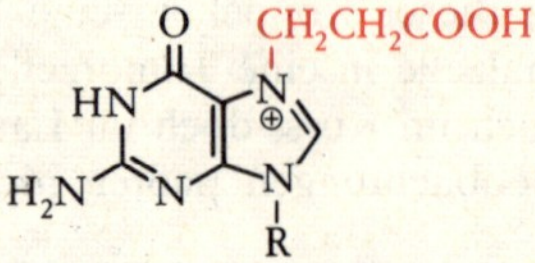

Acetylaminofluoren wird zwar auch an Guanin, aber nicht an N_7 gebunden. Die folgende Formel beschreibt das Reaktionsprodukt mit diesem Carcinogen:

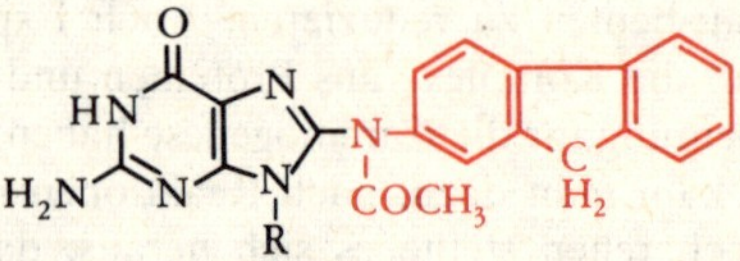

Methylnitrosoharnstoff methyliert wiederum N_7 das Guanin:

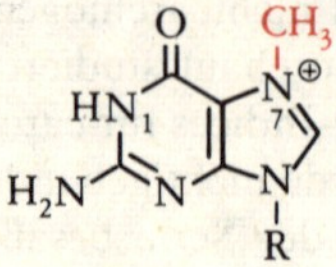

Spätfolgen der Reaktionen mit Guanin

Schon die kleine Veränderung am Guanin(G) durch Einführung einer Methylgruppe kann für die DNA weitreichende Konsequenzen haben. N_1 wird saurer, das heißt, die Bindung zwischen diesem Stickstoffatom und dem ihm zugeordneten Wasserstoff wird lockerer. Statt der normalen Basenpaarung G-C kann es zur falschen Paarung G(Methyl)-T kommen, das methylierte Guanin zieht also den falschen Partner an:

G — C ⟶ G — T

Dies ist zwar zunächst ein kleiner Fehler, aber er bleibt von nun an in allen kommenden DNA-Generationen erhalten, denn bei der nächsten DNA-Reduplikation wird im Gegenstrang statt des ursprünglichen G ein A eingesetzt:

A	T		A	T		A	T		A	T
G	C	→	G	T	→	A	T	→	A	T
T	A		T				A		T	A
C	G		C				G		C	G

Im Endergebnis würde also ein G-C-Paar durch ein A-T-Paar ersetzt; in beide Stränge hätte sich schließlich ein Fehler eingeschlichen („Mutation"). Ganz hilflos ist die DNA einer Schädigung allerdings nicht ausgesetzt.

Zellen können defekte DNA reparieren

Die Bakteriengenetiker hatten entdeckt, daß beispielsweise strahlengeschädigte DNA von der Zelle wieder instand gesetzt werden kann. Heute weiß man, daß auch in Säugerzellen solche Reparaturen ausgeführt werden können:

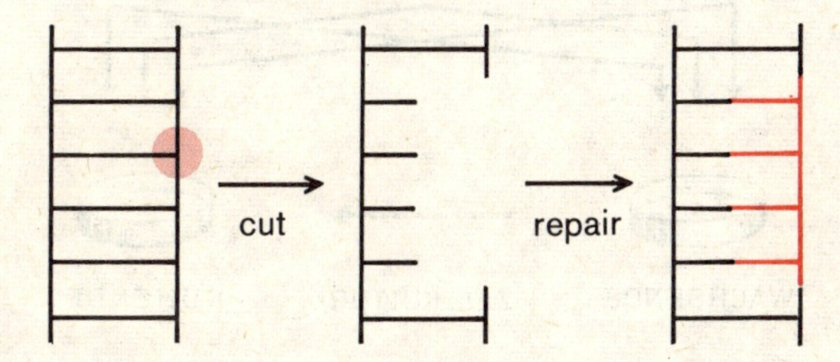

Werden während einer solchen Reparatur Zellen mit radioaktivem Thymidin (also mit einem der vier Bausteine der DNA) gefüttert, so wird es in die reparierten DNA-Partien miteingebaut und kann so leicht nachgewiesen werden. Dabei findet also eine scheinbare Neusynthese statt, obwohl in Wirklichkeit nur DNA-Stücke ausgebessert wurden. (Diese scheinbare Neusynthese kann natürlich unabhängig von der S-Phase des Zellzyklus ausgeführt werden und sie wird daher gelegentlich auch als „außerfahrplanmäßige DNA-Synthese" bezeichnet).

Es liegt nahe anzunehmen, daß diese Ausbesserungsmechanismen auch für die Carcinogenese eine Rolle spielen: Zellen ohne oder nur mit einem schlechten Reparatursystem müßten gegen carcinogene Effekte besonders anfällig sein. Man hat solche Zellen tatsächlich entdeckt: Fibroblasten, die aus der Haut von Patienten mit der Erbkrankheit *Xeroderma pigmentosum* isoliert wurden, zeigten ein defektes Reparatursystem. Dadurch — so vermutet man heute — können Schäden, die durch das Licht am Genom dieser Zelle gesetzt werden, nicht korrigiert werden. Zellen von Xeroderma-pigmentosum-Patienten sind aber nicht das einzige Beispiel, in dem Tumorentstehung und „Reparasen" in Zusammenhang stehen könnten. Auch bei der sogenannten Carcinogenese *in vitro* scheinen Reparasen eine wichtige Rolle zu spielen.

Neoplastische Transformationen gelingen mit proliferierenden Zellen besser

Normale Zellen einer Zellkultur *in vitro* lassen sich mit carcinogenen Reizen — mit chemischen Carcinogenen, mit Strahlungen und natürlich auch mit Tumorviren — im „Reagenzglas" in Tumorzellen umwandeln. Für diese Transformation *in vitro* gibt es aber eine wichtige Einschränkung: sie gelingt

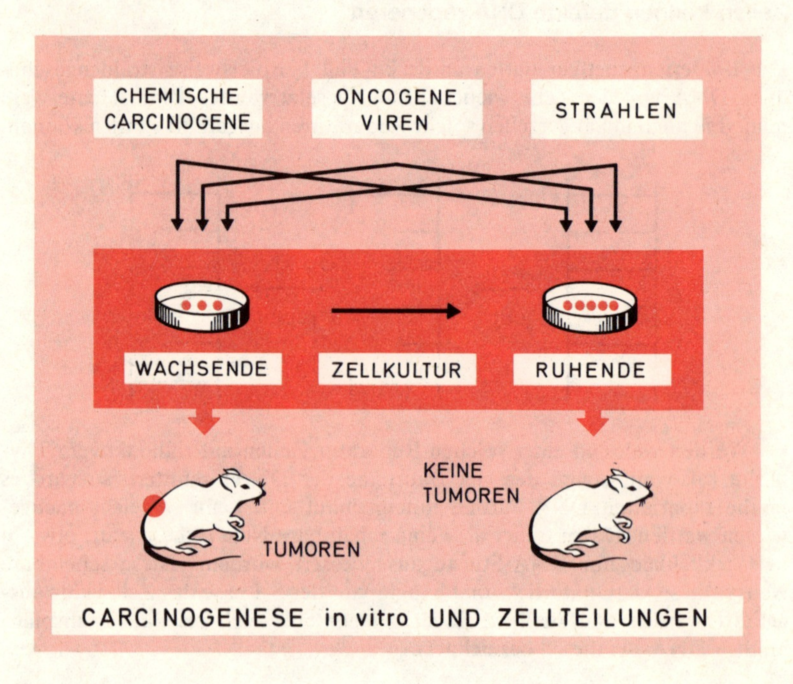

nicht oder nur kaum, wenn man versucht, ruhende Zellen eines zugewachsenen Zellrasens zu transformieren. Behandelt man dagegen eine Zellkultur, die noch nicht ihre höchste Populationsdichte erreicht hat und deren Zellen sich deswegen noch teilen, dann gelingt die Transformation. Die gleiche Zellkultur ist einmal als „junge“, proliferierende sensitiv, als „alte“, ruhende Kultur unempfindlich (Sachs) (Abbildung S. 176).

Beobachtungen dieser Art wurden nun nicht nur bei *in vitro*-Transformationen gemacht:

1. Die Erzeugung von Leukämien durch Röntgenstrahlen gelingt am leichtesten, wenn sich die Zielzellen — also beispielsweise die Zellen des Knochenmarks — am intensivsten teilen; dies ist während der Embryonalentwicklung der Fall, und daß daher Foeten besonders gefährdet sind, leuchtet ein.
2. Auch am Beispiel eines Pflanzentumors (Kronengallentumor) läßt sich zeigen, daß die Transformation einer Zelle in eine Tumorzelle etwas mit ihrem „Proliferations-Status“ zu tun hat. Kronengallen-Tumoren lassen sich erzeugen, wenn man Pflanzen mit einem bestimmten Bakterium (B. tumefaciens) infiziert. Doch die bloße Anwesenheit des Bakteriums genügt nicht: „Dadurch werden noch keine normalen Zellen zu Tumorzellen transformiert, es sei denn, man hat die Pflanze konditioniert — d. h. empfindlich gemacht —, und zwar durch eine Wunde. In anderen Worten, das tumorerzeugende Prinzip kann nur dann zur Wirkung kommen, wenn die Zellen einer Reizung unterworfen werden, wie sie bei einer Wunde vorliegt. Darüber hinaus wirkt das tumorerzeugende Prinzip nicht nach einem Alles-oder-Nichts-Gesetz: Zellen, die ungefähr 34 Stunden nach der Wundsetzung transformiert werden, sind gutartig und sie wachsen nur langsam. Wenn die Transformation nach etwa 50 Stunden erfolgt, wachsen die entstandenen Tumorzellen etwas rascher. Demgegenüber wachsen Zellen, die zwischen 60 und 72 Std nach der Verwundung transformiert wurden, sehr rasch und völlig autonom. Die genauere Untersuchung hat ergeben, daß diese drastische Transformation gerade dann gelingt, wenn im Zuge der Wundheilung die Pflanzenzellen gerade beginnen, sich am intensivsten zu teilen“ (A. Braun).

Reparasen könnten die Ursache sein, warum ruhende Zellen so viel weniger empfindlich sind: in ruhenden Zellen haben die Reparasen Zeit, die durch Carcinogene hervorgerufenen Fehler in der DNA wieder herauszuschneiden und durch einen fehlerfreien Strang zu ersetzen. Die Wirkung des Carcinogens geht dadurch wieder verloren. Im Gegensatz dazu würde in Zellen, in denen die DNA-Synthesephasen rasch aufeinanderfolgen, eine fehlerhafte Base ihren Fehler auf den neusynthetisierten Strang weitergeben, und damit wäre der carcinogene Effekt endgültig „fixiert“ (siehe oben).

Dies würde also erklären, warum nur Zellen, die rechtzeitig nach dem Kontakt mit einem carcinogenen Reiz ihre DNA verdoppeln, eine Chance haben, transformiert zu werden. Auch die abgestufte Malignität der Pflanzentumorzellen läßt sich erklären, wenn man annimmt, daß der Angriff eines

Carcinogens in einem stark proliferierenden Gewebe mehr bleibende Treffer setzen kann. Sehr wahrscheinlich ist bei diesen Tumoren gar nicht das Bakterium eigentliches Carcinogen, sondern ein mitgeschlepptes Virus, aber dies ändert nichts an unseren Überlegungen.

Replizierende DNA bindet mehr Carcinogene als ruhende

Blockiert man die DNA-Synthese, wird weniger Carcinogen an die DNA gebunden. Diese Beobachtung wurde beispielsweise an der Mäusehaut gemacht: hier fand man, daß nur noch die Hälfte Dimethylbenzanthracen an die DNA gebunden wird, wenn man die DNA-Synthese durch Hydroxyharnstoff abstoppt. Auf den ersten Blick erscheint diese Reduktion nur geringfügig, doch man muß berücksichtigen, daß nur etwa 1% der Hautzellen jeweils DNA synthetisieren, und nur diese 1% können also durch Hydroxyharnstoff ausgeschaltet werden. Trotzdem sank die Bindung auf 50%, und dies bedeutet, daß

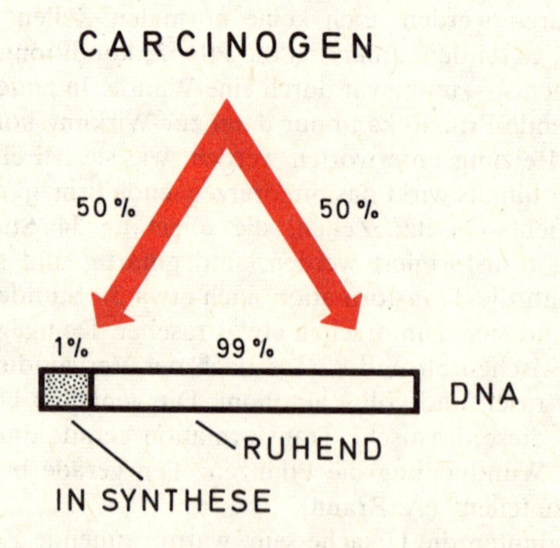

etwa gleich viel Carcinogen auf 99% ruhende Zellen wie auf 1% DNA-produzierende Zellen entfällt. Daraus folgt wiederum, daß das Carcinogen etwa 100fach besser von replizierender DNA gebunden wird als von ruhender; anders ausgedrückt: das Carcinogen sucht sich bevorzugt replizierende DNA aus und es „vergreift" sich dabei nur in 1% der Fälle. Umgekehrt: DNA in Synthese ist das weitaus bessere Zielobjekt. Vielleicht liegt es daran, daß bei der DNA-Verdoppelung der schützende Histonmantel weitgehend fehlt. Wie dem auch sei, die bevorzugte Bindung chemischer Carcinogene an replizierende DNA würde zumindest helfen zu erklären, warum proliferierende Zellen so viel leichter transformiert werden können als ruhende.

Ausnahmen von der Bindungsregel

Für eine ganze Reihe von Carcinogenen wurde die Bindung, das heißt also eine direkte Reaktion mit der DNA nachgewiesen. Ob aber Carcinogene wirklich gebunden werden *müssen,* ist immer noch nicht sicher.

Äthylnitrosoharnstoff müßte eigentlich die DNA äthylieren, und man würde also die Bildung von Äthylguanin erwarten. Doch nach Verfüttern dieses Carcinogens konnte kein Äthylguanin nachgewiesen werden (Krüger).

Für manche Carcinogene gibt es eine gute Ausrede: wären Carcinogene nur locker gebunden, dann könnten sie bei der Isolierung der DNA verloren gehen, und man würde in diesem Fall den voreiligen Schluß ziehen, daß keine Bindung erfolgt war.

Bindung ohne Bindung: Intercalation

Bekanntestes Beispiel für solche nicht-kovalenten, lockeren Bindungen sind die Acridinorangefarbstoffe. Diese Farbstoffmoleküle schieben sich als flache Scheibchen zwischen die Basen der DNA-Doppelspirale. Dadurch kommt es dann bei der Replikation zu falschen Basenpaarungen und daher sind diese Farbstoffe mutagen.

Auch die klassischen Carcinogene, wie polycyclische Kohlenwasserstoffe, können „intercalieren". Vor allem bei *in vitro*-Versuchen konnte gezeigt werden, daß sich diese Kohlenwasserstoffe in DNA-Moleküle hineinzwängen lassen. Am besten schneidet dabei allerdings Pyren ab, aber Pyren ist nicht carcinogen. Man muß deshalb wohl daran zweifeln, daß Intercalation allein eine größere Bedeutung für die Carcinogenese hat.

Zusammenfassung

Die „neuen Eigenschaften" einer Tumorzelle sollten im genetischen Material (DNA) der Zelle verankert sein. Die einfache Übertragung von Tumoreigenschaften mit Tumor-DNA ist jedoch umstritten; Tumor-DNA ist ein Carcinogen sehr fraglichen Rufes. Die DNA aus Tumor-Viren ist dagegen anerkanntes Carcinogen.

Für die chemische Carcinogenese dürfte die Bindung von Carcinogenen an die DNA eine wichtige Rolle spielen:

1. Bessere Carcinogene werden besser an DNA gebunden.
2. Das Ausmaß der Bindung (jedenfalls im Falle des Propiolactons) ist mit den Tumorausbeuten korreliert. Aber auch diese Experimente sind bestenfalls Indizienbeweise.

In einigen Fällen weiß man recht genau Bescheid über die Art, wie das Carcinogen an die DNA gebunden wird. Bevorzugter Bindungspartner ist das Guanin, und hier wird vor allem N_7 „alkyliert".

In Einzelfällen könnte die lockere Einschiebung in die Doppelspirale (Intercalation) eine Rolle spielen.

Die Transformation einer Normalzelle in eine Tumorzelle hängt vom „Proliferationsstatus" der getroffenen Zelle ab: Zellen in Teilung werden leichter in Tumorzellen umgewandelt als ruhende Zellen. Zwei Erklärungsmöglichkeiten wurden diskutiert:

1. Reparasen haben in ruhenden Zellen genügend Zeit, den durch den carcinogenen Reiz gesetzten Schaden wieder auszubessern, bevor er bei der nächsten DNA-Verdoppelung „fixiert" wird.
2. Teilende Zellen mit DNA-Synthese binden mehr Carcinogen als ruhende Zellen.

Einige Modelle zur Chemotherapie der Tumoren

Die Erfolgsrezepte der Chemotherapie bakterieller Erkrankungen lassen sich nicht auf die Bekämpfung von Tumorzellen übertragen: Die Penicilline beispielsweise blockieren die Synthese der Bakterienzellwand, ohne den Aufbau der Zellmembranen einer Säugerzelle zu stören. Tumorzellen und Normalzellen sind aber trotz aller Verschiedenheiten eben beide Säugerzellen. Allenthalben war man daher pessimistisch, ob es je gelingen würde, Substanzen zu finden, die selektiv Tumorzellen abtöten. 1946 aber kamen die ersten Erfolgsmeldungen: Es war gelungen, die Hodgkinsche Krankheit mit Stickstofflost erfolgreich zu behandeln. Stickstofflost war zwar eine sehr toxische Verbindung, und man mußte mit der Dosierung sehr vorsichtig sein; doch man begann überall damit, Verbindungen ähnlichen Typs herzustellen; und man hoffte, recht bald Substanzen zu finden, die Tumorzellen abtöten können, ohne normale Zellen eines normalen Gewebes allzusehr zu schädigen. Heute hat man bereits über eine Viertelmillion chemischer Verbindungen hergestellt und auf ihre Tumorwirksamkeit geprüft; eine „Wunderdroge“ ist aber bisher noch nicht dabei gewesen. Trotzdem haben viele dieser Chemotherapeutika ihre Meriten; einige von ihnen haben sich neben „Stahl und Strahl“, also neben dem Messer des Chirurgen und der Bestrahlungskanone des Radiologen, einen festen Platz erobert.

Je mehr man über die „feinen“ Unterschiede zwischen Tumorzellen und Normalzellen weiß, um so leichter wird man maßgeschneiderte Chemotherapeutika finden. Bislang hielt man die erhöhte Teilungsrate der Tumorzellen für ihr hervorstechendstes Merkmal und ihre verwundbarste Stelle. Die bekanntesten unserer Chemotherapeutika sind daher Substanzen, die in die DNA-Synthese eingreifen.

Alkylierende Agenzien

Schon in den ersten Tagen seines organischen Praktikums lernt der Chemiestudent, was Alkylierung bedeutet. Er mischt Methyljodid mit Aethanol und erhält Methyläthyläther:

$$CH_3J + CH_3CH_2O\,H \longrightarrow CH_3CH_2\text{-}O\,CH_3$$

In einem anderen Fall produziert er aus Äthyljodid und Ammoniak die Verbindungen Mono-, Di- und Triäthylamin:

$$C_2H_5J + \begin{matrix} H \\ H-N \\ H \end{matrix} \longrightarrow \begin{matrix} C_2H_5 \\ H-N \\ H \end{matrix} \text{ etc.}$$

In beiden Beispielen wurde ein Wasserstoffatom durch einen Alkylrest (Methyl- bzw. Äthyl-) ersetzt. CH_3J und C_2H_5J sind Alkylierungsmittel, die Partner Äthanol und Ammoniak werden alkyliert.

Im Werkzeugschrank des „synthetischen Chemikers" spielen alkylierende Substanzen eine große Rolle; ihre Reaktionsfreudigkeit macht sie für den Aufbau vieler Verbindungen zu unerläßlichen Hilfsmitteln. Eigentlich aber gehören sie in den Giftschrank: sie reagieren aggressiv mit Zellbestandteilen und blockieren lebenswichtige Zellfunktionen. Im ersten Weltkrieg wurden daher besonders aggressive alkylierende Substanzen als chemische Kampfstoffe eingesetzt („Gelbkreuz", Senfgas, Lost):

$$S \begin{matrix} CH_2CH_2Cl \\ CH_2CH_2Cl \end{matrix}$$

Neben schweren Verbrennungen der Haut und tödlichen Lungenschäden beobachtete man schon damals schwere Störungen vor allem in stark proliferierenden Geweben, wie in der Dünndarmschleimhaut und im Knochenmark. Auch im Zweiten Weltkrieg hatte man Gelegenheit, die Wirkung auf Blutzellen zu studieren. In der italienischen Hafenstadt Bari hatte ein Nachschubtransporter festgemacht, der 100 Tonnen Senfgas geladen hatte. Bei einem Bombenangriff wurde das Schiff getroffen, und dabei liefen größere Mengen des Kampfstoffes aus. Kontaktpersonen starben sofort oder sie zeigten wieder stark veränderte Blutbilder mit verringerten Leukocytenzahlen (Leukopenie).

Warum sollten Senfgase nicht vielleicht auch bei Leukämien eine Reduktion der im Übermaß vorhandenen Lymphocyten bewirken können? Das klassische Senfgas (Lost) war allerdings für therapeutische Versuche viel zu toxisch. Eine nur leicht abgewandelte Verbindung, der sogenannte Stickstoff-Lost

$$CH_3-N \begin{matrix} CH_2CH_2Cl \\ CH_2CH_2Cl \end{matrix}$$

hat sich bei einigen Formen leukämischer Erkrankungen bewährt. Zu größerer Bedeutung ist er allerdings auch nicht gekommen.

Stickstofflost mit Zeitzündung

Die sehr reaktiven Lostverbindungen haben Schwierigkeiten, den Tumor zu erreichen; schon auf dem Weg zum Tumor reagieren sie mit Zellen und Serumbestandteilen. Um diese Schwierigkeit zu umgehen, hat man nach Derivaten gesucht, die erst im Tumor aktives Lost freigeben (Prinzip der latenten Aktivität). Bekannteste Verbindung dieses Typs ist das Cyclophosphamid (Endoxan)

$$\begin{array}{l} \diagup CH_2-NH \quad \overset{O}{\parallel} \quad \diagup CH_2-CH_2Cl \\ CH_2 \qquad\qquad \diagdown P-N \\ \diagdown CH_2-O \diagup \qquad \diagdown CH_2-CH_2Cl \end{array}$$

in dem der Stickstoff in einen cyclischen Phosphamidester eingefügt wurde (Arnold). Man hatte dabei gehofft, daß der Phosphatester bevorzugt von rasch proliferierenden Tumorzellen aufgenommen und erst dort „geschärft" würde. Tatsächlich aber wird Endoxan in der Leber aktiviert; ein direkter Angriff auf Tumorzellen wurde kaum beobachtet. Damit war die Hoffnung, eine relativ untoxische, tumorspezifische Lostverbindung zu finden, nicht erfüllt. Trotzdem gehört Endoxan zu den bisher wirkungsvollsten Präparaten, die gegen ein breites Spektrum experimenteller Geschwülste wirksam sind.

Direkter Angriff auf die Tumor-DNA

Alkylierende Substanzen reagieren mit allen alkylierbaren Verbindungen: sie reagieren mit Proteinen und mit Nucleinsäuren. Man neigt heute dazu, vor allem die Reaktion mit der DNA als Schlüsselreaktion für die biologische Wirkung anzusehen. Guanin und Adenin werden alkyliert, es kommt zu Kettenbrüchen und (bei den zweiwertigen Senfgasen) zu Vernetzungen. Es leuchtet ein, daß eine schwer geschädigte DNA nicht mehr repliziert werden kann.

Alkylierende Substanzen schlagen brutal zu (Therapie mit dem Holzhammer); es gelingt aber auch auf indirektem Weg, zu einer wirkungsvollen Hemmung der DNA-Synthese zu kommen.

Antimetabolite in der Tumortherapie

Im Zellstoffwechsel werden Zwischenprodukte (Metabolite) aller Art hergestellt: Vorstufen für Proteine (Aminosäuren), Bausteine für Nucleinsäuren (Nucleotide). Die Chemiker haben nun eine ganze Reihe leicht modifizierter Zwischenprodukte hergestellt, die den echten Metaboliten weitgehend ähneln, sich aber doch in einem oder mehreren Details unterscheiden. Ein bekanntes

Beispiel für einen solchen „Antimetaboliten" ist das 6-Mercaptopurin (6MP) (Hitchings),

6MP

Adenin

das dem Adenin fast „aufs Haar" gleicht. Würde ein solcher falscher Nucleinsäurebaustein — als Trojanisches Pferd — in DNA eingebaut werden, müßte es zu Störungen bei der DNA-Synthese kommen.

6-Mercaptopurin wird tatsächlich in RNA und DNA incorporiert. Seine Hauptwirkung scheint aber eine indirekte zu sein: es wird in das Ribosidphosphat (entsprechend der Nucleotidstufe) überführt und hemmt dann die Umwandlung von Inosinsäure in Adenylsäure,

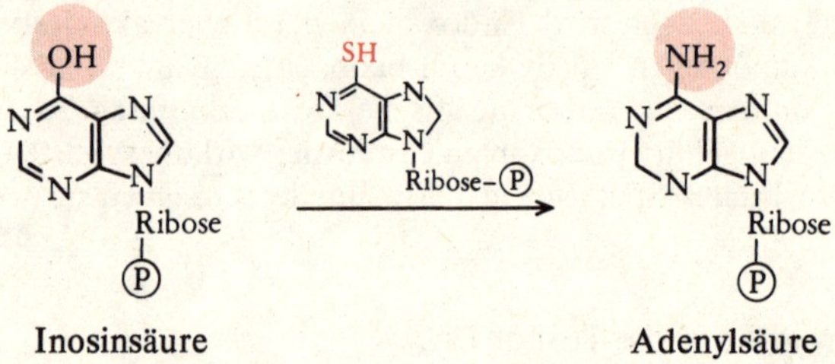

Inosinsäure

Adenylsäure

eine Umwandlung, die für die Nucleinsäuresynthese notwendig ist. Das für diese Reaktion verantwortliche Enzym wird vom 6-Mercaptopurin getäuscht; es bindet das falsche Nucleotid und kann deshalb das richtige (Inosinribosidphosphat) nicht weiterverarbeiten. Darüber hinaus blockiert 6-Mercaptopurin sehr frühe Stufen der Purinbiosynthese, indem es den Enzymen dieser frühen Baustufen die falsche Meldung zuspielt, es seien genügend Purine in der Zelle vorhanden (negative Rückkopplung der Biosynthese).

Auch durch diese indirekten Effekte wird die Neusynthese von DNA stark behindert. Tumorzellen, die gerade auf eine DNA-Synthese angewiesen sind, werden also von 6-Mercaptopurin gehemmt.

Es gibt aber noch einen zusätzlichen Grund, warum Mercaptopurin ein guter Tumorhemmer ist: normale Säugerzellen können 6 MP leicht abbauen, sie überführen es dabei (mit Hilfe der sogenannten Xanthinoxydasen) in 6-Thioharnsäure. Tumorzellen verfügen aber im allgemeinen nur über wenig Xanthinoxydase, sie sind also der Wirkung von 6 MP länger ausgesetzt als normale Zellen. Mit anderen Worten: 6 MP wirkt selektiv auf Tumorzellen.

Neben 6-Mercaptopurin wurde nun eine ganze Reihe anderer Antimetaboliten in der Tumortherapie eingesetzt. Methotrexat (Farber) und Fluoruracil (Heidelberger) sind wohl die bekanntesten und wirksamsten:

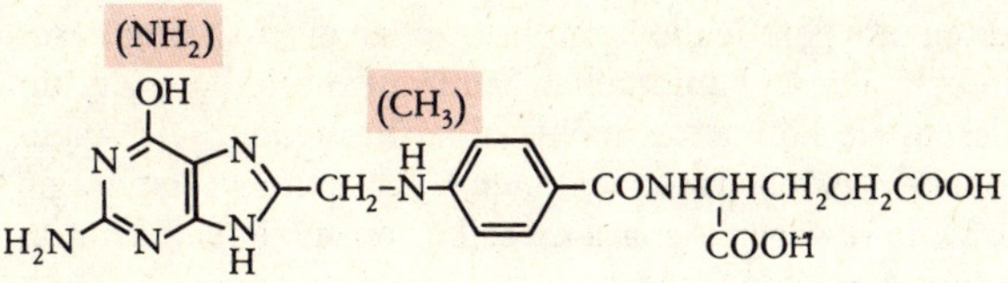

Methotrexat bzw. Folsäure

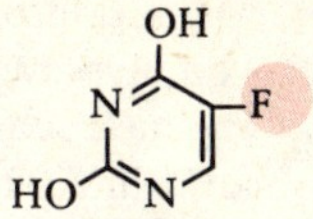

Fluor-uracil

Methotrexat ist Antagonist der Folsäure (die für den Aufbau von Nucleotiden gebraucht wird), Fluoruracil stört vor allem die Methylierung des Uridinmonophosphats zu Thymidinmonophosphat, ebenfalls ein für die DNA-Synthese wichtiger Schritt. In jüngerer Zeit ist Cytosin-Arabinosid in der Tumortherapie verwendet worden: in dieser Verbindung ist die Ribose gegen den falschen Zucker Arabinose ausgetauscht worden.

Immunosuppressive Nebenwirkungen

Alle Chemotherapeutika, die wir bisher kennengelernt haben, sowohl die Antimetabolite als auch die alkylierenden Substanzen, sind toxische Substanzen, die auch normale Zellen in Mitleidenschaft ziehen. Dadurch sind der Dosierung enge Grenzen gesetzt. Viel unangenehmer aber noch als die Nebenwirkungen auf Normalzellen ist die Wirkung dieser Substanzen auf das Immunsystem, mit anderen Worten ihre immunosuppressive Wirkung: Alkylierende Agenzien und Antimetaboliten reduzieren die Fähigkeit des Immunsystems, mit „Fremdmaterial" fertig zu werden; sie reduzieren damit aber auch die Möglichkeiten dieses Systems, Tumorzellen abzufangen, sie untergraben die körpereigene Tumorabwehr. Therapie mit cytotoxischen Substanzen ist daher immer kalkuliertes Risiko: die Tumorzellen sollten vollständig abgetötet werden; es darf kein Rest übrigbleiben, den die körpereigene Tumorabwehr noch beseitigen müßte. Die Suche nach untoxischen Tumorhemmern ist daher eine äußerst dringliche Aufgabe. Erste Erfolge brachte ein Medikament, das aus E. coli gewonnen wurde: die Asparaginase.

Asparaginase hungert Tumorzellen aus

Kidd machte 1953 eine überraschende Entdeckung: er hatte Mäusen mit experimentellen Lymphomen das Serum von Meerschweinchen injiziert und dabei beobachtet, daß die Tumoren zurückgingen. Broome griff diese Beobachtung auf und fraktionierte das Meerschweinchenserum, um zu sehen, welche Fraktion für diese Antitumorwirkung verantwortlich ist. Dabei stellte er fest, daß alle aktiven Fraktionen das Enzym Asparaginase enthielten. (Asparaginase spaltet die Aminosäure Asparagin in Ammoniak und Asparaginsäure).

Warum aber reagierten nun gerade die Lymphomzellen auf Asparaginase? Die Erklärung war einfach: Diese Tumorzellen sind auf die äußere Zufuhr von Asparagin angewiesen; sie können es nicht selber herstellen. Die Asparaginase schneidet sie daher vom lebensnotwendigen Nachschub an Asparagin ab. Eine normale Zelle kann dagegen Asparagin selber produzieren, Asparagin ist für sie keine „essentielle Aminosäure".

Meerschweinchenserum enthält nur wenig Asparaginase (für die Behandlung eines einzigen Patienten würde man etwa 100 000 Liter Serum benötigen, eine utopische Menge); Pferdeserum ist noch enzymärmer als Meerschweinchenserum. Größere Mengen Asparaginase lassen sich aber aus E.coli isolieren (Nashburn). Mit diesem bakteriellen Enzym sind großangelegte Versuche unternommen worden; sensationelle Ergebnisse sind allerdings ausgeblieben. Trotzdem wurde damit ein neues Prinzip in die Chemotherapie der Tumoren eingeführt: statt der unspezifischen Wirkung cytotoxischer Substanzen das gezielte Aushungern einer Tumorzelle. Ein harmloser Defekt einer Tumorzelle (nämlich ihr Unvermögen, Asparagin selber zu synthetisieren) wird ihr so zum Verhängnis.

Labilisierung der Tumorzellen durch Übersäuerung

Gärende Tumoren produzieren Milchsäure; sie verschieben damit den pH-Wert ihrer Umgebung ins Saure und sie schädigen sich damit selbst. Im Normalfall ist diese Übersäuerung nicht sehr stark ausgeprägt. Es gelingt aber, sie mit einem Trick künstlich anzuheben: vier Gramm Glucose pro Kilo müssen einer Maus während 100 min intravenös infundiert werden. Dadurch wird der Glucose-Durchsatz durch die Glykolysekette stark erhöht, und es kommt zu einer stark vermehrten Milchsäureproduktion. Intratumorale pH-Messungen bewiesen, daß pH-Werte bis herunter zu 5.8 erreicht werden können. Eine Abtötung von Tumorzellen gelingt allerdings damit nicht.

Manche Tumorzellen sind besonders hitzeempfindlich

Werden Tumorzellen (Morrishepatom 5121 oder Novikoffhepatom) auf 43 °C erwärmt, so wird ihre Atmung, gemessen an ihrem Sauerstoffverbrauch, auf ein Drittel gesenkt. Normale Zellen — als Modell wurden regenerierende Leberzellen verwendet — bleiben unbeeinflußt. Die DNA-Synthese in überhitzten Tumorzellen wird noch dramatischer herabgesetzt: schon nach zwei Stunden Vorinkubation sinkt der Einbau radioaktiven Thymidins auf 10% des Normalwertes. Auch hier erwiesen sich normale (regenerierende Leber-) Zellen als unempfindlich.

Mit einer Hitzebehandlung allein aber lassen sich Tumoren ebensowenig wie mit einer künstlichen Übersäuerung zur Regression bringen. Werden aber Tumorzellen durch diese „harmlosen Attacken" vorgeschädigt, so kann mit kleinsten Dosen wirksamer Chemotherapeutika eine vollständige Abtötung von Tumorzellen erreicht werden.

Mehrschritt-Therapie

Vor allem von Ardenne und sein Kollektiv haben sich mit der Kombination cancerolytischer Attacken mit Überhitzung und Übersäuerung beschäftigt. Tumorzellen wurden — um ein Beispiel zu geben — in einer 3×10^{-4} molaren Lösung von N-Oxyd-Lost einmal unter Normalbedingungen (pH 7.3 und 36 °C) und einmal unter „labilisierenden Bedingungen (pH 6.3 und 40 °C) incubiert. Zählte man nach verschiedenen Zeiten die Zahl der abgetöteten Zellen (definiert als Zellen, die Trypanblau aufnehmen), so ergab sich ein dramatischer Unterschied zwischen „normalen“ und „labilisierten“ Tumorzellen: Die Doppelattacke „Tumorübersäuerung + Hyperthermie“ hatte in diesem Beispiel die Wirkung des Cytostatikums auf Tumorzellen um den Faktor 10 verstärkt.

Im Organismus würden Normalzellen — und das ist das Entscheidende — im wesentlichen unbeeinflußt bleiben:

1. Normalgewebe wird durch einen Glucosestoß nicht übersäuert, und
2. Normalzellen sind weniger hitzeempfindlich. Allerdings ist der Gesamtorganismus sehr wohl hitzeempfindlich: Kreislaufstörungen scheinen fast unvermeidlich, und dies schränkt eine allgemeine Anwendung natürlich stark ein.

Kettenreaktionen führen zu einem „natürlichen Zelltod“

Vielleicht spielen die Lysosomen bei der Mehrschritt-Therapie eine Schlüsselrolle. Wir sind diesen „Selbstmordpaketen“ mit ihrer geballten Ladung hydrolytischer Enzyme schon einmal begegnet. Diese Enzyme besitzen ein weit im Sauren liegendes Optimum ihrer Aktivität (pH 5) und sie sind daher bei den pH-Werten des normalen Gewebes weitgehend unwirksam. Werden in einer Zelle nun, so folgert von Ardenne, die Lysosomen infolge einer therapeutischen Attacke geschädigt, so ist die Enzymaktivierung im hochübersäuerten Tumorgewebe so stark, daß ein wesentlicher Beitrag zur Schädigung sogar einer Nachbarzelle geleistet wird. Eine geschädigte Zelle wird so helfen, auch ihre Nachbarzelle zu zerstören, und diese wiederum ihre Nachbarn und so weiter. Sobald die Zerstörung einmal gezündet hat, läuft sie als Kettenreaktion durch das ganze Tumorgewebe. Erreicht die Kette dann aber das gesunde Gewebe, so reißt sie sofort ab, denn das Normalgewebe ist nicht übersäuert, und daher sind dort auch die lysosomalen Enzyme nicht aktivierbar.

Dieses Denkschema setzt natürlich gärende Tumoren voraus, und wir haben gesehen, daß nicht alle Tumoren merklich gären müssen. Dessen ungeachtet würden sich aber doch eine ganze Anzahl von Tumoren mit diesen Attacken erreichen und auf „natürliche Weise" abtöten lassen. Es wäre eine „natürliche Weise", weil ein ähnlicher Mechanismus (Überhitzung und Freisetzung lysosomaler Enzyme) wohl auch bei der Entzündung abläuft, bei der es ebenfalls zu einem Einschmelzprozeß geschädigten Gewebes kommt. Bei der Tumortherapie käme es also — nach diesen Vorstellungen — nur darauf an, die physiologische „Müllverbrennung" geschädigter Zellen „anzufachen" oder wie von Ardenne formulierte: „Grundprinzip und Ziel der Mehrschritt-Therapie des Krebses ist es, den natürlichen Cytolysemechanismus der Zelle streng lokalisiert in dem Krebsgewebe auszulösen."

Virus-Tumor-Therapie?

Gegen Virustumoren sollten eigentlich „Virus-Mittel" helfen, doch was man gegen Viren tun kann, ist nicht allzuviel. Gegen Viren helfen natürlich Antikörper, wie gegen jede „Microben-Invasion"; abgetötete oder abgeschwächte Viren können immunisieren („Polio-Schluckimpfung") und auch gegen Leukämieviren sind Schutzimpfungen möglich (vgl. S. 129).

Doch ein Säugetierorganismus hat noch eine zweite Anti-Virus-Waffe in seinem Arsenal: *Interferon.* Dies ist ein Eiweiß, das Zellen produzieren, wenn sie von einem Virus angegriffen werden und das die Virusvermehrung blockiert (to interfer = stören). Interferon ist leider artspezifisch, d. h. Mäusezellen werden nur durch Mäusezelleninterferon, Rattenzellen nur durchRatteninterferon geschützt. Man brauchte also menschliches Interferon, wenn man gegen Grippe oder Schnupfen etwas unternehmen will.

Es gibt nun aber eine elegante Methode, Interferon indirekt zu produzieren: Poly I/C (Polyinosin-Polycytidylsäure) stimuliert die Interferonproduktion auch ohne Virus. Diese künstliche doppelsträngige RNA stört nicht nur in der Gewebekultur die Virusvermehrung, sie hat sich bereits in „Feldversuchen" gegen Viruserkrankungen bewährt.

Poly I/C hat aber mehr Meriten als Viren zu blockieren; es hemmt Tumoren und auch solche, von denen man — bisher jedenfalls — nicht annahm, daß sie virusinduziert sind. Vielleicht beruht die tumorhemmende Wirkung aber auch gar nicht auf einer Wirkung gegen Viren: Poly I/C stimuliert unspezifisch die Immunabwehr und damit auch die Abwehr von Tumorzellen. Auch damit ließe es sich verstehen, warum es zu Tumorregressionen kommen kann.

Zusammenfassung

Attacken auf die DNA einer Tumorzelle stehen nach wie vor im Vordergrund tumortherapeutischer Modelle: mit *Antimetaboliten* werden falsche Bausteine eingeschleust, *alkylierende Agenzien* „schlagen einfach zu".

Asparaginase wirkt schonender: sie hungert Tumorzellen aus, indem sie Asparagin abbaut, das für Tumorzellen essentiell ist.

Grundprinzip der *Mehrschritt*-Therapie ist es, den natürlichen Cytolysemechanismus streng lokalisiert im Krebsgewebe auszulösen.

Dogmen zur Tumorentstehung

In den „Maghrebinischen Geschichten“ erzählt Gregor von Rezzori von einem gewissen Schorodok und seiner Regentheorie. „Der Regen“, sagt dieser Mann, „kommt aus den Wolken. Die Wolken aber sind wie Schwämme, die sich vollgesogen haben mit Wasser. Nun ziehen diese Schwämme, vollgesogen, vom Wind getrieben, über den Himmel. Von rechts kommen die Schwämme, von links kommen die Schwämme, und in der Mitte kommen sie zusammen und drücken sich. Drückt man aber einen Schwamm, der voll ist von Wasser, so kommt das Wasser aus dem Schwamm heraus. Es fällt auf die Erde, und so entsteht der Regen“. Verlangte man aber nach einem Beweis für diese Theorie, so antwortete Schorodok: „Was braucht ihr Beweise? Seht ihr denn nicht, daß es regnet?“

Nicht immer sind Theorie und Beobachtung, Hypothese und Experiment so locker verbunden wie in diesem Beispiel. Aber keine Wissenschaft kommt ohne Vorentwürfe, ohne Vorurteile aus, und auch die Krebsforschung macht da keine Ausnahme. Gerade diese Wissenschaft mit ihrem so weitgestreuten Beobachtungsmaterial, mit ihren verwirrenden Einzelbefunden, gerade sie braucht kräftige Vorurteile, die in den undurchdringlichen Dschungel scheinbar unvereinbarer Fakten und Begriffe einen ersten Trampelpfad hauen können.

Es wurde nicht aufs Geradewohl gehauen; man ging vielmehr von festen Ausgangspositionen aus: Warburg hatte immer wieder Atmung und Gärung von Gewebeschnitten und Zellkulturen gemessen, bevor er seine Krebstheorie der gestörten Atmung vorlegte. Die Millers und Potter hatten die Bindung von Carcinogenen an Proteine beobachtet und gesehen, daß diese Proteine in den Tumoren fehlten. Erst dann haben sie ihre Deletionstheorie formuliert. K. H. Bauer war auf die mutagene und gleichzeitig carcinogene Wirkung der Röntgenstrahlen aufmerksam geworden, bevor er eine allgemeine „Mutationstheorie der Geschwülste“ ausarbeitete. Oberling hatte sehr gründlich die Virustumoren studiert, bevor er schrieb, daß die Tumorviren die Ursache aller Tumoren sein müßten.

Wissenschaftliche Vorurteile sind auf Revision angelegt, jedenfalls grundsätzlich. In Wirklichkeit aber haben sie ein zähes Leben wie alle Vorurteile und viele von ihnen werden nie richtig widerlegt; sie werden „alt“ und verlieren einfach an Interesse: „Old soldiers never die, they just fade away.“ Die Hitze der Diskussion verliert sich, sehr oft aber nicht ohne den Schmerz des Abschiednehmens.

Auch im wissenschaftlichen Alltag gibt es lebensnotwendige, zumeist unausgesprochene Vorurteile, Dogmen in kleiner Münze für den täglichen Gebrauch. Viele von ihnen sind ins Selbstverständliche abgerutscht, aber es lohnt sich, sie von Zeit zu Zeit wieder hervorzuholen und sie auf ihre Glaubwürdigkeit abzuklopfen.

Nicht alle Tumorzellen wachsen schneller

Innerhalb weniger Tage können ein paar Zellen eines virulenten Tumors zu einer grammschweren Geschwulst heranwachsen: ein Novikoff-Hepatom oder ein Yoshida-Sarkom tötet eine Ratte schon etwa eine Woche nach der Transplantation. Dabei ist es ziemlich gleichgültig, ob die Tumorzellen sich zu einer soliden Geschwulst entwickeln oder sich als freie Einzelzellen, als sogenannte Ascites-Tumoren, in der Bauchhöhle vermehren. Tumorzellen verhalten sich hierbei eigentlich wie Bakterienzellen in einem nährstoffreichen Kulturmedium: sie widmen sich fast ausschließlich dem Teilungsgeschäft. Aber auch dann, wenn langsam wachsende Tumoren allmählich ihr Muttergewebe überrunden, wachsen Tumorzellen rascher als ihre normalen Nachbarn.

Doch die Verallgemeinerung, daß sich alle Tumorzellen schneller teilen, ist falsch. Betrachten wir ein hydrodynamisches Modell:

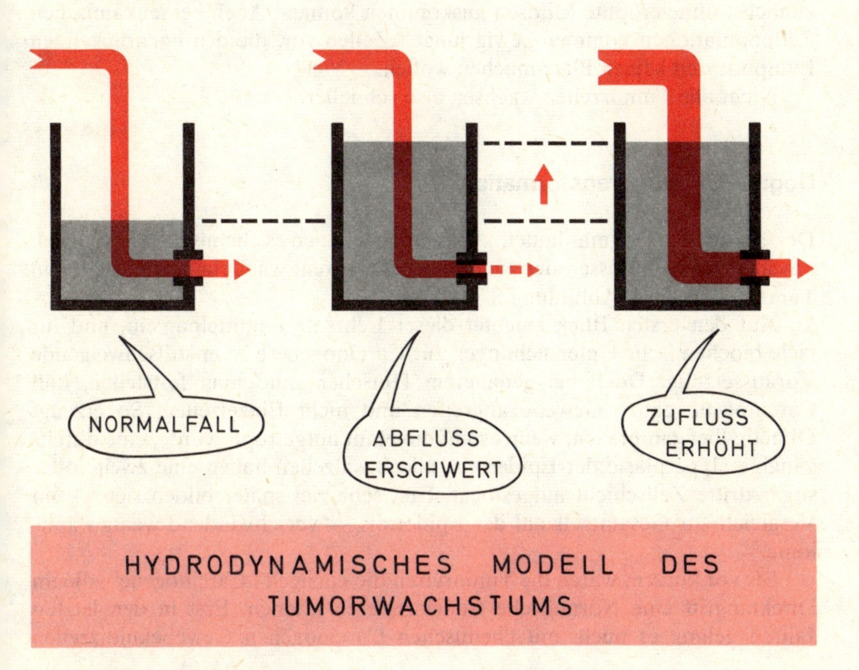

HYDRODYNAMISCHES MODELL DES TUMORWACHSTUMS

In einem Gefäß wird ein konstantes Flüssigkeitsniveau aufrechterhalten; Zufluß- und Abflußgeschwindigkeit sind einander gleich. Soll das Niveau ansteigen, so kann

a) der Zufluß vergrößert oder aber
b) der Abfluß gedrosselt werden.

In beiden Fällen tritt eine instabile Lage ein, der Inhalt des Gefäßes muß zunehmen. (Unbegrenzt kann allerdings in unserem Modell der Wasserspiegel nicht steigen: mit zunehmender Wasserhöhe nimmt auch der Druck und damit die Ausflußgeschwindigkeit zu; bei einer bestimmten neuen Wasserhöhe erreicht die Ausflußgeschwindigkeit die erhöhte Zuflußgeschwindigkeit. Der Wasserspiegel pegelt sich damit auf ein neues stabiles Niveau ein).

Auch das Tumorwachstum muß nicht notwendigerweise ausschließlich durch eine erhöhte Zellteilung aufrecht erhalten werden; den gleichen Effekt erzielt eine Verlängerung der mittleren Lebensdauer der einzelnen Zelle.

Am Beispiel keratinisierender Zellen der Haut konnte beobachtet werden, daß neoplastische Zellen länger überleben als normale Zellen, daß die Prozesse des normalen Alterns und der Übergang in „tote" Keratinschichten wesentlich verlangsamt sind. Eine solche überalterte Zellpopulation muß notwendig an Masse zunehmen. Setaelae hat in diesem Zusammenhang von einer „defekten Zellreifung" gesprochen und sie der Alternative einer „beschleunigten Zellteilung" gegenübergestellt.

Epidermale Tumoren sind nicht die einzigen Beispiele für Tumoren, die zunächst ohne erhöhte Mitosen auskommen können. Auch bei leukämischen Zellpopulationen kommen „ewig junge" Zellen vor, die den nachrückenden Lymphocyten keinen Platz machen wollen.

Nicht alle Tumorzellen wachsen also schneller.

Dogma von der Transformation

Der Text dieses Dogmas lautet: „Carcinogene, seien es chemische Substanzen, physikalische Einflüsse oder auch oncogene Viren, wandeln Normalzellen in Tumorzellen um" (Abbildung S. 193).

Auf den ersten Blick leuchtet dieser Lehrsatz unmittelbar ein, und für viele biochemische Untersuchungen zur Carcinogenese ist er stillschweigende Voraussetzung. Doch bei genauerem Hinsehen muß man feststellen, daß Carcinogene ganze Gewebe angreifen und nicht Einzelzellen. So erzeugt Dimethylbenzanthrazen, wenn es auf die Haut aufgetropft wurde, eine durchgängige Hyperplasie der Epidermis; alle Basalzellen haben eine zweite oder sogar dritte Zellschicht aufgestockt. Erst sehr viel später bilden sich — im Vergleich zur Gesamtzellzahl der Epidermis — verschwindend wenig Papillome.

Bis vor kurzem waren die Tumorviren die einzigen „Carcinogene", die im Direktangriff eine Normalzelle transformieren können. Erst in den letzten Jahren gelang es auch, mit chemischen Carcinogenen Gewebekulturzellen

Dogma von der Transformation

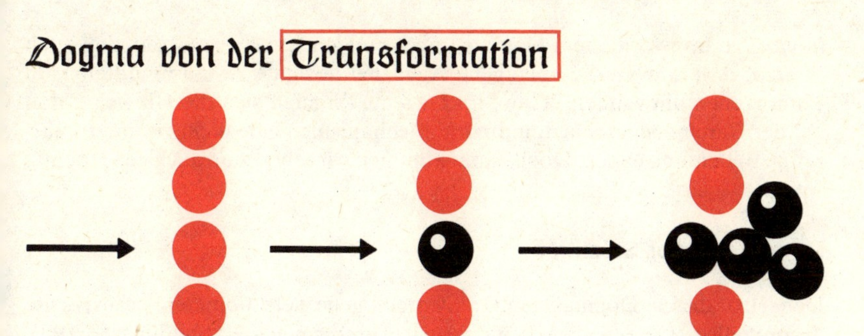

Ein Carcinogen transformiert eine normale Zelle in eine neoplastische Zelle, die schließlich zu einer neuen Zellpopulation führt, die nicht mehr den Regeln der Wachstumsregulation unterliegt.

Dogma von der Selektion

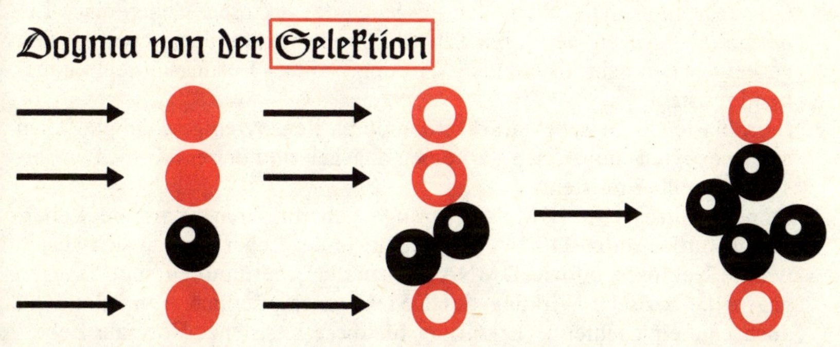

Ein Carcinogen selektiert präexistierende Tumorzellen; toxische „Nebeneffekte" der Carcinogene auf normale Zellen spielen dabei die entscheidende Rolle.

Dogma von der Isolation

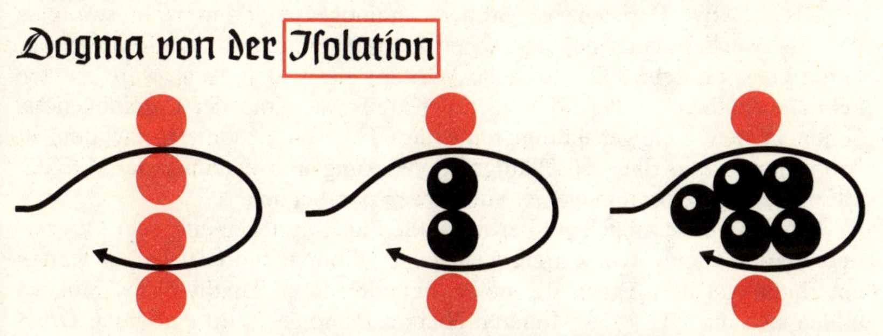

Ein Carcinogen schließt normale Zellen aus dem Wachstumsregulationsfeld aus. In extremen Fällen können sich völlig normale Zellen „neoplastisch" benehmen.

in vitro zu transformieren. Damit ist aber nun keineswegs erwiesen, daß auch *in vivo*, d. h. am Tier, carcinogene Agenzien normale Zellen unmittelbar in Tumorzellen umwandeln. Ganz im Gegenteil häufen sich die Hinweise, daß bei der Carcinogenese auch indirekte Mechanismen eine nicht zu unterschätzende Bedeutung haben. Doch damit kommen wir schon zum nächsten Dogma.

Dogma von der Selektion

Der Text dieses Dogmas lautet: „Carcinogene selektionieren präexistente Tumorzellen, sie erzeugen keine neuen Tumorzellen" (Abbildung S. 193). Dieses Dogma setzt voraus, daß Tumorzellen gegenüber toxischen Carcinogenen widerstandsfähiger („resistent") sind als ihre normalen Nachbarn. In der Tat gibt es dafür experimentelle Hinweise:

1. Normale Leberzellen werden durch Tetrachlorkohlenstoff „vergiftet", im Leberparenchym bilden sich ausgedehnte Nekrosen. Zellen eines Lebertumors dagegen, der durch Tetrachlorkohlenstoff induziert wurde, sind gegenüber den nekrotisierenden Wirkungen dieses Lösungsmittels weitgehend resistent.
2. Fibroblasten in Gewebekultur werden durch Benzpyren geschädigt. Zellen aus Benzpyren-induzierten Sarkomen dagegen sind diesem Kohlenwasserstoff gegenüber resistent.
3. Dimethylnitrosamin (DMNA) erzeugt Lebertumoren. Normale Leberzellen werden durch DMNA geschädigt; in der Leber können sich ausgedehnte Nekrosen bilden. DMNA-induzierte Lebertumoren sind dagegen gegen die toxische Wirkung des DMNA unempfindlich. Emmelot fand auch eine einleuchtende Erklärung für diese Resistenz: Normale Leberzellen besitzen ein Enzymsystem, das DMNA in die eigentlich wirksamen Folgeprodukte überführt (vgl. S. 56). In den resistenten Tumorzellen fehlt dieses Enzymsystem, die „Giftung" des DMNA bleibt dort also aus.

Die selektive Resistenz gegenüber Carcinogenen erklärt recht zwanglos das Überwuchern einer neoplastischen Zellrasse innerhalb der Gesamtpopulation eines Gewebes. Die toxische Wirkung der Carcinogene wäre danach kein Nebeneffekt, sondern die eigentlich treibende Kraft der Carcinogenese. Schon in den dreißiger Jahren hatte dies Haddow postuliert, nachdem er beobachtet hatte, daß zellschädigende Wirkung und carcinogene Aktivität aller untersuchten carcinogenen Substanzen parallel liefen.

Schwierigkeiten machen allerdings alle Fälle, in denen eine sehr kurzzeitige Verabreichung von Carcinogenen zu Tumoren führt. Erhalten Ratten innerhalb von drei Tagen die halbe Lethaldosis an Diäthylnitrosamin, so bilden sich nach 12—14 Monaten Nierencarcinome. Wird eine hohe Dosis von Methylcholanthren (200 γ) auf die Rückenhaut einer Maus gepinselt, so entwickeln sich Papillome und Plattenepithelcarcinome. Hamster sterben an Trachealpapillomen nach einer einmaligen subcutanen Injektion von

Diäthylnitrosamin. Hier kann man nicht so recht einsehen, wie das Carcinogen eine Selektion bewirken sollte.

Warum aber entwickeln sich die Tumoren erst so viel später? Dies muß an Prozessen liegen, die nicht mehr direkt mit einer selektiven Wirkung des Carcinogens zu tun haben.

Man könnte an eine langsam erlahmende Abwehrkraft des Organismus gegen die vorgebildeten Tumorzellen denken. Für die Immunabwehr sind solche mit dem Alter abnehmenden Abwehrkräfte gut bekannt. Dies würde bedeuten, daß die mit der einmaligen Dosis produzierten „Tumorzellen" auf diesen Augenblick warten müssen.

Vielleicht aber muß einfach die Tumorzellzahl in den einzelnen „Zellnestern" erst eine bestimmte kritische Größe erreichen, bevor ein explosives Wachstum beginnen kann.

Die Dogmen von der Transformation und der Selektion schließen einander nicht aus, denn warum sollte ein Carcinogen nicht zuerst eine Zelle transformieren und danach auch noch selektionieren können. Unabhängig davon aber, ob die Selektion allein oder im Verein mit einer Transformation zur Tumorbildung führt, es ergeben sich sehr unangenehme Folgen für alle Untersuchungen, die sich mit biochemischen, aber auch mit histologischen Veränderungen während der Carcinogenese beschäftigen.

Betrachten wir ein Beispiel: Es wurde beobachtet, daß nach der Verabreichung eines Carcinogens (3-Methylcholanthren; 7,12-Dimethylbenzanthrazen) die DNA-Synthese eines Gewebes (Haut) zuerst erniedrigt, anschließend aber gesteigert wird. Daraus wurde der Schluß gezogen, daß die sogenannten „Primärereignisse", die die Umwandlung in eine Tumorzelle einleiten, etwas mit dem DNA-Stoffwechsel zu tun haben. Diese Folgerung ist jedoch in hohem Maße voreilig, denn die beobachteten Effekte könnten ebensogut die Anfangsschritte einer Reaktionskette sein, die in der Folgezeit zu einer toxischen Degeneration des Gewebes und eben nicht zu einer Tumorzelle führt. Das Selektionsdogma würde sogar darauf bestehen, daß dies so sein muß; schließlich sind so gut wie alle Carcinogene toxisch, d. h. sie führen bei ausreichender Dosierung zu Zellschäden und gegebenenfalls zum Zelltod.

Jedem Humanpathologen sind diese toxischen „Nebeneffekte" bei der Tumorentstehung geläufig. Bei der Haut sind Papillomentstehung und Entzündung eng gekoppelt; Zirrhose und Leberkrebs scheinen ebenfalls unmittelbar zusammenzuhängen. „Krebs entsteht eben nicht aus heiler Haut" (Schmidt), und ebensowenig bilden sich Hepatome in gesunder Leber.

Auch im Tierexperiment entstehen bei der Verfütterung hepatotroper Substanzen wie Buttergelb oder einiger Nitrosamine schwere Leberschäden. Bei niedrigen Dosierungen von Diäthvlnitrosamin (2 mg/kg und Tag) kann man aber Hepatome induzieren, ohne eine Leberzirrhose zu erzeugen. Hier fallen carcinogener und „toxischer" Effekt offensichtlich auseinander.

Es erscheint daher fraglich, ob eine reine Selektion für die Tumorentstehung wirklich wichtig ist.

Dogma von der Isolation

Das Selektionsdogma machte sich die Tumorentstehung leicht: Tumorzellen brauchen nicht erst gebildet zu werden, sie können von Anfang an da sein — während der Embryonalentwicklung entstanden —; sie liegen irgendwo zunächst als harmlose Einsprengsel im Gewebe, potentiell bösartig warten sie auf ihre Chance.

Das Dogma von der Transformation legte den Akzent ganz entschieden auf die Rolle der einzelnen Zelle, die mit Hilfe eines Carcinogens in eine Tumorzelle umgewandelt werden soll. Folgerichtig können auch isolierte Zellen einer Gewebekultur *in vitro* durch Carcinogene transformiert werden.

Doch die Zellen eines höheren Organismus sind Glieder einer höchst komplexen Gemeinschaft und damit auch den Steuerungsimpulsen eben dieses Gemeinwesens unterworfen.

Das „Dogma von der Isolation" betrachtet nun die Bildung eines Tumors vom Standpunkt dieser übergeordneten Regulationsfelder des Gesamtorganismus. Kurz gefaßt lautet es: „Werden Zellen wachstumsregulierenden Signalen entzogen, so reagieren sie mit neoplastischem Wachstum" (Abbildung S. 193).

Veranschaulichen wir diese Vorstellung zunächst einmal mit einem Gedankenexperiment: Eine Leber sei partiell entfernt worden und gerade dabei, nachzuwachsen. Die gängigen Theorien dieser Leberregeneration arbeiten mit leber-regulierenden Substanzen, die von den Leberzellen selber produziert werden und die die Zellteilung einer Leberzelle bremsen, wenn die Leber wieder vollständig regeneriert wurde. Die Restleber kann naturgemäß nur weniger Hemmstoff produzieren, die Hemmung pro Einzelzelle wird kleiner:

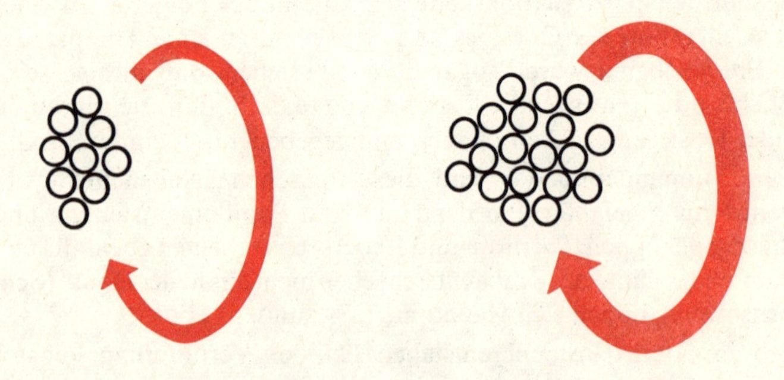

Die verbleibenden Leberzellen können sich daher jetzt teilen, und zwar so lange, bis etwa die gleiche Zellzahl wie vor der Resektion erreicht wird. Dann produzieren nämlich wieder genügend Leberzellen genügend Leberhemmstoff („Chalon") und die Teilung muß eingestellt werden.

Würde nun in diesem Regelkreis — Leberzellen/Leberhemmstoff — der Regelfluß an irgendeiner Stelle unterbrochen, so käme die Regeneration der Leber nie zum Stillstand:

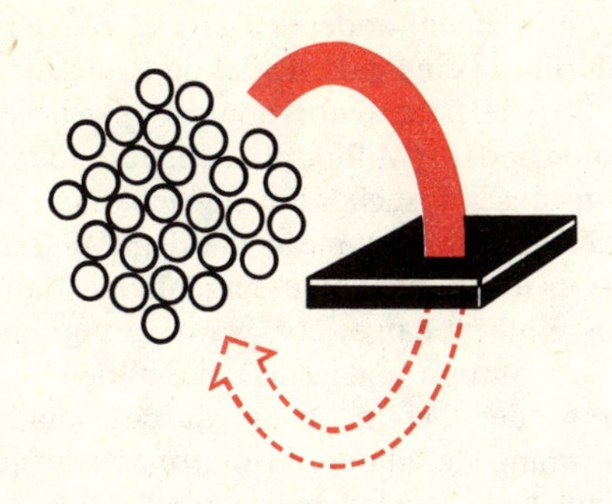

Die Konsequenz wäre ein Hepatom, — allerdings ein sehr merkwürdiges, denn es würde aus ganz normalen Leberzellen bestehen. Dieses Beispiel ist aber, bis heute jedenfalls, nur ein Gedankenexperiment. Man kennt bis jetzt kein Carcinogen, das spezifisch mit zirkulierenden Wachstumsregulatoren reagiert und damit ein bestimmtes Gewebe vor diesem Regulator abschirmt.

Vielleicht aber haben die sogenannten Plastikfoliensarkome etwas mit einer solchen Abschirmung zu tun. Diese Tumoren entstehen, wenn zum Beispiel einer Ratte ein Kunststoffilm implantiert wird. Möglicherweise stören diese Folien dann einfach den Austausch regulierender Substanzen.

Oppenheimer hatte Rattennieren in Cellophan eingepackt oder Cellophanfolien subkutan implantiert. Dabei war es wichtig, wie das Cellophan implantiert wurde: Stäbchen aus dem gleichen Material, aber mit rauher Oberfläche produzierten keine Sarkome. Daraus wurde der Schluß gezogen, daß es nicht die Substanz selber ist, die Tumoren erzeugt, sondern eine durch sie verursachte „Strömungsstörung" im Gewebe.

Nicht nur Cellophan erwies sich als „carcinogen", Dutzende anderer Kunststoffe wie Polyäthylen, Polyvinyl, Nylon führten zu Sarkomen, aber auch natürliche Polymere wie Horn, Pergament, Elfenbein, vorausgesetzt sie wurden als glatte Scheibchen subcutan implantiert (Druckrey, Schmähl u. a.).

Zwar konnte nachgewiesen werden, daß die plastischen Materialien nicht völlig reaktionslos unter der Haut liegen bleiben. Mit radioaktiv markierten Kunststoffen ließ sich ein dauernder Abbau nachweisen. Trotzdem spricht aber der allgemeine Eindruck viel eher für eine „physikalische" als eine chemische Sarkominduktion. Ob allerdings dabei wirklich „Chalongleichgewichte" verschoben werden, ist doch fraglich.

Der Organismus umgibt die Kunststoffscheibe oder die Plastikfolie mit einer Bindegewebskapsel, isoliert sie dadurch und schafft eine „ökologische

Nische". Tatsächlich erscheint das Innere der Kapsel „extraterritorial": Zellenimplantate, die an anderen Stellen abgestoßen würden, wachsen hier an. Die schützende Kapsel entzieht die transplantierten Zellen dem Angriff fremdenfeindlicher Lymphocyten.

Wenden wir uns nun einem anderen Beispiel zu, bei dem offensichtlich Isolation und Abschirmung eine entscheidende Rolle für die Cancerisierung spielen. Shelton u. a. plazierten embryonales Gewebe einer Maus in eine Kammer mit Milliporewänden. (Millipore ist ein besonders präpariertes Material, das zwar den Austausch löslicher Substanzen, nicht aber das Eindringen ganzer Zellen erlaubt). Diese Kammern wurden Mäusen — vom gleichen Stamm natürlich — in die Bauchhöhle eingepflanzt und nach 14 Monaten wieder entfernt. Das Embryonalgewebe wurde entnommen und wiederum in Mäuse vom gleichen Stamm injiziert. Dabei bildeten sich dann Sarkome.

Also, auch hier wieder Carcinogenese durch Isolation, in diesem Fall wohl durch Abschirmung zellulärer Abwehrmechanismen. Lymphocyten, die normalerweise mit kleinen Mengen neoplastischer Zellen fertig werden können, konnten eben nicht in die Milliporekammern eindringen. Ob allerdings potentielle Tumorzellen von vornherein im Embryonalgewebe enthalten waren oder aber ob sie durch die „beengten Verhältnisse" in den Kammern erst entstanden sind, ist natürlich offen. Doch auch hier wieder drängt sich der Schluß auf, daß ein carcinogenes Agens nicht notwendigerweise eine Normalzelle in eine Tumorzelle umwandeln muß, die dann automatisch die Schranken der Regulation durchbricht. Entscheidend ist hier offensichtlich ein indirekter Effekt, der zum Zusammenbruch der schützenden Kontrollmechanismen führt, ohne direkt an den betroffenen Zellen angreifen zu müssen.

In diesen Zusammenhang gehört auch die Immunosuppression: carcinogene Agenzien schädigen das Immunsystem, präformierte oder auch gleichzeitig neu gebildete Tumorzellen erhalten dadurch bessere Überlebenschancen. Den abschirmenden Milliporekammern entspricht bei der Immunosuppression ein als ganzes geschwächtes lymphocytäres Abwehrsystem.

Betrachten wir schließlich noch ein letztes Beispiel, in dem durch Isolation von Zellen die Entstehung eines Tumors ausgelöst wird. Eierstöcke, beispielsweise einer Maus, lassen sich in die Milz implantieren. In diesen „Milzovarien" entwickelt sich zunächst eine Hyperplasie und schließlich ein Eierstocktumor. Ein normales Gewebe am falschen Platz erscheint also besonders gefährdet.

Analogiefälle sind aus der deskriptiven Pathologie bekannt: so kann beispielsweise im Oesophagus (Speiseröhre) versprengtes Gewebe der Magenschleimhaut vorkommen. Dieses „dystope Gewebe" neigt ebenfalls besonders zur Tumorbildung. Offensichtlich kann die „Magenschleimhaut in der Diaspora" von den regulierenden Impulsen des Muttergewebes nicht mehr richtig erreicht werden.

Die Entstehung der Tumoren aus den Milzovarien ist hormonbedingt: das von normalen Eierstöcken produzierte Östrogen reguliert in der Hypophyse die Ausschüttung gonadotropen Hormons, das seinerseits die Zellteilung in den Eierstöcken (Gonaden) stimuliert. Geringes Östrogenangebot bewirkt eine starke Ausschüttung gonadotropen Hormons und umgekehrt.

Das in den Milzovarien hergestellte Hormon kommt zur Leber, wird dort völlig abgebaut und kommt daher nicht zur Hypophyse. Die Hypophyse „meint" deshalb, es seien nicht genügend Ovarzellen vorhanden; sie schüttet dauernd Gonadotropin aus, die Milzovarien müssen daher ständig wachsen.

Transplantierbarkeit muß kein Tumorkriterium sein

Von einem richtigen Tumor wird verlangt, daß er transplantierbar sei. Damit schieden alle Tumoren aus, die ihre Existenz ausschließlich einer zusammengebrochenen Regulation des Gesamtorganismus verdanken. In einen neuen Organismus verpflanzt, der noch über intakte Regulationsmechanismen verfügt, haben sie keine Chance mehr. Die strenge Anwendung dieser Regel würde Geschwülste von der Art der Ovarialtumoren in der Milz nicht anerkennen. Das Kriterium der Transplantierbarkeit hat aber auch für Tumoren seine Probleme, die sich aus eigener Kraft dem Regulationsfeld des Organismus entzogen haben. Auch solche „autonomen" Tumorzellen werden nur dann anwachsen, wenn das Empfängertier immunologisch „verträglich" ist und wenn sie selber keine allzugroßen tumorspezifischen Abwehrkräfte auslösen. Kurz, es gelten die strengen Regeln der Transplantation. Ein erfolgreiches Angehen eines Tumors sagt daher in erster Linie etwas über die immunologischen Beziehungen der Partner aus; erst in zweiter Linie spielt die Tumorzelle als autonome Zelle eine Rolle.

Doch damit ist die Problematik einer Tumortransplantation als Test auf Autonomie noch nicht erschöpft. Vergleichen wir einmal drei nahe verwandte Transplantationsbeispiele:

1. Eine transplantierte Niere — geeigneten Spender und Empfänger vorausgesetzt — wächst an und funktioniert als Niere wie zuvor in ihrem „Heimatorganismus".
2. Isolierte Nierenzellen, in einen syngenen Wirt transplantiert, wachsen *nicht* an.
3. Isolierte Zellen eines Nierentumors dagegen können mit Erfolg überimpft werden. Sie wachsen zu dreidimensionalen Geweben heran, mehr oder weniger noch Nierengewebe ähnelnd, mit einem eigenen Netz versorgender Arterien und Venen und von einer schützenden Kapsel umgeben. Kapsel ebenso wie Gefäße wurden vom Wirt zur Verfügung gestellt, der Tumor hat ihre Produktion erzwungen.

Ganz offensichtlich entscheiden diese „organisatorischen Talente" mit darüber, ob eine Tumorzelle bei der Transplantation angeht oder nicht. Zellen könnten aus allen wachstumsregulierenden Systemen herausfallen, und man würde trotzdem nicht erwarten, daß sie dann auch in jedem Fall transplantierbar sein müßten.

Dogma von der Irreversibilität

„Eine Tumorzelle, die einmal den Weg der Anarchie gegangen ist, kann nicht mehr auf den Pfad staatsbürgerlichen Wohlverhaltens zurückgebracht werden". Sie kann wohl zerstört oder unschädlich gemacht werden, niemals aber in die Normalzelle zurückverwandelt werden, die sie einmal war.

Eine lange klinische Erfahrung vertraut daher mehr auf den radikalen Eingriff als auf eine spontane Heilung. Aber auch Millionen von Tiertumoren haben dieses Dogma immer wieder erhärtet. Es ist zu einer der Grundlagen der Mutationstheorie der Geschwülste geworden, denn gerade Mutationen können solche irreversiblen Veränderungen erklären.

Ganz zaghaft jedoch meldet sich Widerspruch: gegenüber der erdrückenden Zahl irreversibler Tumoren spielen zwar die wenigen Beispiele reversibler Geschwülste bisher kaum eine Rolle. Aber allein ihre Existenz schlägt eine Bresche in verhärtete Denkschemen und nötigt zum Umdenken.

Am Beispiel eines Pflanzentumors hat A. Braun nachgewiesen, daß Tumoren doch zur Umkehr gezwungen werden können. Bei seinen Experimenten verwendete er ein Tabak-Teratom, eine langsam wachsende Geschwulst, die auf einfachen künstlichen Nährböden wächst, transplantierbar ist und immer noch Strukturen hervorbringen kann, die Knospen und Blättern ähneln.

Ein kleines Stück eines solchen Nicotiana-Teratoms wurde auf die Spitze des abgeschnittenen Stengels einer gesunden Tabakpflanze aufgepfropft. Die Geschwulst wuchs an und bildete neben amorphen Geweben abnormale Blätter und Knospen. Wurden davon wiederum Stücke auf einen neuen Stengel aufgepfropft, so wuchsen nach mehreren Passagen normale Blätter und Knospen aus und es kam sogar zur Blütenbildung. Aus den Samen schließlich wuchsen wieder völlig „geheilte" Tabakpflanzen heran.

Die Wiener Seilern-Aspang und Kratochwil beobachteten Tumoren bei Kröten, die sich spontan zurückbilden können. Diese Geschwülste waren mit Methylcholanthren induziert worden, sie metastasierten, infiltrierten die benachbarten Gewebe, bis die Tiere schließlich starben. Bei zahlreichen Kröten jedoch stellte der Tumor sein Wachstum ein und revertierte zu normalen differenzierten Zellen. Dabei revertierten Tumoren, die sich an der Schwanzwurzel entwickelt hatten, besonders leicht, wenn zusätzlich durch Abschneiden des Schwanzes eine Regeneration dieses Körperteiles erzwungen worden war.

Vielleicht hängen Revertierbarkeit dieses Krötentumors und die ausgeprägte Fähigkeit dieses Tieres zur Regeneration zusammen. Trotzdem wäre es aber doch wohl zu pessimistisch, in solchen reversiblen Geschwülsten besondere Raritäten zu vermuten. Betrachten wir daher noch ein Beispiel einer Säugetiergeschwulst.

Bei der Maus und auch beim Menschen kennt man sogenannte Teratocarcinome; das sind Geschwülste, die aus Knochen-, Knorpel- und Nervenzellen bestehen und Zahnanlagen, Haarfollikel und auch andere differenzierte Zelltypen enthalten. Neben diesen spezialisierten Zellen kommen aber auch

„embryonale“ undifferenzierte Tumorzellen vor. Alle diese verschiedenen Zellen wachsen weitgehend chaotisch durcheinander. Das Teratom läßt sich von Maus zu Maus transplantieren, nach zwei bis drei Wochen stirbt der Teratomträger.

Kleinsmith und Pierce stellten sich nun die Frage, ob jeder einzelne Zelltyp eigens übertragen werden muß, um das ganze Spektrum des Teratoms zu garantieren. Dabei stellte sich heraus, daß es genügt, die undifferenzierten Tumorzellen zu transplantieren, denn aus ihnen können sich alle anderen differenzierten Zelltypen entwickeln. Hier findet also ebenfalls ein Übergang undifferenzierter maligner Tumorzellen in differenzierte Zellen statt. Tumorregressionen kamen hier nicht vor, doch zeigt sich auch in diesem Beispiel, daß sehr wohl spezialisierte „Normalzellen“ aus „embryonalen“ Tumorzellen entstehen können.

Der Fall dieses Teratoms ist zugegebenermaßen etwas verwirrend, doch wurden in der Zwischenzeit auch an anderen Tumorzellen höherer Organismen gelegentlich Reversionen beobachtet. Beispielsweise verloren Zellen aus Neuroblastomen nach mehreren Passagen in der Gewebekultur ihr undifferenziertes Aussehen und sie ähnelten mehr und mehr normalen Nervenzellen. Dies ist um so ungewöhnlicher, als normalerweise Tumorzellen in Kultur zunehmend „bösartiger“ werden und sogar normale Zellen einzig und allein durch *In-vitro*-Kultur zu Tumorzellen entarten können.

Kürzlich berichtete Sachs von polyomatransformierten Hamsterzellen, die in hohem Prozentsatz revertierten, ihre Virulenz verloren oder sogar wieder „ganz normal“ wurden. Diese Reversion war durch besondere Kulturmethoden ausgelöst worden —, das Virusgenom war in den revertierten Zellen nicht verschwunden.

Reversible Pflanzentumoren, rückgängige Krötengeschwülste, Differenzierung embryonaler Tumorzellen in Teratocarcinom, Nervenzellen in Kultur und auch die „gezähmten“ polyomatransformierten Hamsterzellen, alle diese Beispiele sprechen dagegen, daß der entscheidende Unterschied zwischen einer Tumorzelle und einer Normalzelle eine Mutation im Genmaterial sein sollte. „Der Augenschein legt es vielmehr nahe, daß beim Übergang einer Normalzelle in eine Tumorzelle die genetischen Informationen lediglich verschieden ausgewertet werden. Auch als Tumorzelle behält eine Zelle ihr genetisches Material, das sie als Normalzelle besaß; nichts ging verloren. Die Zellen wurden einfach deshalb zu Tumorzellen, weil bestimmte Gene, die normalerweise inaktiv sind, aktiviert wurden, während andere inaktiviert worden sind. Daher kann eine solche Zelle auch wieder zum Normalzustand zurückkehren (Braun).“

Reversibilität muß nun aber nicht unbedingt bedeuten, daß auch eine einzelne Zelle revertiert. Hieger machte schon vor langer Zeit darauf aufmerksam, daß „es sich im Grunde immer nur um reversible *Gewebe*veränderungen handelt; es gibt keinen Beweis dafür, daß auch die einzelne Zelle selber sich in einem umkehrbaren Gleichgewicht befindet“. In reversiblen Tumoren könnten — so gesehen — einfach normale Zellen nach und nach wieder die Tumorzellen ersetzen.

Dogma von der umprogrammierten Tumorzelle

Alle Zellen eines höheren Organismus sind letzten Endes aus einer einzigen Zelle hervorgegangen: aus der befruchteten Eizelle, die aus der Vereinigung des mütterlichen Eies mit dem väterlichen Samen entstand.

Durch Zellteilungen sind aus dieser einzigen Zelle schließlich Milliarden Körperzellen entstanden; durch den langen Prozeß der Differenzierung wurden sie zu dem, was sie sind: zu Nierenzelllen, Nervenzellen, Leberzellen, Bindegewebszellen. Bei allen Zellteilungen wurde das Erbmaterial auf die Tochterzellen weitergegeben: jede somatische Zelle verfügt daher über das gleiche Erbgut und damit auch über die gleiche DNA wie die befruchtete Eizelle.

Die Botaniker wußten dies schon lange: stanzt man nämlich beispielsweise aus einem grünen Tabakblatt eine Scheibe heraus und legt sie in eine Nährlösung, dann treibt das grüne Blattstück plötzlich weiße Wurzeln und entwickelt sich in der Folgezeit zu einer neuen Tabakpflanze. Die hochdifferenzierten Blattzellen mußten also immer noch die genetischen Informationen enthalten haben, die zur Entwicklung einer ganzen Pflanze notwendig sind. Bei Pflanzen ist diese Erzeugung von Nachkommen aus differenzierten Körperzellen nichts Ungewöhnliches. Pflanzenzellen bleiben ihrem Wesen nach oft „multipotent", d. h. sie enthalten nicht nur die Gesamtinformation des befruchteten Eies, sie können in „Notsituationen" diese Informationen auch abrufen.

Bei Tieren ist der experimentelle Nachweis, daß auch Körperzellen noch über das Gesamtgenom des Eies verfügen, erst kürzlich gelungen. Zwar hatten die Cytogenetiker schon lange behauptet, daß das Erbgut der Eizelle nicht verschleudert, sondern in getreuen Kopien an die Tochterzellen weitergegeben wird; den schlüssigen Beweis mußten sie aber schuldig bleiben.

Gurdon von der Oxford University trat diesen Beweis an: er entnahm einer Zelle des Darmepithels eines Frosches den Zellkern und pflanzte ihn in eine Eizelle der gleichen Froschart ein. Die Eizelle war zuvor „entkernt" worden: eine gezielte Bestrahlung hatte den Zellkern des Eies selektiv „abgetötet". Derartige Operationen einer Kernentnahme und einer Kerneinpflanzung setzten natürlich eine höchst subtile Operationstechnik voraus. Die Froscheier mit Darmzellkernen entwickelten sich zu normalen Kaulquappen und schließlich auch zu normalen Fröschen. Damit war bewiesen, daß auch die Körperzellen eines höheren Tieres immer noch das genetische Material der Zygote enthalten können (Abbildung S. 221).

Daraus folgt nun, daß eine Leberzelle oder eine Nervenzelle nur eine begrenzte Zahl ihrer genetischen Informationen abruft, der „Rest bleibt

Schweigen". Man spricht heute von Repressionsmustern, die für jede Zellart typisch sind: in jeder Zelle müssen also bestimmte Informationen, d. h. DNA-Sequenzstücke abgedeckt und so „reprimiert" bleiben. Dieses Abdeckmuster konstituiert dann die unterschiedlichen Programme beispielsweise einer Muskelzelle oder eine Gliazelle, einer Leberparenchymzelle oder einer Basalzelle der Epidermis. Zwischen einer Eizelle und einer Darmzelle liegen also keine Mutationen, denn sonst könnten aus Darmzellkernen keine intakten Frösche entstehen.
Nach diesen Vorbemerkungen können wir nun versuchen, ein weiteres Dogma über die Tumorentstehung zu formulieren, das Dogma von der falsch-programmierten Tumorzelle: „Zwischen einer Normalzelle und einer Tumorzelle besteht im Prinzip der gleiche Unterschied wie zwischen einer Leberparenchymzelle und einer Nervenzelle". Das neue Programm der Tumorzelle wäre genügend unerbittlich, um zu garantieren, daß — im Regelfall — immer wieder Tumorzellen gebildet werden; es wäre aber nicht so starr, daß Reversionen, d. h. neue Programmänderungen ausgeschlossen sein müßten.

Das Dogma von der „umprogrammierten Tumorzelle" ergibt auch für die Carcinogenese plausible Ansätze: ein Carcinogen wäre eine Substanz, die eben Repressionsmuster verändern kann, eine Substanz, die beispielsweise DNA-abdeckende Histone „verschiebt" und so ein neues Programm abruft. Dabei muß natürlich die Gefahr groß sein, über das Ziel hinauszuschießen und direkt an der DNA anzugreifen. Mutagene und cytotoxische Wirkungen von Carcinogenen müßten danach als „überschießende" Reaktionsweisen interpretiert werden.

Wir hatten gesehen, daß zur Transformation normaler Zellen in Tumorzellen Zellteilungen notwendig sind, vor allem aber DNA-Synthese. Das „neue" Dogma läßt diesen Zusammenhang leicht verstehen: bei jeder Zellteilung, genauer gesagt, bei jeder Verdoppelung der DNA einer differenzierten Zelle muß auch das Repressionsmuster mitkopiert werden. Die DNA-Synthese ist daher eine „gefährliche Phase" auch für die korrekte Übermittlung der detaillierten Anweisungen, welche DNA-Bereiche aktiv und welche inaktiv bleiben sollen („Histonmuster"). Die enge Verbindung von Carcinogenese und DNA-Synthese „paßt" daher durchaus auch in das Konzept einer umprogrammierten Tumorzelle.

Ein Experimentum Crucis könnte in absehbarer Zeit eine Entscheidung über dieses Dogma bringen. Wenn auch in einer Tumorzelle das genetische Material nicht angetastet zu sein braucht, dann sollte ein Tumorzellkern in ein Ei eingepflanzt auch wieder zur Entwicklung eines normalen Keimes führen. Vielleicht gelingt dieses Experiment nicht auf Anhieb, vielleicht muß der Tumorkern mehrfach in eine Eizelle rückverpflanzt werden, bis auch er wieder „normalisiert" worden ist. Über erste Versuche in dieser Richtung wird noch berichtet (vgl. S. 222).

Das Cytoplasma des Eies spielt im Gurdon-Experiment eine entscheidende Rolle, es zwingt die Informationen des differenzierten Zellkerns noch einmal „von vorne anzufangen". Warum sollte ein „neoplastisches Cytoplasma" nicht auch einen Zellkern zwingen können, zu einem Tumorzellkern zu werden oder aber auch, warum sollte ein normales Cytoplasma nicht einen Tumorzellkern zur Norm zurückführen können? Das Dogma von der umprogrammierten Tumorzelle räumt dem Cytoplasma entscheidende Kontrollmöglichkeiten ein: in „demokratischem" Wechselspiel zwischen Kern und Cytoplasma wird gemeinsam über den Kurs der Zelle entschieden.

Zusammenfassung

Viele Grundprobleme in der Experimentellen Krebsforschung müssen heute noch notwendigerweise zunächst einmal dogmatisch entschieden werden.

So ist es noch unentschieden,

a) ob ein Carcinogen eine normale Zelle mehr oder weniger direkt in eine Tumorzelle umwandeln *(transformieren)* kann,
b) ob es lediglich präexistente Tumorzellen *selektioniert,* oder aber
c) ob es einfach Körperzellen von der normalen Wachstumsregulation *isoliert.*

Die Entdeckung reversibler Tumoren stellt in Frage, ob die Carcinogenese grundsätzlich „ein Weg ohne Umkehr" sein muß. Das Dogma von der umprogrammierten Tumorzelle vergleicht daher den Unterschied zwischen einer Hepatomzelle und einer Leberzelle mit dem Unterschied zwischen einer Leberzelle und einer Nierenzelle. Das neue Programm schließt den Verlust alter Fähigkeiten ebenso ein wie den Erwerb neuer Aktivitäten.

Nicht alle Tumorzellen wachsen schneller. Gelegentlich vergessen Zellen zu sterben und vermehren dadurch die Zellpopulation eines Gewebes.

Tumortheorien im Dialog

(Ein fiktives Gespräch)

Theorien ohne Experimente müssen blind,
Experimente ohne Theorien aber stumm bleiben.

„Ideen werden wie Menschen geboren, sie haben ihre Abenteuer und sie sterben", meinte einmal der Wissenschaftshistoriker W. P. D. Wightmann. Glauben Sie, daß diese Beschreibung auch auf die vielen Tumortheorien zutrifft, die im Laufe der Zeit in Umlauf kamen?

Richtig gestorben ist wohl noch keine Tumortheorie: die Experimentelle Krebsforschung ist eine junge Wissenschaft, und daher gibt es eine ganze Reihe älterer Theorieveteranen, die auch heute noch durchaus aktiv sind. Wir haben eine pluralistische Gesellschaft von Tumortheorien und Tumorforschern mit vielen verschiedenen Meinungen, Hypothesen und Vorstellungen.

Könnten Sie uns nicht ein Beispiel für eine ältere, aber immer noch aktive Krebstheorie geben?

Ein recht apartes Beispiel wäre die „Karyogamische Tumortheorie" des Franzosen Hallion (1907). Hallion sah die Krebsursache in der Verschmelzung von Gewebezellen mit beweglichen Zellen, wie Leukocyten oder auch Bakterien: „Durch diesen Akt der Anarchie hat die Zelle das Gesetz durchbrochen, dem ihre normale Entwicklung unterworfen ist. Kein Vorkommnis könnte störender in die Verwirklichung des für alle Zellen gültigen Gesamtplanes eingreifen, als ein unvorhergesehener und unangebrachter Befruchtungsvorgang, der den normalen Wucherungstrieb der Keimzellen durch einen anormalen ersetzt. Der soziale Pakt, der die Zellen untereinander bindet, ist hiermit gebrochen und die aus diesem revolutionären Akt hervorgehende, unabhängige Zellrasse trägt den Stempel der Gesetzlosigkeit als dauerndes Zeichen ihrer widernatürlichen Herkunft und Natur".

Eine geradezu viktorianische Abneigung gegen ein „amoralisches Zelleben" spricht aus diesen Formulierungen, doch irgendwelche Beweise für derartige „widernatürliche Kopulationen" blieben zunächst aus. Ziemlich genau ein halbes Jahrhundert später konnte aber kein Zweifel mehr daran sein, daß „unnatürliche Kopulationen" zwischen Gewebezellen und fremdem Genmaterial möglich sind und daß sie zu Krebszellen führen können.

Sie denken an die Tumorviren?

Ja, hier ist der männliche Partner sozusagen völlig auf sein nacktes Chromosom, auf seine nackte Nucleinsäure reduziert. Doch genau wie bei einer richtigen Befruchtung findet eine Verschmelzung des Erbmaterials statt.

Kennt man nicht neuerdings Mittel und Wege, wirkliche Zellverschmelzungen künstlich einzuleiten?

Ja, man kann beispielsweise durch abgetötete Sendai-Viren zu echten Zellhybriden kommen. Es wäre also denkbar, daß sich in naher Zukunft Hallions Theorie experimentell beweisen läßt.

Wir sind damit schon ziemlich in Details geraten; sollten wir nicht lieber eine einfache Frage an den Anfang unserer Diskussion stellen, beispielsweise die Frage: Was ist Krebs?

Nun, gerade diese Frage ist sicher keine einfache Frage, und es ist nicht einmal sicher, ob es überhaupt eine sinnvolle Frage ist. Viele Krebsforscher meinen, daß Krebs „wahrscheinlich mit dem Versagen eines grundlegenden Mechanismus des Lebens selber zusammenhängt" (Oberling). Dies würde aber bedeuten, daß wir wissen müßten, was Leben ist, bevor wir verstehen könnten, was Krebs sein kann. „Das Rätsel des Krebses" schiene wohlverborgen, doch ist damit ganz sicher kein Anlass zu Pessimismus gegeben. Zwar weiß auch heute noch niemand, was Leben eigentlich ist, aber wir haben in den letzten Jahrzehnten mehr Einzelheiten über lebende Systeme gelernt als in den vergangenen Jahrhunderten. Die Experimentelle Krebsforschung brauchte eigentlich nur das Erfolgsrezept der modernen Biologie zu übernehmen: Verzicht auf allgemeine Definitionen; dafür einfache Fragen, die dem Experiment zugänglich sind.

Würde dies nun bedeuten, daß man in der experimentellen Krebsforschung auf Theorien und Hypothesen verzichten sollte?

Nein, ganz im Gegenteil: „Beobachtung ist stets Beobachtung im Licht von Theorien" (Popper), und auch biochemische Meßdaten und morphologische Erhebungen an Tumoren bleiben totes Beobachtungsmaterial, solange ein theoretischer Über- und Unterbau fehlt. „Wissenschaftliche Aussagen werden (eben nicht) aus reiner Verallgemeinerung von Beobachtungsdaten gewonnen, sondern als Hypothesen konstruiert", so hat es einmal Bierwisch formuliert.

Welcher Theorie würden Sie den Vorzug geben, der Chemischen Theorie, der Virustheorie oder der Strahlentheorie der Tumoren?

Entschuldigen Sie bitte, aber alle diese Beispiele sind gar keine Theorien. Zugegeben, Pathologen sprechen gelegentlich von einer Chemischen Theorie der Geschwülste, aber sie tun es vom Standpunkt des Sektionssaales und Operationstisches aus und sie versuchen damit, einen Tumor, auf dessen

Entstehen sie keinen Einfluß hatten, post festum zu erklären. Für sie ist ein Tumor auch ein kriminalistisches Problem, und chemische Tumortheorie bedeutet dann einfach eine Möglichkeit, wie ein bestimmter Tumor entstanden sein könnte. So heben sich die „chemischen Berufskrebse" aus der anonymen Masse der „spontanen Geschwülste" heraus und ebenso der Strahlenkrebs der Uranbergarbeiter oder der Röntgenärzte.

Die Experimentelle Krebsforschung dagegen kennt per definitionem gar keine spontanen Tumoren; für sie sind gelegentlich doch auftretende spontane Geschwülste nur peinliche Ärgernisse. Was die Experimentelle Krebsforschung kennt, ist eine ganze Reihe von Vorschriften, wie man Tumoren erzeugen kann, und in diesem Sinn gibt es auch keine chemische Theorie der Tumoren, sondern nur chemische Rezepte, um Tumoren zu erzeugen. Und genau das Gleiche gilt auch für die sogenannte Virustheorie: für den Tumorvirologen gibt es genaue Angaben, mit welchen Viren bei welchen Tieren Tumoren induziert werden können. Tumorviren sind also *keine theoretische Möglichkeit,* sondern *experimentelles Handwerkzeug.* Wie Tumorviren es dann im einzelnen fertigbringen, eine normale Zelle in eine Tumorzelle umzuwandeln, dazu gibt es natürlich Theorien, und ebenso gibt es viele Theorien, wie chemische Carcinogene letzten Endes zu Geschwülsten führen.

Was müßte denn eine „echte Tumortheorie" leisten?

Man könnte hier noch einmal Warburg zitieren: „Wie es viele entfernte Ursachen der Pest gibt", sagte er einmal, „— Hitze, Insekten, Ratten — aber nur eine gemeinsame Ursache, den Pestbazillus, so gibt es unzählig viele *entfernte* Krebsursachen — Teer, Strahlen, Arsen, Druck, Urethan, Sand — aber es gibt nur eine *gemeinsame* Krebsursache, in die alle anderen Krebsursachen einmünden."

Allerdings würde man heute weniger apodiktisch und wesentlich vorsichtiger formulieren und nur von der *Möglichkeit* einer gemeinsamen Krebsursache sprechen. Über solche gemeinsamen Ursachen aber müßte eine „echte Tumortheorie" Auskunft geben.

Würden Sie hier die Informationstheorie des Krebses einordnen, derzufolge Krebs eine Störung des Informationsgehaltes und des Informationsflusses darstellt?

Hier sollte man überhaupt nicht von einer Theorie sprechen; es ist eigentlich die klassische Definition einer Tumorzelle lediglich in moderner Terminologie. Die „Informationstheorie" kann daher gar nicht falsch sein, eine „echte" Theorie muß aber scheitern können.

Virchows Reiztheorie wäre aber eine richtige Tumortheorie?

Natürlich, denn sie versuchte ja die Vielzahl der Krebsursachen auf einen gemeinsamen Nenner zu bringen und sie ist gescheitert. Dieser gemeinsame Nenner war die chronische Reizung: so entsteht Röntgenkrebs immer nach chronischen Entzündungen (Röntgendermatitis), oder Leberkrebs baut sich nach der Erfahrung der Humanpathologen immer auf einer Lebercirrhose auf.

Das Gewebe antwortet auf den Dauerreiz, es versucht zu kompensieren. Dabei spielen Regenerationsvorgänge und damit auch vermehrte Zellteilungen eine wichtige Rolle. Zunächst bleibt die Regeneration noch unter Kontrolle, bis sich immer „stärker wuchernde" Zellrassen herausbilden und schließlich „echte" Krebszellen entstanden sind.

Virchow hatte seine Schlüsse aus klinischem Beobachtungsmaterial gezogen und er wurde später von der Experimentellen Krebsforschung (zunächst) glänzend bestätigt: Yamagiwas erfolgreiche Erzeugung von Teercarcinomen am Kaninchenohr war eigentlich nichts weiter als angewandte Virchowsche Reiztheorie.

Gab es aber nicht schon bald Schwierigkeiten?

Ja, hautreizende und krebserzeugende Wirkung gingen keineswegs immer parallel. Auch die Erzeugung von Sarkomen folgt nicht immer einem einfachen Reiz-Gesetz: 3,4-Benzpyren beispielsweise ruft eine sehr ähnliche Reizwirkung hervor wie 1,2-Benzpyren, aber nur 3,4-Benzpyren ist ein gutes Carcinogen, 1,2-Benzpyren ist nicht carcinogen. Ein anderes Beispiel: Hepatome entstehen beim Verfüttern von Diäthylnitrosamin ohne Zirrhose, wenn man nur niedrig genug dosiert.

Trotzdem bleibt Virchows Theorie im Ansatz richtig: Krebs kann durch (äußere) Reize ausgelöst werden, und es ist dabei gleichgültig, ob entzündliche Reaktionen im Vorfeld der Tumorentstehung ablaufen oder nicht.

Wenn man den Begriff „Reiz" derart allgemein faßt, dann paßt eigentlich alles ins Schema, auch die Tumorviren, und dann kann die Virchowsche Irritationstheorie gar nicht falsch sein.

Vorsicht, die genetisch bedingten Tumoren passen nicht in das Reizkonzept: mit der Präzision eines Uhrwerks treten — wie wir gesehen haben — vor allem bei besonderen Mäusestämmen ganz bestimmte Tumoren auf. Reize sind dabei entbehrlich, aber auch umgekehrt, die Vermeidung von Reizen hilft nichts: die Anarchie ist hier schon dem befruchteten Ei einprogrammiert.

Das Gleiche gilt auch für die experimentell erzeugten, tumortragenden Mischlinge aus nahe verwandten Arten.

Sie denken an die Zahnkarpfenhybride, die an Melanomen zugrunde gehen?

Ja, denn hier hat das einfache „Zumischen" von fremdem Genmaterial den normalen Entwicklungsablauf gestört. Das Rezept funktioniert aber nicht nur bei Fischen. Sie erinnern sich vielleicht, daß auch Bastarde zwischen verschiedenen Tabakarten zu Tumorträgern werden können.

Sie meinen die Kreuzungen zwischen Nicotiana langsdorffii und Nicotiana glauca?

Ja, auch hier scheint es sich um ein einfaches Prinzip zu handeln: *Glauca* ist einjährig, auf schnelles Wachstum eingerichtet; *Langsdorffii* ist mehrjährig, also so etwas wie eine „gebremste Tabakpflanze", mehr auf Stabilität bedacht als auf rasches Wachstum. Im Hybrid geraten dann Stabilität und Wachstum in Konflikt; das ist natürlich sehr qualitativ gedacht, aber man wird wohl zu ähnlichen genetischen Analysen von Repressionssystemen kommen wie bei den Zahnkarpfen.

Gibt es noch mehr Ausnahmen von der Virchowschen Reizregel?

Ausnahmen scheinen auch die sogenannten dysontogenetischen Geschwülste zu sein: diese Geschwülste sind merkwürdige Mischungen aus normalen Geweben, in denen Zähne, Haare und Hautpartien neben- und durcheinander wachsen können (Teratome). Bei einigen Beispielen werden sogar rudimentäre Köpfe mit oder ohne Gehirn, dazu Füße und Zehen mit Nägeln ausgebildet („parasitärer Fötus"). Von diesem „verunglückten Zwillingsbruder" scheint eine durchgehende Reihe über Doppelbildungen zu siamesischen und identischen Zwillingen zu führen. Ein Tumor wäre nach dieser Auffassung ein „mißglückter und degenerierter Verwandter" (Oberling) des Tumorträgers.

Cohnheim faßte in seiner embryonalen Theorie der Geschwulstentstehung eine Krebszelle ja auch als eine versprengte Embryonalzelle auf, die durch irgendeinen Zwischenfall bei der Entwicklung liegengeblieben ist. . .

Wehe, wenn sie dann losgelassen. . .

Ja, denn im erwachsenen Organismus fehlen naturgemäß die organisierenden und formbildenden Kräfte des wachsenden Embryos, es muß zur Katastrophe kommen.

Gibt es Experimente, die diese Theorie stützen?

Die Erzeugung von experimentellen Tumoren durch Implantation embryonalen Gewebes gelang nicht überzeugend. Durch „variierte Schädigung" von Froscheiern allerdings kam man sowohl zu Doppelmonstren als auch zu Teratomen und Tumoren. Hier scheint also auch für dysontogenetische Geschwülste ein auslösender Reiz wichtig zu sein.

Womit wir wiederum bei Virchow angelangt wären. Werfen wir doch noch einmal einen Blick auf eine stark gekürzte Liste „tumorerzeugender Prinzipien". Es verblüfft immer wieder, wieviel verschiedene und auch verschiedenartige Reize letzten Endes Tumoren erzeugen können (Tabelle S. 210).

Die Vielfalt allein der chemischen Carcinogene ist verwirrend, doch der Schluß, daß eigentlich wohl die meisten Substanzen mehr oder weniger stark carcinogen wirksam sind, wäre voreilig: kleine und kleinste Veränderungen an einem carcinogenen Molekül können seine oncogenen Eigenschaften aus-

Chemische Reize	
Organische Verbindungen	Senfgase, Epoxyde, Propiolacton
	Diäthylnitrosamin, N-Methyl-N-nitroso-urethan (Nitrosamid)
	β-Naphthylamin, 2-Acetylaminofluoren, N, N-Dimethyl-4-aminoazobenzol („Buttergelb")
	4-Nitrochinolin-N-oxyd
	Thioharnstoff, Thioacetamid
	3,4-Benzpyren, 3-Methylcholanthren
	Stilböstrol, Polyvinylpyrrolidon
Naturstoffe	Aflatoxine (Schimmelpilz Aspergillus)
	Senecio-Alkaloide, Cycasin
Hormone	Hypophysenhormone
Nucleinsäuren	Tumor-Virus-DNA
Anorganische Verbindungen	Asbest, Nickelstaub
	Blei- und Berylliumverbindungen
	Stickstoff (Sauerstoffmangel)
Physikalische Reize	
Strahlungen	Röntgen-, Ultraviolett-strahlen radioaktive Isotope (^{60}Co, Radium)
Mechanische Reize	Wundsetzung (Nur Promotion?)
Wärme-Reize	Chronische Verbrennungen
Polymere Substanzen	Metallfolien, Kunststoff-folien
Biologische Reize	
Parasiten	Bilharziose (Tumorviren?)
Bakterien	*B. tumefaciens* (Tumorviren?)
Tumorviren	DNA-Viren: Polyoma-, Adenoviren
	RNA-Viren: Rous-Sarkom-Virus, Leukämieviren

Beispiele carcinogener Reize

löschen. Innerhalb einer Reihe nahe verwandter Substanzen gelten überaus strenge Regeln, ob eine Verbindung carcinogen ist oder nicht (3,4-Benzpyren und 1,2-Benzpyren); zwischen verschiedenen Substanzklassen ($CHCl_3$ — Thioharnstoff-Naphthylamin) scheinen solche Regeln allerdings ganz zu fehlen.

Muß es da nicht hoffnungslos erscheinen, zwischen grundsätzlich verschiedenen Krebsursachen einen gemeinsamen Nenner zu finden?

Nun, man kann die Meinung vertreten, daß jeder carcinogene Reiz „seinen eigenen Weg zum Neoplasmus geht". Viele Pathologen denken so, denn es gibt nicht nur eine Vielzahl von Umständen, unter denen Tumoren entstehen können, auch dic Erscheinungsformen der einzelnen Geschwülste sind von Fall zu Fall sehr verschieden. Viele Pathologen weigern sich daher, weitgehende Gemeinsamkeiten anzuerkennen.

Es muß aber nun doch wenigstens eine gemeinsame Eigenschaft der Tumorzellen geben: alle haben sich den strengen Wachstumsregulationen ihres Gewebes oder ihres Organismus entzogen, unabhängig, ob ein Virus, ein chemisches Carcinogen oder Strahlung den Tumor auslöste.

Natürlich, und daher erscheint doch wiederum manchem „Krebs als ein recht einheitlicher Vorgang . . . und vielen drängt die Einheit des Geschwulstprozesses den Gedanken an eine Einheitlichkeit des Entstehungsmechanismus geradezu auf" (Oberling).

Worin sollte diese Einheitlichkeit aber nun bestehen?

Betrachten wir zwei Denkmodelle:

1. Jeder carcinogene Reiz (physikalisch, chemisch oder biologisch) „marschiert zwar getrennt", trifft dann aber am Ende des Weges auf den gleichen Zielkomplex in der Zelle.
2. Man braucht nur anzunehmen, daß es im Grunde nur eine einzige Krebsursache gibt, alle anderen krebserregenden Faktoren erscheinen lediglich als indirekte Auslöser oder Beschleuniger.

Gibt es denn so etwas wie eine Hierarchie der carcinogenen Reize?

Es sieht so aus: zwischen der Wirkungsweise eines Parasiten, der in 5—10% der Fälle Krebs hervorruft, und derjenigen eines carcinogenen Nitrosamins beispielsweise, das dies in 100% tut, besteht sicher ein deutlicher Unterschied. Neben dieser abgestuften Treffsicherheit gibt es aber auch unübersehbare zeitliche Differenzen: Fütterung mit carcinogenen Azofarbstoffen führt nach etwa 6-monatiger Latenzzeit zu Hepatomen, bei der Infektion mit Polyomavirus setzt das Tumorwachstum unmittelbar ein. Treffsicherheit und Geschwindigkeit der Geschwulstbildung würden also die Tumorviren als eigentliche Krebsursache empfehlen.

Müßte dann aber nicht Krebs grundsätzlich ansteckend sein?

Dieser Unsinn wurde oft behauptet: Krebs könne nicht durch Viren bedingt sein, da er nicht ansteckend ist. Hier steckt aber ein entscheidender Irrtum. „Auch eine infektiöse Krankheit ist nicht immer ansteckend. Herpes der Lippen oder Gürtelrose sind durch Viren bedingt, aber sie sind nicht kontagiös. Flecktyphus ist eine der mörderischsten Krankheiten, die das Menschengeschlecht heimgesucht haben. Trotzdem ist ein Flecktyphuskranker ohne Läuse ebensowenig ansteckend wie ein Krebskranker. Die meisten Einwände gegen die Virustheorie beruhen auf einer ungenügenden Kenntnis der allgemeinen Virologie. Viele sind nicht von der Meinung abzubringen, daß pathogene Bakterien oder Viren immer sofort und unter allen Umständen krankheitserregend sind. Die ungeheure Wichtigkeit und Verbreitung latenter Infektionen wird meist ignoriert" (Oberling).

Würde dies nun bedeuten, daß beispielsweise Strahlen solche latenten Viren aktivieren könnten?

Es ist doch altbekannt, daß Strahlungen Virusinfektionen fördern können: Herpes z. B. kann durch Sonnenlicht ausgelöst werden.

Kaplan fand, daß sich auch latente Tumorviren durch Röntgenstrahlen aktivieren lassen. Er bestrahlte C 57 BL-Mäuse mit Röntgenstrahlen und erhielt so Lymphome. Zellfreie Extrakte aus diesen Tumoren riefen wieder Tumoren des gleichen Typs hervor. Die genauere Analyse dieser Röntgen-Virus-Leukämien ist sehr kompliziert (Milzfaktoren, Rolle des Knochenmarks), doch diese Experimente zeigen, daß 1. latente Infektionen auch mit Tumorviren möglich sind und 2. daß klassische carcinogene Agenzien wie Röntgenstrahlen (gelegentlich) erst über einen Umweg Tumoren produzieren.

Können denn auch chemische Carcinogene irgendwelche Virusinfektionen dramatisieren?

Sicher, Duran-Reynals löste beispielsweise bei Hühnern durch Pinselung mit Methylcholanthren einen Schub von Geflügelpocken aus. Das eigentlich verursachende Virus war offensichtlich schon vor dieser Aktivierung latent in der Haut der Hühner vorhanden gewesen.

Ob aber chemische Carcinogene auch latente Tumorviren „wecken" können, ist doch sehr fraglich. . .

. . . war fraglich, muß man heute sagen. Denn Huebner und andere konnten bei Mäusen durch Methylcholanthren, Urethan und Diäthylnitrosamin Lymphome erzeugen, aus denen sich Extrakte herstellen ließen, die Leukämieviren enthielten.

Aber dies ist zunächst jedenfalls eine Einzelbeobachtung?

Ja, und außerdem wurde sie am gleichen Mäusestamm (C 57 BL) erhoben, bei dem sich durch Röntgenstrahlen „symbiontische" Tumorviren aktivieren lassen. Aber die Indizien mehren sich, daß latente Tumorviren weiter verbreitet sind als man bisher wahrhaben wollte. Im Elektronenmikroskop stieß man immer wieder auf die sogenannten C-Partikel (charakteristische Strukturen mit einem dunklen Kern und einer davon abgehobenen äußeren Hülle). Fürs erste kann man diese Partikel mit Tumorviren gleichsetzen, denn so renommierte oncogene Viren wie das Gross-Leukämie-Virus und das Rous-Sarkom-Virus gehören dazu.

Aber auch verräterische Antigenspuren von Tumorviren wurden in Tierstämmen und Tierarten entdeckt, die man bisher für virusfrei gehalten hatte. Zu den Tierarten, die sozusagen neu zur Tumorforschung kamen, gehören vor allem Katzen mit ihren Leukämieviren.

Sind dies nicht die gleichen Viren, die auch bei Mäusen Leukämien machen?

Sie gehören zum gleichen Typ (C-Typ). Katzen sind aber doch aufregender als Mäuse, nicht weil sie so sehr viel menschenähnlicher sind als Mäuse, sondern weil Katzen als Haustiere ein wichtiger „Umgebungsfaktor" auch für menschliche Erkrankungen sein könnten. Gelegentlich wurden ja auch in menschlichem Tumor-Material C-Partikel nachgewiesen.

Keineswegs aber regelmäßig.

Das ist gar nicht wichtig, denn latente Viren müssen ja definitionsgemäß sich nicht überall auch wirklich zeigen. Es gibt neuere Experimente, aus denen hervorgeht, daß gerade auch Leukämieviren sehr wahrscheinlich „völlig untergetaucht" existieren können.

Tadaro und Mitarbeiter konnten aus Mäuseembryonen des Inzuchtstammes Balb/c stabile Zellinien isolieren, die, auf die gleichen Mäuse verimpft, Tumoren hervorbringen. Aus scheinbar normalen Mäuseembryozellen waren durch die Zellkultur (schneller Passagewechsel bei hohen Zelldichten) echte Tumorzellen geworden.

Das überrascht eigentlich nicht allzusehr, denn von der Erzeugung bösartiger Zellen durch einfache In-vitro-Kultur wurde schon öfter berichtet . . .

Das Überraschende in diesem Fall war, daß diese *in-vitro*-erzeugten Tumorzellen Mäuseleukämievirus produzierten. Die Kultivierung *in vitro* hatte offensichtlich den gleichen Effekt wie die Carcinogenbehandlung der C 57 BL-Mäuse: in beiden Fällen wurden Leukämieviren aktiviert.

Könnten nicht auch zufällig Virusinfektionen zur Virusproduktion geführt haben?

Zufällige Verseuchung der Kulturen mit Leukämieviren scheint ausgeschlossen. Die Autoren bevorzugen die Deutung, daß die Mäusezellen die Informationen für ein Leukämievirus in einer völlig reprimierten Form enthielten. Der „Phänomenologie" der Tumorviren müßte man also die völlig „stummen" Virusgenome hinzufügen. Huebner spricht hier von „Virogenen", um damit anzudeuten, daß diese Viren sich eigentlich mehr als zelluläre Gene benehmen und nicht als infektiöse Agenzien. Richtige Infektionen zwischen Zellen spielen hier ja auch offensichtlich keine besonders wichtige Rolle; die Virusverbreitung kann völlig stumm auf vertikalem Weg erfolgen, von Mutter- zu Tochterzelle und entsprechend auch von Muttertier auf Tochtertier.

Wenn ich Sie recht verstanden habe, ist heute — wieder einmal — die allgemeine Virus-Tumor-Theorie sehr im Gespräch. Noch vor einem Jahr hatte man einen ganz anderen Eindruck: gewichtige Argumente sprachen doch ganz entschieden gegen die verallgemeinernde Vorstellung, daß alle Tumoren letztendlich Virustumoren sind?

Eines dieser Argumente hatte die moderne Tumorimmunologie geliefert: chemisch induzierte Tumoren besitzen für den jeweiligen Tumor spezifische

Antigene. Diese Antigenindividualität geht sogar so weit, daß zwei auf dem gleichen Tier induzierte Tumoren verschiedene Antigene haben. Dementgegen steht die Beobachtung, daß virusinduzierte Tumoren immer das gleiche Tumorantigen besitzen.

Wie soll dieses Dilemma gelöst werden?

Es hat eigentlich nie so recht überrascht, daß alle Tumoren, die vom gleichen Virus induziert wurden, auch die gleichen Antigene zeigen. Verwundert hat nur die ungeheure Vielfalt bei den chemischen Tumoren. Doch warum sollten nicht „unter" den individualspezifischen Antigenen chemisch induzierter Tumoren schwächere gruppenspezifische Antigene von Tumorviren liegen. Die Vielfalt starker Individualantigene würde dann ein einheitliches Muster schwacher Virusantigene überdecken. Tatsächlich wurde in jüngster Zeit auch bei chemisch induzierten Tumoren von gemeinsamen „schwachen" Antigenen gesprochen.

Die Vielzahl verschiedener Antigene bei chemisch induzierten Tumoren stünde also einer allgemeinen Virustheorie nicht mehr ernsthaft im Wege. Aber bleibt nicht der Einwand bestehen, daß die chemische Carcinogenese exakt quantitativen Dosis-Wirkungsgesetzen folgt, die mit einer Virusinfektion gar nichts zu tun haben können?

Mit einer Virusinfektion sicher nicht, wohl aber mit der Aktivierung eines latenten Virus innerhalb einer Zelle. Carcinogene und Zeit verändern, wenn Sie so wollen, schließlich die wachstumsregulierenden Partien einer Zelle, und wir haben ja ausführlich diese „Vieltreffer-Reaktionen" besprochen. Doch warum sollte es nicht ebenso „mühsam und zeitraubend" sein, ein latentes Virus „freizuschaufeln"?

Alles in allem meinen Sie, daß die Vorstellung auch heute noch durchaus attraktiv ist, daß oncogene Viren die eigentliche Krebsursache darstellen und daß man alle anderen krebsauslösenden Reize in die Gruppe der virusaktivierenden Faktoren einreihen könnte. Beweise für diese Vorstellungen gibt es aber heute so wenig wie eh und je?

Beweise stehen selbstverständlich aus; engagierte Fürsprecher haben aber schon immer gemeint, daß „man eigentlich kaum annehmen kann, daß Prozesse, die schließlich zu den gleichen Veränderungen einer Zelle (nämlich zu einer autonomen Zelle) führen, im einen Fall durch eine *Veränderung des genetischen Materials der Zelle selber* hervorgerufen werden, im anderen Fall aber durch *zusätzliches Genmaterial*, das die Zelle (*durch ein Virus*) von außen erhält" (Zilber).

Wenn wir noch einmal auf die Liste der vielen Krebsursachen zurückkommen könnten. Wäre es nicht am einfachsten, auf einen gemeinsamen Nenner zu verzichten?

Natürlich, denn was sollen auch Röntgenstrahlen und Azofarbstoffe, Kunststoffimplantate und Polyomavirus miteinander gemeinsam haben. Es würde daher eigentlich unmittelbar einleuchten, daß alle carcinogenen Reize nur Prozesse in Gang setzen, die die Zelle ohnedies schon „kann". Die Carcinogene würden nur den Anstoß geben; davonlaufen kann die Zelle von alleine.

„Die Klärung (des Krebsproblems) ist demnach nicht so sehr bei dem krebserzeugenden Faktor, sondern bei der Zelle zu suchen", schreibt Lettré ganz in diesem Sinne und er meint, daß „eine Zelle, nach einer Einwirkung von Schädigungen, die sie nicht abtöten, nur mit einer begrenzten Zahl von noch lebensfähigen Formen ausweichen kann. Eine der möglichen Ausweichformen ist die Krebszelle."

Dieser Gedanke ist doch nicht neu?

Nein, die Idee, daß carcinogene Reize eigentlich nur latente Potenzen freisetzen, ist schon von Virchow in seiner Irritationstheorie gedacht worden: das Gewebe „antwortet" auf die carcinogenen Impulse, und diese Antwort bereitet die Entstehung von Tumorzellen vor. Entscheidend wichtig ist also nicht nur die *„Actio"* eines Carcinogens, sondern auch die *„Reactio"* der Zelle. Anders ausgedrückt: Normale Zellen befinden sich in einem labilen Gleichgewicht.

Auch in Warburgs Theorie der Krebsentstehung finden sich sehr ähnliche Gedanken: Krebs wird dort als ein Rückfall in primitive Wachstumsgewohnheiten apostrophiert. Krebszellen verhalten sich wieder wie primitive Einzeller ohne soziales Engagement. Dabei ist es eigentlich gar nicht so entscheidend wichtig, ob die neuerworbene Gärung für das asoziale Verhalten allein verantwortlich ist oder ob sie nur ein — allerdings essentieller — Parameter von vielen ist, die zur „primitiven Lebensart" gehören.

Eine Tumorzelle lernt also danach nichts „Neues", sondern sie greift auf alte Potenzen zurück?

So könnte man wohl formulieren; viele sprechen in diesem Zusammenhang von einer „Rückkehr zum embryonalen Zelltyp", zu einem Zelltyp also, der sich gerade durch kräftiges Wachstum auszeichnet.

In der Tat verlieren Tumorzellen viele für erwachsene Gewebe charakteristische Funktionen und ähneln damit den embryonalen Geweben, die diese Funktionen noch nicht ausgebildet haben. Neben diesem Verlust spezifischer Funktionen können aber auch längstvergessene embryonale Eigenschaften in Tumorzellen wieder auftauchen. Mehrfach wurden „neue Tumorantigene" beschrieben, die nichts weiter waren als „alte" Embryonalantigene, Reminiszenzen also an frühere Perioden häufiger Zellteilungen.

Oberflächliche Ähnlichkeiten sollten allerdings nicht verführen, auch grundsätzliche Übereinstimmungen zu sehen. Foulds hat einmal anschaulich davor gewarnt und gesagt: „Die Beziehungen zwischen Embryonalzellen und „anaplastischen" Tumorzellen ist weitgehend die gleiche wie zwischen einem Kind und einem Greis in seiner zweiten Kindheit; bei dem einen sind die Möglichkeiten noch unentwickelt, beim anderen sind sie dahin, für immer."

Deswegen bleiben aber doch Ähnlichkeiten bestehen; eben häufige Zellteilungen und Verzicht auf spezifische Funktionen. Viele Tumortheorien gehen deshalb davon aus, daß eine Zelle prinzipiell zwischen zwei Grundzuständen pendeln kann, nämlich zwischen Zelldifferenzierung und Zellteilung.

Könnten Sie uns dies ein wenig näher erläutern?

Das heißt einfach, daß eine Zelle sich entweder teilt oder „differenzierte" Funktionen ausübt: etwa als Leberzelle Glycogen speichert, Blutzucker bereitstellt und Gallenfarbstoffe produziert, oder etwa als Nervenzelle lange Dendriten bis zur nächsten Nervenzelle ausschickt.

Für beide „Zustände" gibt es genetische Informationen, und daher ließe sich der Übergang von einer differenzierten Zelle zu einer sich teilenden Zelle auch folgendermaßen formulieren: Bei einer Zelle einer regenerierenden Leber beispielsweise werden differenzierte Gene abgeschaltet und die für die Teilungen benötigten Genpartien abgerufen.

Dieser Übergang aber wäre reversibel, denn nach Abschluß der Regeneration bleiben ja weitere Teilungen aus. Eine Tumorzelle dagegen wäre eine Zelle, die ihre differenzierten Funktionen endgültig aufgegeben hat und die sich dauernd dem Teilungsgeschäft widmet; in Bulloughs Worten führt „ein Kollaps der Differenzierung zu Krebs". Die „differenzierten Gene" werden stumm, die für die Mitose erforderlichen Gene sind dagegen in Daueralarm versetzt. H. Busch hat für diese Gene den Namen „Tumorgene" vorgeschlagen.

Diese Vorstellung von einem „Krebsgen" ist doch sehr einleuchtend?

Nur zunächst, denn die einfache Alternative: Differenzierung oder Teilung ist offensichtlich eine falsche Abstraktion. Ein Beispiel: Synchronisiert man kollagenproduzierende Zellkulturen und verfolgt die Kollagenproduktion über den gesamten Zellzyklus, so findet man keine Unterbrechung der Produktion während der S-Phase oder auch der eigentlichen Mitosephase. Mitose und differenzierte Funktion schließen sich also nicht notwendigerweise aus.

Zeigen nicht beispielsweise auch die Minimalabweichungshepatome, daß Tumoreigenschaft und differenzierte Funktion sich nicht grundsätzlich ausschließen?

Ja, denn von diesen Hepatomen gibt es ein ganzes Spektrum, die mehr oder weniger schnell wachsen und dabei mehr oder weniger deutlich an Lebergewebe erinnern. Vor allem die langsam wachsenden können z. B. noch Glycogen machen und sie können sogar noch Gallenfarbstoffe produzieren, beides eigentlich Privilegien einer normalen Leberzelle. Hier verträgt sich also auch Tumorwachstum mit differenzierten Funktionen. „Seit der Entdeckung der Minimalabweichungshepatome wurde die Vorstellung, daß eine gegebene Zelle (nur) zwei alternative Möglichkeiten hat — nämlich sich entweder zu vermehren oder zu differenzieren — zu einem ziemlich nutzlosen Gedankengang (E. Reid)."

Trotzdem muß aber das „Krebs-Gen-Konzept" nicht falsch sein?

Nein, die Blockade der „Mitoseinformationen" könnte gestört sein, auch ohne daß spezifische Funktionen angetastet sein müssen. Normalerweise aber werden die spezifischen Funktionen einer Zelle durchaus angetastet; Tumorzellen können in der Regel weniger als normale Zellen.

Das ist eigentlich schon der Inhalt der Deletionstheorie, „die in ihrer einfachsten Form nichts weiter sagen will, als daß einer Tumorzelle Enzyme fehlen, die die normale Zelle besitzt, aus der sie hervorgegangen ist" (V. R. Potter).

Wie kam es zu dieser Hypothese?

Sie wurde von den Millers formuliert, nachdem sie beobachtet hatten, daß Carcinogene an definierte Proteine der Zellen gebunden werden (h-Proteine). In der „fertigen" Tumorzelle fehlen dann diese Proteine, die zunächst mit den Carcinogenen reagiert hatten.

Doch in einer Tumorzelle fehlen nicht nur h-Proteine?

Ganz sicher nicht; ganze Enzymkataloge fehlen gewöhnlich, und damit taucht natürlich die Frage auf, welche dieser „Deletionen" nun strategisch wichtige Deletionen sind, welche also wirklich etwas mit den neoplastischen Eigenschaften einer Tumorzelle zu tun haben.

So könnten bestimmte Veränderungen einfach als toxische Schädigungen gewertet werden, denn Carcinogene sind, wie wir ja mehrfach gesehen haben, zumeist recht zellschädigende Agenzien, die bei hohen Dosierungen unvermeidlich zum Zelltod führen.

Kann man diese „toxischen" Veränderungen, die nichts mit der Carcinogenese zu tun haben, nicht als solche erkennen?

Vielfach versuchte man, toxische von carcinogenen Effekten dadurch zu trennen, daß man chemisch nahverwandte Substanzen miteinander in ihrer Wirkung auf den Zellstoffwechsel verglich. Das hat aber nur dann einen Sinn, wenn beide Substanzen etwa gleich toxisch sind. Was dann die zusätzlich carcinogene Substanz „mehr" konnte, wurde dann als carcinogenspezifisch betrachtet.

Es geht aber nicht nur um die Frage, toxisch oder carcinogen, sondern auch darum, ob die faßbaren Veränderungen einer Tumorzelle primäre oder sekundäre Ereignisse sind, und auch diese Frage ist nur sehr schwer zu entscheiden. Als Beispiel haben wir Chromosomenveränderungen kennengelernt, die wohl erst infolge überstürzter Zellteilungen auftreten und nicht etwa deren Ursache sind. Doch auch andere Parameter könnten erst nachträglich verändert sein.

Hat man nicht gelegentlich versucht, primäre von sekundären Ereignissen dadurch voneinander zu trennen, daß man eine genaue zeitliche Analyse erstellte und dabei hoffte, daß strategisch wichtige Ereignisse sekundären Ereignissen vorausgehen?

Man hat solche Überlegungen angestellt, aber mehr Erfolg, die Spreu vom Weizen zu trennen, verspricht eine andere Methode: man vergleicht Tumoren des gleichen Muttergewebes und versucht dann, Gemeinsamkeiten zu konstruieren. Besonders geeignet sind dazu Tumoren, die sich möglichst wenig von ihrem Ursprungsgewebe entfernt haben (also wieder die schon mehrfach erwähnten Minimalabweichungstumoren). Kurz das Denkprinzip eines solchen Vergleichs: alles, was diese Tumoren noch können, hindert sie offensichtlich nicht daran, neoplastisch zu wachsen. Fehlt zum Beispiel ein bestimmtes Enzym in irgendeinem Tumor, kommt es aber in einem Minimalabweichungstumor vor, dann kann es mit der Carcinogenese eigentlich nichts zu tun haben. Diese Methode „entmythologisiert" also in erster Linie, und schon manche Deletion ist ihr zum Opfer gefallen (Warburgs Gärung uva.).

Sind Schlüsse dieser Art wirklich beweiskräftig?

Sie möchten mit „Entmythologisierungen" vorsichtig sein, und Sie haben recht: Stellen wir uns einmal vor, daß drei Partner, die zu einem Reaktionszyklus zusammengefaßt sind, für die Wachstumsregulation einer normalen Zelle verantwortlich sind:

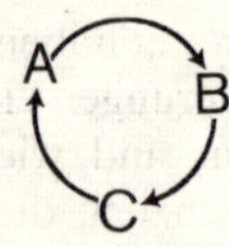

Die Deletion, also der Verlust irgendeines dieser Partner, sei es nun A, B oder C, würde diese Regulation außer Kraft setzen. Der Schluß, daß die jeweils übriggebliebenen Komponenten nichts mit Regulation zu tun haben, wäre ganz offensichtlich falsch.

Dann würde auch der Vergleich zwischen minimal veränderten Tumoren gar keine sicheren Aussagen erlauben?

Es scheint tatsächlich so, aber wenn wir unterstellen, daß eine einzige entscheidende Veränderung in einer Zelle genügt, um sie aus dem Geleise zu werfen, dann haben die vergleichenden Untersuchungen sehr wohl einen Sinn. Zugegeben, eine Zelle ist ein sehr kompliziertes Netzwerk von miteinander verschränkten Kreisprozessen; trotzdem bestehen hierarchische Ordnungen: wenn es beispielsweise einen wachstumsregulierenden Faktor gibt, dann hat er für die Tumoreigenschaften sicher mehr Gewicht als irgendwelche „peripheren Ereignisse" im Zellstoffwechsel. Wir haben bei der Diskussion des Chalonkonzeptes einen solchen essentiellen Faktor ja kennengelernt.

Kehren wir doch noch einmal zur Frage der strategischen Veränderungen im Zusammenhang mit der Deletionshypothese zurück: Carcinogene reagieren mit bestimmten Proteinen, inaktivieren sie und sorgen dann für eine dauernde

Eliminierung dieser Substanzen. Diese Proteine können aber doch, wenn sie für die Carcinogenese wichtig sein sollen, nicht irgendwelche Proteine sein?

Nein, natürlich nicht, sie müßten schon Regulatorproteine sein; heute würden wir wohl Chalone dazu sagen, um Bulloughs griffige Beschreibung zu benützen. Aber auch damit ist das Problem noch nicht gelöst, denn wie sollte eine zeitweilige Inaktivierung, sagen wir jetzt des Chalons, zu seinem dauernden Verlust führen? Wir könnten auch fragen, wie wird diese *erworbene Eigenschaft* schließlich *vererbt*?

Die Vererbung erworbener Eigenschaften spielt ja in der Biologie eine etwas zwielichtige Rolle. Lamarck wurde durch Darwin ersatzlos gestrichen. Wie löst die Experimentelle Tumorforschung das Problem?

Zur Aufklärung dieses „Lamarck-Dilemmas" haben Pitot und Heidelberger einen doppelten Repressionskreis nach Art von Jacob-Monod vorgeschlagen, durch den im Endeffekt erreicht wird, daß die Synthese des „carcinogen-geschädigten" Regulators (Repressors) auf Dauer eingestellt wird. Dazu ist keine irreversible Veränderung des eigentlichen Genmaterials erforderlich. Theoretisch würde nach Zufuhr intakter Regulatorsubstanz der „Teufelskreis" unterbrochen werden, und die Zelle könnte dann wieder von sich aus normalen Regulator produzieren. Krebs wäre danach grundsätzlich reversibel.

Wenn schon Lamarck bemüht wird, warum nun nicht auch Darwin? Eine Zelle, die einen derartigen Doppel-Repressions-Regelkreis bei der Evolution „erfunden" hat, erweist sich doch damit ganz generell einen schlechten Dienst. Die „schädliche" Wirkung des Carcinogens wird doch ungeheuer dramatisiert; statt eines temporären Verlustes des Regulators muß die Zelle dauernd auf ihn verzichten, sie schüttet das Kind mit dem Bade aus.

Sicher, Pitot-Heidelbergers Theorie wurde auch gelegentlich als "highly sophisticated" bezeichnet, was man vielleicht mit „über den Wolken schwebend" wiedergeben könnte. Trotzdem nimmt sie der Protein-Deletions-Hypothese einen entscheidenden Makel, der ihr bis dahin anhaftete, nämlich daß der Verlust auch eines Regulatorproteines allein noch nicht zu einer Tumorzelle führen kann, es sei denn, dieser Verlust wird in das genetische Material der Zelle eingeschrieben, und genau dies leistet diese Theorie.

Stört es nicht, daß die Veränderungen reversibel sein sollen; sind denn Tumorzellen nicht irreversible Tumorzellen?

Ja, es ist eine traurige Erfahrung der Humanmedizin, aber auch der Experimentellen Krebsforschung, daß der Weg zum Tumor ein Weg ohne Umkehr ist, ganz überwiegend jedenfalls, und dies hat ja auch zur Mutationstheorie des Krebses geführt; und auch heute noch nimmt diese Theorie einen besonderen Platz ein, . . .

Gibt es denn überhaupt eine Alternative zur Mutationstheorie, denn eine Tumorzelle führt immer wieder zu einer Tumorzelle; sie muß also die Tumoreigenschaften weitervererben und wie sollte sie das ohne ein verändertes Erbmaterial?

Sicher, im weiteren Sinn ist jede Tumorzelle eine mutierte Zelle, wenn man unter „mutiert" jede hereditäre Veränderung versteht, aber das besagt noch lange nicht, daß die Tumorzelle auch irreversibel verändert sein muß. Auch aus einer Nierenzelle beispielsweise entsteht ja im Normfall immer wieder eine Nierenzelle und aus einer Leberzelle immer wieder eine Leberzelle, ohne daß sich deswegen eine Nierenzelle von einer Leberzelle genetisch unterscheiden müßte. Zwischen einer Nierenzelle und einer Leberzelle liegt eben keine Mutation, und ebensowenig muß eine Mutation zwischen einer Leber- und einer Hepatomzelle liegen.

Was liegt denn nun „zwischen" einer Leberzelle und einer Nierenzelle?

In einer Leberzelle sind einfach andere Gene als in einer Nierenzelle aktiv. In einer Leberzelle bleiben DNA-Partien abgedeckt, die in einer Nierenzelle offen sind und umgekehrt. Die Unterschiede sind also Unterschiede im „Repressionsmuster" und keine Unterschiede im primären Genmaterial.

Sie sehen also als Alternative zur Mutationstheorie eine Veränderung der Repressionsmuster; Sie meinen also, daß eine „Umprogrammierung" zur Tumorzelle führen kann?

An solche Programmänderungen denken viele, beispielsweise auch S. Weinhouse, der glykolytische Enzyme in Minimalabweichungshepatomen studiert hat. Er meint, daß es in diesen Tumoren zu einer Umschaltung der Gen-Ablesung kommt, so daß Enzyme, die zur Ausstattung einer normalen Leberzelle gehören, unterdrückt werden, während andere wiederum zum Zuge kommen, die in der Leber normalerweise blockiert sind.

Solche Umschaltungen könnten reversibel sein; daher ist es von besonderem Interesse, daß es doch offensichtlich Fälle von reversiblen Tumoren zu geben scheint.

Sie denken an die Nicotianatumoren und an ähnliche Fälle?

Ja, aber ich denke auch an sehr alte Erfahrungen, die man mit Bronchialcarcinomen gemacht hat. Da stellte es sich nämlich heraus, daß manche Bronchialcarcinome ACTH produzieren, ein Proteinhormon, daß normalerweise nicht in Bronchialzellen hergestellt wird. Offensichtlich ist in diesen Tumorzellen etwas „wach geworden", was in normalen Zellen geschlafen hat.

Ist es denn allgemein bewiesen, daß auch die ausdifferenzierten Zellen eines tierischen Organismus immer noch das gesamte Genmaterial der befruchteten Eizelle besitzen?

Erinnern Sie sich nicht an die Experimente, die Gurdon gemacht hat? Experimente, in denen er aus differenzierten Darmzellkernen nach der Rück-

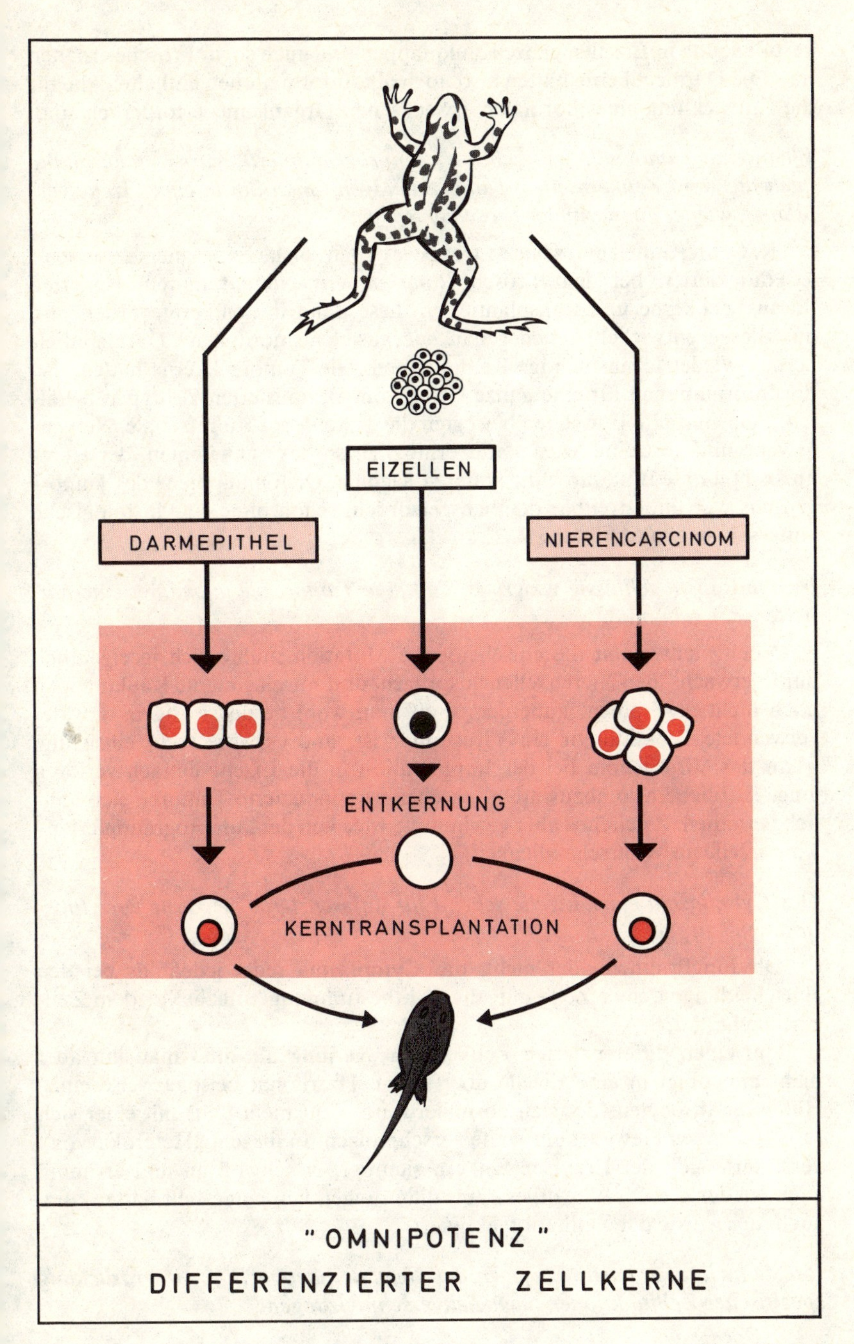

"OMNIPOTENZ"
DIFFERENZIERTER ZELLKERNE

verpflanzung in Eizellen ganze Kaulquappen und auch sogar Frösche erhalten hat. Die Darmzellkerne hatten also noch alle Informationen enthalten, die für die Entwicklung eines normalen erwachsenen Organismus erforderlich sind.

Wenn eine Tumorzelle wirklich nur „umprogrammiert" wurde, dann müßte auch aus dem Zellkern einer Tumorzelle, wenn man ihn in eine Eizelle verpflanzt, wieder ein normaler Frosch entstehen?

R. C. McKinnell und seine Mitarbeiter haben solche Experimente gemacht: sie induzierten bei dem Frosch *Rana pipiens* Nierentumoren, isolierten daraus Zellkerne und transplantierten diese dann in „entkernte" Eier, und aus diesen entwickelten sich genau wie aus den „normalen" Darmepithelkernen wieder lebenstüchtige Kaulquappen. Die Tumorzellkerne hatten also die Informationen für eine ganze Reihe von spezialisierten Zelltypen behalten: „Gewimperte Epithelien bewegten die Tiere in der Kulturschale. Nervengewebe und gestreifte Muskulatur ermöglichten das Schwimmen, der Herzmuskel pumpte Blut durch die äußeren Kiemen. Die Omnipotenz des Tumorgenoms war unbestreitbar deutlich geworden, schon ohne eine histologische Untersuchung" (Abbildung S. 221).

Ist damit nicht schlüssig widerlegt, daß eine Tumorzelle unbedingt eine mutierte Zelle sein muß?

Noch nicht, denn die entscheidende Mutation müßte sich ja eigentlich nur in erwachsenen Nierenzellen ausprägen, und soweit sind die Kaulquappen noch nicht gekommen; außerdem muß man wohl berücksichtigen, daß der verwendete Froschtumor ein Virustumor ist, und es wäre recht einsichtig, wenn das Virusgenom bei der Implantation in die Eizelle einfach verloren ging. Es bliebe also abzuwarten, ob chemisch induzierte Tumoren sich ähnlich verhalten. Zweifellos aber gewinnt die Idee von der „umprogrammierten" Tumorzelle an Wahrscheinlichkeit.

Das Cytoplasma einer Eizelle scheint für differenzierte Zellkerne ein „Jungbrunnen" zu sein?

Ob Jungbrunnen oder nicht, das Cytoplasma redet jedenfalls bei den Entscheidungen einer Zelle mit; die „Mitbestimmung" macht vor dem Zellkern nicht halt.

Um einen differenzierten Zellkern zu „verjüngen", muß man ihn aber nicht unbedingt in eine Eizelle überführen. Harris hat beispielsweise einen Hühnererythrocyten (der sich normalerweise nicht mehr teilt) mit einer sich rasch teilenden Gewebekulturzelle verschmolzen. In diesem „Heterokaryon" veränderte sich der Erythrocytenkern sichtbar, er schwoll an und er nahm auch wieder die DNA-Synthese auf, die er eigentlich eingestellt hatte; kurz, auch hier wurde der Zellkern reaktiviert.

Wurde nicht aber auch sozusagen das Gegenteil beobachtet: Unterdrückung spezifischer Zellfunktionen nach Zellverschmelzungen?

Ja, Ephrussi hat beispielsweise einen solchen Fall beschrieben: er „kreuzte" eine melaninproduzierende Zelle mit einer melaninfreien Zelle und er erhielt dabei Hybride ohne Melaninsynthese. Seine Interpretation: in einer melaninfreien Zelle wird die Melaninsynthese unterdrückt, und der gleiche „Repressor" blockiert dann auch in der Doppelzelle die Farbstoffbildung.

Würde dies nicht bedeuten, daß bei einer Verschmelzung einer Tumorzelle mit einer Normalzelle die „neoplastischen Eigenschaften" verloren gehen müßten?

Ja, denn was der Tumorzelle fehlt (Deletion), würde ja der normale Partner mit in die Zwillingszelle einbringen. Harris hat tatsächlich solche Hybride aus Tumor- und Normalzellen beobachtet, die ihre Fähigkeit verloren hatten, als Tumorzelle zu wachsen.

Andere dagegen machten gegenteilige Erfahrungen: ihre Tumor-Normal-Hybride waren immer noch Tumorzellen.

Widerspricht dies dann der Deletionstheorie?

Nur dem ersten Anschein nach, sozusagen aus der Perspektive des Wachstumsregulators: die eingekreuzte Normalzelle müßte ihn ja zur Verfügung stellen können. Anders sieht es aus, wenn man an einen (hypothetischen) Rezeptor für diesen Regulator denkt. Wenn dieser Rezeptor in der Tumorzelle nicht mehr auf den Regulator reagiert, warum sollte er dann im Zellhybrid reagieren?

Der Verlust eines Regulators oder auch eines Rezeptors für einen Regulator könnte mit einer echten Mutation beschrieben werden. Aber ebensogut ließe sich der Verlust „nur" mit einer Veränderung des Repressionsmusters, also mit einer „Umprogrammierung" erklären, das meinen Sie doch?

Ich würde vielleicht sogar sagen wollen, bevorzugt sollte man an eine Verschiebung des Repressionsmusters denken und nicht an eine Mutation. Aber es ist gar nicht gesagt, daß die entscheidenden Veränderungen überhaupt am genetischen Material der Zelle stattfinden müssen. Die Denkmöglichkeiten sind mit DNA-Veränderungen keineswegs erschöpft: Als Konkurrenz zu mutierten Kerngenen — wie sie die klassische Mutationstheorie fordert — hat man zum Beispiel an Plasma-Gene gedacht, an Genmaterial also außerhalb des Zellkerns. Autonome Mitochondrien wären ein Beispiel für solche Plasmagene.

Wurde nicht auch schon über autonome Zellmembranen spekuliert?

In diesem Fall kann „autonom" nicht die völlige Unabhängigkeit vom Zellkern bedeuten, sondern nur eine Wahlfreiheit im Zusammenbau der Membranbauteile zu spezifischen Mustern. Solche Spekulationen gibt es.

Spielen denn diese „sekundären Vererbungsmechanismen" heute in der Krebstheorie eine größere Rolle?

Nicht so recht, ihr größter Wert liegt darin, daß sie davor warnen, allzunaheliegende Theorien als denknotwendig und damit als erwiesen zu übernehmen.

Wir haben nun recht ausführlich besprochen, wie eine Tumorzelle eine Tumorzelle bleiben kann: könnten wir jetzt die Frage anschließen, wodurch erst einmal eine normale Zelle zur Tumorzelle wird?

Sie werden uns doch nicht zu einer Definition verleiten wollen! Virchow hat einmal gemeint, daß „niemand, auch nicht wenn er gefoltert würde, sagen könne, was eine Tumorzelle eigentlich ist". Aber wir könnten versuchen, eine vorläufige Definition zu geben: Im einfachsten Falle wäre eine Zelle dann eine Tumorzelle, wenn sie sich rascher teilt als die gleichen Zellen ihrer Umgebung.

Das würde also heißen, wir müßten danach fragen, wie im Normalfall solche unerwünschten Zellteilungen unterbunden werden.

Ja, aber darauf kann man nur sehr allgemeine Antworten geben. Dafür sind die Regulationsfelder des Organismus zuständig. Die Regulation kann — rein formal — dabei auf zwei Wegen gestört werden: 1. Abschwächung des Regulationsfeldes selber, aber auch 2. durch Verlust der Antennen der Zelle für das Regulationsfeld.

Diese Felder können zum Beispiel *hormoneller* Art sein. Sie erinnern sich an die hormonabhängigen Mamacarcinome von Mäusen und Ratten.

Wie steht es mit dem Immunsystem als Regulationsfeld?

Man würde eigentlich annehmen, daß die körpereigene Immunabwehr erst dann in Aktion tritt, wenn es schon Tumorzellen gibt. Es wäre also eine Regulation im nachhinein. Allerdings wurde gelegentlich auch die Meinung geäußert, daß die Immunmechanismen direkt an der Gewebekonstanz beteiligt sind, beispielsweise in der Weise, daß sie „gealterte" Zellen erkennen und abtransportieren können.

Dann würde allein eine Behinderung des Immunsystems zum Auftreten von „Tumorzellen" führen?

Theoretisch ja, und auch chemische Carcinogene könnten einfach durch ihre immunosuppressive Wirkung den Abtransport gefährlicher Tumorzellen blockieren („indirekte chemische Carcinogenese durch Immunosuppression").

Gibt es dafür experimentelle Beweise?

Untersuchungen von Stutman könnte man zitieren: er hat verschiedene Mäusestämme untersucht und dabei gefunden, daß bei einem stark auf Methylcholanthren reagierenden Stamm das Immunsystem durch diesen Kohlenwasserstoff weitgehend lahmgelegt wird. Bei einem anderen Stamm dagegen, der kaum auf Methylcholanthren reagierte, wurde die Immunkapazität kaum reduziert. Tumorbildung und Immunosuppression erscheinen danach korreliert.

An anderen Systemen ließen sich allerdings nicht so eindrucksvolle Unterschiede demonstrieren: die Induktion von Lungenadenomen beispielsweise durch Methylcholanthren oder Urethan ist bei thymektomierten (d. h. also bei immunbehinderten) Tieren reduziert, doch keineswegs nach einem Alles- oder Nichts-Gesetz (Trainin).

Dies würde also bedeuten, daß Immuneffekte bei der eigentlichen Erzeugung von Tumorzellen keine Rolle spielen, daß sie aber für die Vermehrung von fertigen Tumorzellen eine sehr wichtige Rolle spielen können?

Genau: man ist eigentlich heute allgemein der Meinung, daß man immunologische Effekte studieren muß, wenn man die Entstehung von Tumoren verstehen lernen will. Die passive Immunisierung von Tumorträgern mit autologen Tumorzellen spricht dafür — wir wollen dieses komplizierte Kapitel nicht noch einmal aufrollen —, aber auch vor allem die zahlreichen Experimente, die in neuerer Zeit mit Antilymphocytenserum gemacht wurden, sprechen dafür. Dabei wurde immer wieder eine Verkürzung der Latenzzeiten durch dieses immunblockende Reagenz beobachtet; ganz im Einklang mit der Vorstellung, daß normalerweise Immunreaktionen die Bildung von Tumoren hinauszögern.

Vervollständigen wir doch noch unsere Liste der übergeordneten Regulationsfelder. Haben wir nicht das wichtigste Feld übersehen...

Ja, denn das wichtigste Regulationsfeld dürfte das Gewebe selber sein. Dabei kann es zunächst offen bleiben, ob kontaktvermittelte Impulse zwischen den Zellen (vielleicht sogar elektrischer Art) oder aber im Gewebe produzierte Steuersubstanzen (Chalone) dieses Regulationsfeld repräsentieren.

Sollten wir nicht doch noch einmal eine Definition versuchen und etwa sagen, daß eine Tumorzelle „taub" geworden ist gegenüber wachstumsregulierenden Regulationsfeldern. Nach dem derzeitigen Stand der Prioritäten würden Sie meinen, daß sie vor allem taub gegen die Steuerimpulse ihres eigenen Gewebes geworden sind.

Auch hier müssen wir wieder zwei Grenzfälle der Regulationsstörung betrachten: a) einmal produziert eine Zelle keine Steuersignale (Chalone) mehr, b) oder aber sie kann die Signale nicht mehr aufnehmen, weil sie die dafür erforderlichen Antennen verloren hat.

Eine Zelle ohne Antennen wäre ganz automatisch eine Tumorzelle geworden...

Eine Zelle, die keine Signalsubstanzen mehr selber herstellen kann, aber noch auf diese Substanzen reagiert, wäre doch eine sehr merkwürdige Tumorzelle?

Sie ist eigentlich zunächst noch gar keine erkennbare Tumorzelle, solange jedenfalls, wie sie im Gewebsverband von den Nachbarzellen mit ausreichenden Mengen von Steuersubstanzen mitversorgt wird. Sie würde sich als Tumorzelle incognito zunächst im Rhythmus des normalen Gewebes teilen müssen, bis ein Zellnest entstanden ist, das nicht mehr von außen mit den nötigen Steuersubstanzen beschickt werden kann. Erst wenn dieses Zellnest also eine „kritische Größe" erreicht hat, könnte es dann — zumindest in den inneren Partien — ungehemmt wachsen.

Wird nicht die Aufgabe, eine Tumorzelle zu definieren, vor allem dadurch kompliziert, daß Tumorzellen im allgemeinen eine Entwicklungsgeschichte haben?

Dies ist tatsächlich eine gravierende Schwierigkeit: eine Tumorzelle ist keineswegs nur statisch definierbar, sie muß auch als historisches Ereignis eingegrenzt werden. Ihre *Geschichte* beginnt damit, daß sie sich den Regulationsimpulsen ihres Gewebes entzieht. Diesen Schritt kann man als einen Verlust normaler Eigenschaften beschreiben. Aber eine Tumorzelle dieses Typs kann nur innerhalb eines gut organisierten Gewebes existieren, in dem Nährstoffe antransportiert werden und Stützgewebe bereit steht. Will die Tumorzelle wirklich autonom werden, dann muß sie selber für sich sorgen: sie muß Stützgewebe induzieren (Stroma), sie muß ihr eigenes Gefäßsystem „aufbauen". Ohne diese Fertigkeiten könnte es beispielsweise keine transplantierbaren Tumoren geben.

Die Tumorzelle scheint also in dieser Phase etwas „Neues" zu lernen.

Es sieht so aus, doch damit ist die Entwicklungsgeschichte noch nicht abgeschlossen: invasives Wachstum und Metastasierung können hinzukommen (Progressionen in der Terminologie Foulds), und auch diese neuen Eigenschaften haben mit dem Verlust der Wachstumsregulation nichts mehr unmittelbar zu tun. Es sind wiederum neue Tricks, die die Zelle lernt.

Wir müssen leider zum Schluß kommen. Wäre es nicht möglich, einen Steckbrief für eine Tumorzelle auszuschreiben? Etwa mit den besonderen Kennzeichen:
1. Vermehrte Zellteilungen,
2. Vereinfachte Stoffwechselmuster (Entdifferenzierung),
3. Asoziales Verhalten

Sie können es versuchen, aber mit einem solchen Steckbrief würde man sehr unangenehme Entdeckungen machen; manche normale Zelle würde gefaßt, manche Tumorzelle übersehen werden:

1. Viele Tumorzellen teilen sich zwar rascher als ihre Umgebung, aber sie müssen es nicht unbedingt. Manche Tumorzellen vergessen einfach zu sterben, und auch auf diese Weise wird schließlich die Masse eines Gewebes über die Norm erhöht. Viele therapeutische Maßnahmen wollen gezielt Zellen mit einer hohen DNA-Synthese treffen. Diese Versuche sind aber dann, wenn sich die Zellen gar nicht rascher teilen, gelinde gesagt, problematisch: manche Therapie schlägt so den falschen Esel.

2. Würde man bei der Fahndung „differenzierte“ Zellen ausschließen, so blieben die Minimalabweichungshepatome und so manche differenzierte Tumoren unbehelligt und schließlich
3. „Unschuldige“, aus dem Knochenmark ausgeschwemmte Lymphocyten müßten wegen ihres asozialen Verhaltens als Tumorzellen eingestuft werden.

Schon diese wenigen Beispiele überzeugen, daß keines dieser Kriterien allein allzu vernünftig ist.

Die Situation erinnert uns ein wenig an die merkwürdig grinsende Katze, der „Alice im Wunderland“ begegnete. Diese Katze saß auf einem Baum und konnte verschwinden, ohne sich vom Ast zu rühren: zuerst wurde der Schwanz unsichtbar, dann Pfoten, Körper und Kopf, bis schließlich nur noch das Grinsen übrigblieb. Alice war sehr verwirrt und meinte: „Nun, ich habe schon oft eine Katze ohne ein Grinsen, aber noch nie ein Grinsen ohne Katze gesehen.“

In eine ähnlich verwirrende Lage kommt aber eigentlich jeder, der versucht, die „reine Klarheit“ einer Definition auch in der Wirklichkeit wiederzufinden. Bei näherem Zusehen verschwindet so auch mancher Aspekt einer Krebszelle (erhöhte Zellteilung, Entdifferenzierung usw.), bis schließlich ein bloßes Grinsen daran erinnert, daß es sicher Krebszellen gibt, auch wenn wir sie nicht im einzelnen klar definieren können.

Klingt das nicht ein wenig zu sehr nach einem „Ignorabismus“, und dazu gibt es doch wohl keinen richtigen Grund? Warum sollten nicht auch die Krebszellen eine „pluralistische Gesellschaft“ sein, die durch ganz verschiedene Ursachen aus ganz verschiedenen Regulationsfeldern ausscheren und die sich dann weitgehend nach ihrer eigenen Façon weiterentwickeln?

Durchaus, und in diesem Sinne wäre eine pluralistische Tumortheorie kein Notbehelf, sondern die adäquate Beschreibung der Wirklichkeit.

Zusammenfassung: Programm für einen Computer

Es bleibt nun noch, Bilanz zu machen, auch wenn sie mager ausfallen muß. Von den vielen Tumortheorien blieb eigentlich kaum etwas Handfestes übrig; auf die Frage, was ist eine Tumorzelle, gibt es noch immer keine befriedigende Antwort. Sicher ist, daß Krebs auf die verschiedensten Arten experimentell erzeugt werden kann; aber nach wie vor ist es unsicher, ob es einen gemeinsamen Nenner für alle diese verschiedenen Krebsursachen gibt.

Ein fast unübersehbares Tatsachenmaterial wurde gerade in den letzten zwanzig Jahren angehäuft, doch es wird immer schwieriger, Wichtiges von Unwichtigem zu scheiden. Vielleicht wird einmal ein Computer helfen, die Spreu vom Weizen zu lesen, und vielleicht wird einmal ein Elektronengehirn quer durch die zahllosen Einzelbefunde die einzig mögliche Tumortheorie zeichnen. Noch dürfte es dazu zu früh sein; man könnte aber heute schon versuchen, die Probleme computergerecht zu formulieren. Man wird dies den Mathematikern überlassen müssen, doch zum Abschluß sei der spielerische Versuch gewagt, Beispiele für Entstehung und Schicksale der Tumorzelle nach Art eines Computerprogrammes zu skizzieren (siehe folgendes Schema S. 230/231).

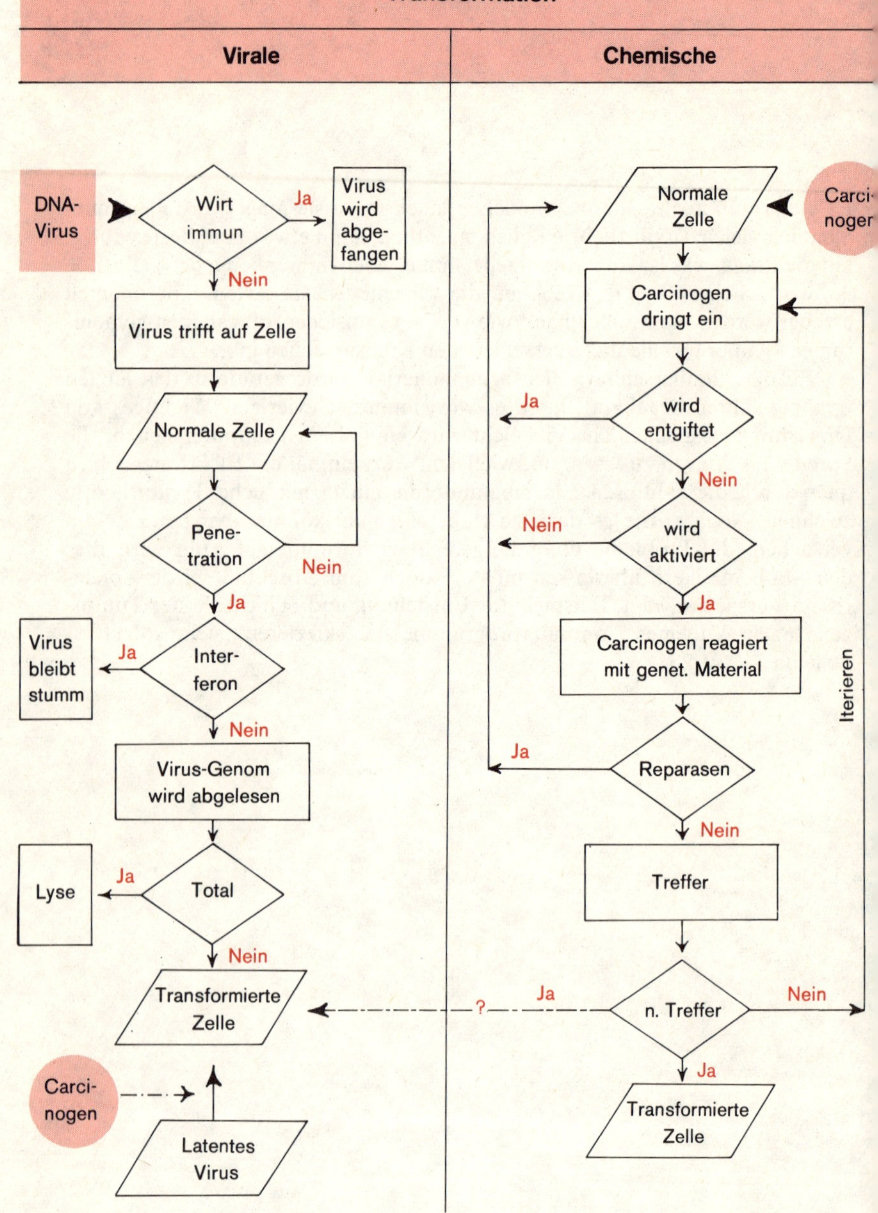
Transformation
Virale
Chemische
DNA-Virus
Wirt immun
Ja
Virus wird abgefangen
Nein
Virus trifft auf Zelle
Normale Zelle
Penetration
Nein
Ja
Virus bleibt stumm
Ja
Interferon
Nein
Virus-Genom wird abgelesen
Lyse
Ja
Total
Nein
Transformierte Zelle
Carcinogen
Latentes Virus
Normale Zelle
Carcinogen
Carcinogen dringt ein
Ja
wird entgiftet
Nein
Nein
wird aktiviert
Ja
Carcinogen reagiert mit genet. Material
Iterieren
Ja
Reparasen
Nein
Treffer
?
Ja
n. Treffer
Nein
Ja
Transformierte Zelle

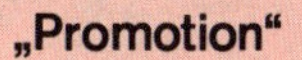

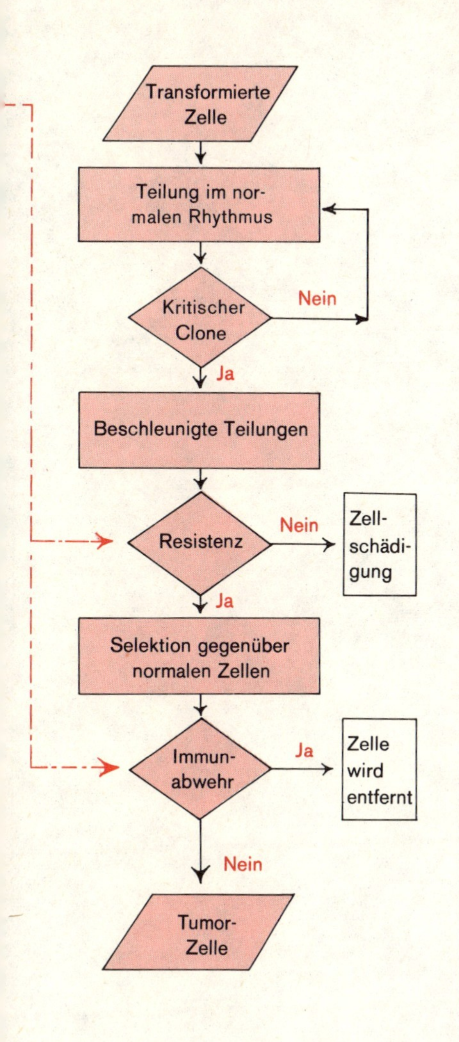

„Progression"

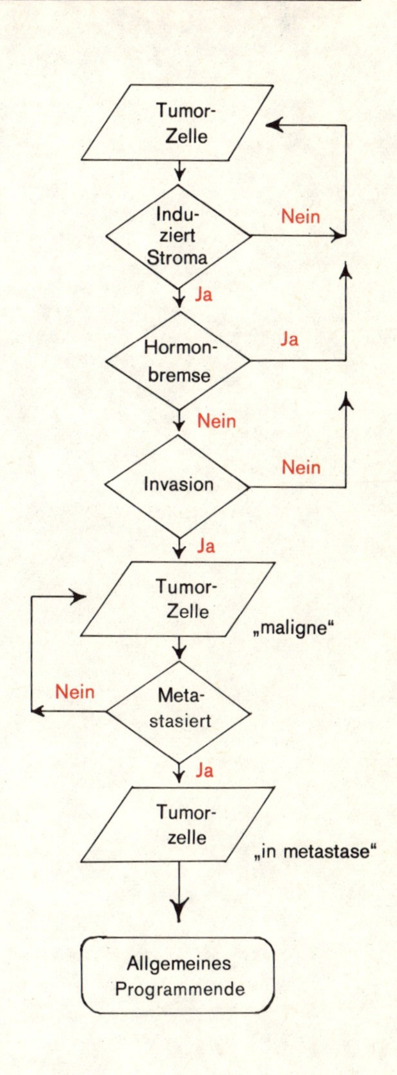

Anhang: Kleines morphologisches Glossar für Nicht-Mediziner

Die **Zellen**, Grundbausteine von Pflanzen und Tieren, sind trotz aller Variationen immer nach dem gleichen Bauplan konstruiert (siehe Abbildung S. 80). *„Omnis cellula e cellula“* formulierte Virchow und meinte damit, daß sich eine Zelle nur durch Zellteilung **(Mitose)** aus einer Mutterzelle bilden kann.

Gewebe sind Zusammenschlüsse vieler spezialisierter Zellen. Häufig teilt man grob ein in „Binde- und Stützgewebe“ und epitheliale Gewebe (Diese Einteilung ist aber nicht nur funktionell sinnvoll, sie hat auch einen entwicklungsgeschichtlichen Hintergrund: aus dem mittleren Keimblatt gehen die „Binde- und Stützgewebe“, aus dem inneren und äußeren Keimblatt alle epithelialen Organe und das Nervensystem hervor). Allgemein lassen sich darin jeweils Zellen mit bestimmten Spezialaufgaben, etwa Nervenzellen, von solchen Zellen unterscheiden, die diese Spezialisten in ihrer Funktion unterstützen, sie zusammenhalten, für ihre Ernährung sorgen u. a. m. .

Epithelien oder Deckgewebe überziehen sämtliche äußeren und inneren Oberflächen eines Organismus (dazu gehören die Epidermis, Schleimhäute im Magendarmtrakt und den Luftwegen usw.). Sie bilden also eine „Schutzhaut“ gegen die Umwelt und verfügen daher einerseits über Schutzvorrichtungen (z. B. Hornschuppen, Haare, Schleim) andererseits haben sie die Fähigkeit, Zellverluste aus besonderen „Keimzellschichten“ (siehe z. B. die Rolle der Basalzellen bei einer Hyperplasie; S. 235) heraus zu kompensieren (sog. Wechselgewebe). Je nach Zellform und Aufbau unterscheidet man Plattenepithel, Zylinderepithel u. a. Varianten. Auch die „parenchymatösen“ Organe wie Leber, Speichel- oder Brustdrüse sind aus Epithelzellen aufgebaut. Sie gehören zu den stabilen Geweben (siehe dazu: reparative Regeneration; S. 235).

Die sog. **Binde- und Stützgewebe**, insgesamt etwa 70 bis 80% der Masse höherer tierischer Organismen, umfassen Knochen, Knorpel, Fettgewebe, Muskeln, Bänder, Sehnen usw. Sie halten den Organismus „im Innersten“ zusammen. Bis in kleinste Gewebsbezirke hinein gibt das Bindegewebe Gerüst und Basis für Epithelzellen ab und hilft auf diese Weise auch die parenchymatösen Organe mit zu formen.

Histologie: Unter dem Mikroskop lassen sich Gewebe erst nach spezieller Vorbehandlung betrachten. Bei den heute üblichen Routineverfahren werden sie zuerst in Formol oder Alkohol fixiert — unter hinreichender Wahrung der Struktur haltbar gemacht — und in Paraffin eingebettet. Die Rasiermesser aus der Urzeit der Histologie sind inzwischen durch Mikrotome ersetzt, mit denen heute von den „Paraffinblöcken“ hauchdünne Scheiben heruntergeschnitten werden. Auf Objektträger aus Glas aufgezogen und mit verschiedenen Farblösungen z. B. Hämalaun und Eosin eingefärbt können diese „Schnitte“ nun im Durchlicht stark vergrößert beurteilt werden. Dabei fällt auf, daß sich die DNA-reichen Zellkerne viel stärker mit basischen Farbstoffen anfärben (basophil), während das Zellplasma bevorzugt saure Farbstoffe annimmt.

Die histologische **Tumordiagnostik** zieht ihre Schlüsse zunächst einmal aus dem Gesamtbild eines Gewebes. Dabei achtet sie nicht nur auf die Zellen eines Gewebes an sich, sondern beurteilt sie auch im Hinblick auf ihre genaue Einordnung in den Gewebsverband. Besondere Beachtung gilt dabei immer der Grenze zwischen Tumor- und Normalgewebe. „Architekturänderungen“ stehen also im Vordergrund, man muß einer einzelnen Zelle gar nicht ansehen, ob sie eine Tumorzelle ist oder nicht.

Trotzdem verraten sich viele Tumorzellen durch charakteristische Veränderungen selbst. Darauf beruht die **Cytologische Diagnostik** abgeschilferter Epithelzellen beispielsweise aus der Gebärmutter oder ausgehusteter Epithelzellen aus den Luftwegen. An einem größeren Zellspektrum lassen sich zahlreiche „verdächtige“ Zeichen feststellen, die im Rahmen einer „Krebsfährtensuche“ wertvoll sein können.

Zellen bösartiger Tumoren stellen im Gegensatz zum Zellspektrum aus normalen Geweben eine extrem heterogene Population dar. Große und kleine Zellen liegen nebeneinander, mal mit großem, mal mit kleinem Kern, die einen stark, die anderen wiederum schwach gefärbt (Polymorphie, Atypie). Das Verhältnis zwischen Zellplasma- und Kernmasse ist zugunsten des Kernes verschoben. Infolge seines RNA-Reichtums ist das Zellplasma stärker basophil als bei vergleichbaren Normalzellen. Sichtbare Zeichen für andauerndes Wachstum sind die zahlreichen Mitosen, die meist nicht mehr regelrecht, sondern überstürzt ablaufen. Diese pathologischen Mitosen erkennen wir unter anderem an Chromosomen-Verklebungen, -Brüchen oder -Versprengungen. Manchmal entsteht geradezu der Eindruck, daß die Teilung in zwei Zellen nicht mehr genügt, denn neben den üblichen Mitosen sind auch Drei- und Vierteilungen zu beobachten. Auf die exakte Verteilung des genetischen Materials wird nicht mehr so genau geachtet, und so schwanken die Chromosomen-Zahlen in den einzelnen Zellen eines Tumors bisweilen in weiten Bereichen (Polyploidie).

Die normale oder **Physiologische Regeneration** von Geweben zeigt, daß Zellneubildung kein Privileg von Tumoren ist. Im Gegenteil, tagtäglich wird die Epidermis-Abschuppung aus der Tiefe heraus ersetzt, ständig wandern zahlreiche neue Blutzellen zum Austausch überalterter Zellen in die Blutbahn aus. Gewebe, die sich dauernd erneuern, die sog. Wechselgewebe, besitzen eine mit Sorge um „Nachkommenschaft“ betraute Zellsorte, sog. Keimzellen. Bei der Haut sind es zum Beispiel die Basalzellen und für das

Blut sorgen unter anderem die Stammzellen im Knochenmark. Sie liefern spezialisierte (differenzierte), funktionstüchtige Zellen in gleichem Maß, wie diese „verbraucht“ werden, nach. Solchen Wechselgeweben fällt natürlich die Reparatur von Defekten besonders leicht.

Schwieriger gestaltet sich die **Reparative Regeneration** bei den sogenannten stabilen Geweben, z. B. den parenchymatösen Organen, die über keine eigene Keimzellschicht verfügen. Sie müssen, insofern sie es überhaupt noch können, Verluste aus ihrem Bestand bereits spezialisierter Zellen decken. Dazu wird ein Teil der Zellen von Funktion auf Mitose „umgepolt“, sie müssen also mit anderen Worten auf das Niveau einer „Keimzelle“ zurücksteigen, um sich teilen zu können. Das gestattet dann die Restitution der ursprünglichen Gewebsmasse, das ermöglicht erst die „Prometheus-Story“.

Gewebsmetaplasie: Wenn plötzlich aus der „Keimschicht“ eines Zylinderepithels keine Zylinderepithelzellen mehr, sondern Plattenepithelzellen entstehen, wenn einfache Bindegewebszellen an unpassender Stelle beginnen, Knochen zu produzieren, dann spricht man von Metaplasie. Solche Bindegewebszellen haben einfach noch nicht „vergessen“, Knochen zu bilden, und „Keimzellen“ eines Zylinderepithels „wissen“ noch, wie sie Plattenepithel hervorbringen können. Über ihren eigenen Schatten gelingt es ihnen dabei freilich auch nicht zu springen. Epitheliale Zellen können bei einer Metaplasie niemals ins „Bindegewebs-Lager“ überlaufen oder umgekehrt. Epithelmetaplasien haben ihre Ursache meist in chronischen Schädigungen (Entzündungen, mechanische Reize u. a.) und sind deswegen als Ergebnis einer fehlgeleiteten Regeneration zu betrachten. Der Entstehungsweg mancher bösartiger Tumoren (z. B. des Bronchialcarcinoms) ist nur über den Umweg der Epithelmetaplasie denkbar: Plattenepithelcarcinome müssen nicht immer auch aus Plattenepithel entstanden sein.

Geht nun ein Regenerationsprozeß, bei einem Epithel beispielsweise, zwar den richtigen Weg, schießt aber über das Ziel hinaus, resultiert eine **Hyperplasie**. Hier übertrifft die Zellneubildung zahlenmäßig den ursprünglichen Zellbestand. Betrachten wir uns das zunächst an der Mäuseepidermis (Abbildung S. 236). Normalerweise sitzen auf der Unterhaut die Basalzellen, die Keimzellschicht, auf. Daraus gehen die spezialisierten (differenzierten) darüberliegenden Zellen und aus diesen wieder die Hornlagen hervor. (Für unsere Zwecke können wir die Hautanhangsgebilde wie Haarfollikel, Talgdrüsen usw. vernachlässigen). Schädigen wir diese „interfollikuläre“ Epidermis einmalig mit einem geeigneten chemischen „Reizstoff“, resultiert eine Hyperplasie. Zunächst schwellen die Epidermiszellen an (8 Std) und aus den Basalzellen bilden sich plötzlich viel mehr Zellen nach, als nach außen abgestoßen werden (24 Std). Kurzfristig können sich sogar Zellen der höheren Lagen (also nicht nur die Basalzellen) teilen. Der überstürzten Neubildung folgt eine starke Verhornung (72 Std), die später abschuppt. Nun überwiegt der Zellverlust die Zellneubildung und 10 bis 12 Tage später hat die Haut ihr ursprüngliches Zellniveau erreicht und somit die kurzfristige Regulationsstörung überwunden. Dieses Beispiel macht deutlich, daß nicht gleich bei jeder Zellvermehrung von Tumor gesprochen werden darf.

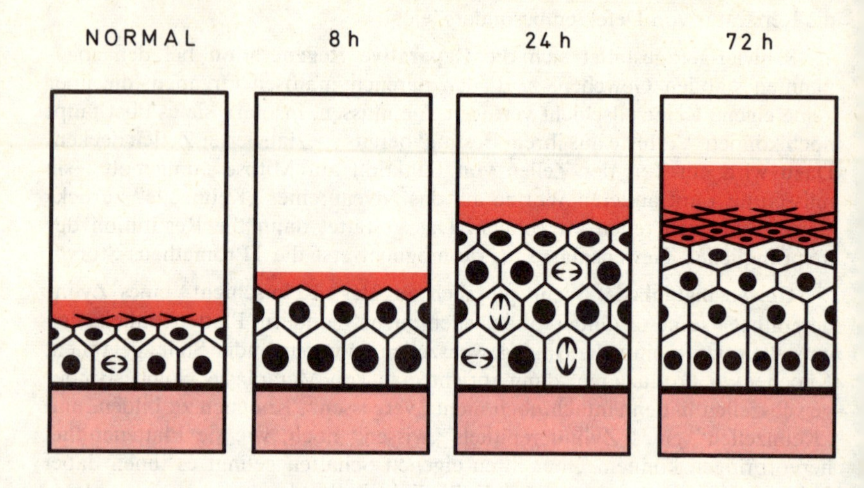

HYPERPLASIE DER MÄUSEEPIDERMIS

Auch ein langzeitiger, übermäßiger Hormonstimulus kann zur Hyperplasie führen. Die vermehrte Ausschüttung von nebennieren-stimulierendem Hormon (durch die Hypophyse) zum Beispiel hat nicht nur eine gesteigerte Produktion von Nebennierenrindenhormonen zur Folge, sondern veranlaßt auch die Nebennierenrinde, ihren Zellbestand so zu vermehren, daß sie der Mehrleistung gerecht werden kann (Hyperplasie der Nebennierenrinde). Diese Gewebsvermehrung ist als „Anpassungsreaktion an veränderte hormonelle Korrelationen" zu betrachten. Der „Zell-Sollwert" ist einfach nach oben verstellt, die Zahl der normalen Zellen ist vergrößert. Überschreitet Epithelgewebe als Deckgewebe oder in parenchymatösen Organen bei einer Hyperplasie eine „kritische" Masse, so entstehen

Papillome bzw. Adenome. Die Epithelzellen haben auf ihrer Bindegewebsunterlage keinen Platz mehr und zur Erfüllung der Versorgungsansprüche muß sich gezwungenermaßen auch das ernährende „Gefäß-Bindegewebe" (Stroma) mit vermehren. Die flache Epidermiswarze (Abbildung S. 237) kann beispielsweise noch als Epidermishyperplasie gelten. Bei der papillären Warze reicht der Bindegewebsuntergrund nicht mehr aus, er wächst papillenförmig mit dem Epithel nach außen und erreicht beim Papillom schließlich seine größte Oberfläche. Papillome sind schon relativ selbständige „Hautanhangsgebilde“ mit einer gewissen Autonomie. Doch können sie sich zurückbilden. Wenn sie abgestoßen werden, brauchen sie nicht immer wiederzukommen. Falls man sie schon als Tumoren bezeichnet, dann spricht man hier von gutartigen Tumoren. Die entsprechende Vermehrung von Drüsenepithelzellen wird Adenom genannt. Da Adenome „mitten im“ Gewebe sitzen, haben sie lediglich die Gestalt einfacher „Gewebsknoten“. Auch sie gehören zu den gutartigen Tumoren. Die Grenze zu den bösartigen Geschwülsten wird vielleicht am ehesten aus der Schilderung eines „Carcinomstarts“ deutlich.

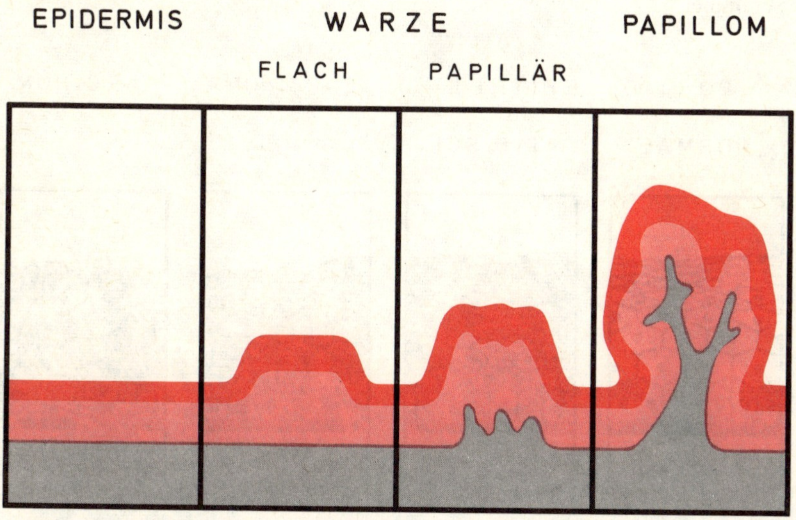

EPIDERMIS
WARZE
FLACH
PAPILLÄR
PAPILLOM

GUTARTIGE EPITHELVERÄNDERUNGEN DER HAUT

Zur Schilderung eines **„Carcinomstarts“ (Carcinoma in Situ)** eignet sich besonders gut der Beginn eines Portiocarcinoms. Am äußeren Muttermund der Gebärmutter kann aus scheinbar normalem Epithel atypisches Epithel entstehen und daraus kann ein Carcinoma *in situ* und schließlich ein Carcinom, ein Krebs, entstehen (Abbildung S. 238). Bei der ersten Veränderung werden die „hellen“ Zellen (Abbildung: „normal“) durch viel mehr basophile, also dunkler anfärbbare Zellen ersetzt (Abbildung: „atypisch“). Die Kerne vornehmlich der basal gelegenen Zellen sind nicht mehr regelmäßig groß, sondern polymorph; die Zellschichtung wird weniger deutlich und verschwindet schließlich ganz (Abbildung: *„Carcinoma in situ“)*. Das regellose Epithel zeichnet sich durch eine stärkere Zellvermehrung, starke

Anfärbbarkeit von Kernen und Zellplasma aus; dazu kommen undeutliche Zellgrenzen, die ausgeprägte Kernpolymorphie, Verschiebung der Kern-Plasma-Relation zugunsten des Kernes sowie zahlreiche, bisweilen atypische Mitosen. Insgesamt ist es das Zellbild eines bösartigen Tumors. Die „Zell-Armee" steht aber noch Gewehr bei Fuß an der Grenze zu ihrem friedlichen Nachbarn, deshalb *„in situ"*. Erst wenn die Demarkationslinie, die Basalmembran überschritten wird und die Zellen invasiv wachsen (Abbildung unten „Carcinom"), sprechen wir von Krebs, denn damit offenbaren die atypischen Zellen ihren bösartigen, aggressiven Charakter und erst dann metastasieren sie. Das *„Carcinoma in situ"* ist daher logisch eigentlich ein „schwarzer Schimmel".

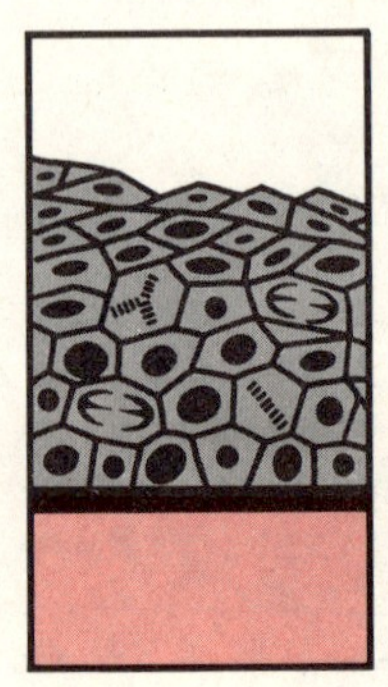

ENTSTEHUNG EINES CARCINOMS

Jetzt können wir die Begriffe **„Gutartig — Bösartig"** abgrenzen und präzisieren. Die folgende Tabelle hält fest, wozu ein Tumorgewebe in der Lage ist und worin sich gutartige und bösartige Tumoren unterscheiden.
Diese Tabelle ist nun zwar für die Tumordiagnostik sehr wertvoll, besagt aber über das Risiko eines Tumorträgers nur wenig. So kann z. B. ein histologisch gutartiges Luftröhrenpapillom seinem Träger schnell den Atem nehmen und töten. Auch ein „gutartiger" Hirntumor birgt für seinen Träger ein tödliches Risiko in sich. Umgekehrt ist ein „bösartiges" Hautcarcinom gut zu therapieren und deswegen nicht so gefährlich. Die histologischen Begriffe „gut-

artig — bösartig“ sind also hauptsächlich von diagnostischem, weniger von prognostischem Wert.

Gutartig	**Bösartig**
Meist langsames Wachstum	Häufig schnelles Wachstum
Wächst nur expansiv	Wächst auch infiltrativ und zerstörend
	Deshalb
Scharf begrenzt (weder Invasion, Destruktion, noch Metastasen)	Schlecht abgrenzbar, Einwachsen in Blutgefäße Metastasierung
Architektur des Muttergewebes weitgehend erhalten (reife, ausdifferenzierte Gewebe)	Starkes Abweichen von der Struktur des Muttergewebes bis zur Unkenntlichkeit möglich (Atypie und Polymorphie bei Geweben, Zellen u. Zellkernen)
Wenig Mitosen	Meist viele Mitosen

Carcinom — Sarkom. Den beiden großen Gewebsgruppen entsprechend unterscheiden wir zwei Tumorgruppen. Epithelgewebe produzieren Carcinome, alle „Binde- und Stützgewebe“ Sarkome. Obwohl beispielsweise beim Menschen „Binde- und Stützgewebe“ alle Epithelgewebe an Masse fast ums fünffache übertreffen, treten Carcinome elf mal häufiger auf als Sarkome. Aus gleichen Gewebsmassen entstehen also etwa fünfzig mal mehr Carcinome als Sarkome. Die Carcinomhäufigkeit nimmt mit steigendem Alter zu, während die Sarkomrate in allen Altersstufen annähernd gleich hoch ist. Das wird allgemein damit erklärt, daß die Deckepithelien der inneren und äußeren Oberflächen sich ständig summierenden carcinogenen Reizen zuerst ausgesetzt sind.

Die folgende Tabelle soll nur einen kleinen Ausschnitt aus dem Tumorspektrum wiedergeben, gleichzeitig soll sie Beispiele aus der Tumornomenklatur zeigen. Aus jedem Gewebe kann natürlich nicht nur eine Tumorform, sondern ein ganzes Spektrum gut- und bösartiger Tumoren hervorgehen. Prinzipiell sollten nur solche Gewebe in der Lage sein, Tumoren zu produzieren, die noch teilungsfähige Zellen besitzen. Da sich Nervenzellen z. B. bei Erwachsenen nicht mehr, wohl aber noch bei Kindern teilen, findet man entsprechend nur bei Jugendlichen bösartige „Nervenzell“-Tumoren, etwa das Neuroblastom. Aus der folgenden Tabelle sind uns bereits einige gutartige Tumoren bekannt.

Ursprungsgewebe	Gutartig	Bösartig
Epithelgewebe		
Haut	Papillom	Haut*carcinom*
Drüse	Adenom	Adeno*carcinom*
Leber	Leberzelladenom	Leberzell*carcinom* (Hepatom)
Pigmentzellen	Pigmentmal	Bösartiges Melanom
Nervenzellen	Ganglioneurom	Neuroblastom (nur bei Jugendlichen
„Binde- und Stützgewebe"		
Bindegewebe	Fibrom	Fibro*sarkom*
Knorpel	Chondrom	Chondro*sarkom*
Knochen	Osteom	Osteogenes *Sarkom*
Muskel	Myom	Myo*sarkom*

Leukämien: Sind die Ursprungsorgane der weißen Blutzellen geschwulsthaft verändert, produzieren sie sehr große Mengen von Leukocyten — Tumorleukocyten — und schwemmen sie auch meist in die Blutbahn aus. Das Übermaß an Leukocyten gibt dem Blut ein weißliches Aussehen, was Virchow veranlaßte, dafür den Namen weißes Blut — Leukämie — zu wählen. Die Hauptformen normaler weißer Blutzellen stammen aus zwei Quellen; Granulocyten aus dem Knochenmark, Lymphocyten aus dem lymphatischen Gewebe. Entsprechend kennen wir myeloische und lymphatische Leukämien. Bei der akuten myeloischen Leukämie werden schon Vorstufen zu den Granulocyten als Tumorzellen ausgeschwemmt.

Zellart	Ursprung	Leukämie	„Solide" Tumorform
Granulocyten	Knochenmark	Akute u. chronische myeloische Leukämie	Myelosarkom
Lymphocyten	lymphat. Gew.	Chronische lymphatische Leukämie	Verschiedene Lymphome, Lymphosarkome

Wenn die Ausschleusung der Zellen in die Blutbahn unterbleibt, sprechen wir von einer a-leukämischen Leukämie und dann steht der Geschwulstcharakter der Erkrankung im Vordergrund, da sich die Zellen an ihren Bildungsstätten anhäufen. Die stark vereinfachte Tabelle gibt nur einen Überblick. Die Tumornatur der lymphatischen Leukämien wird meist noch durch sichtlich vergrößerte Lymphknoten unterstrichen. Bei der myeloischen Form wird das normale blutbildende Knochenmark durch „Tumormark“ verdrängt, so daß es zum Mangel an roten Blutkörperchen (Anämie) und auch an normalen Granulocyten kommen kann, was in einer erhöhten Infektionsbereitschaft des Trägers zum Ausdruck kommt. Leukämiezellen können nämlich mit bakteriellen Invasionen nicht fertig werden, sie sind funktionell minderwertig.

Ascitestumoren: Vor allem aus der experimentellen Krebsforschung kennen wir noch eine zweite „flüssige“ Tumorform. Bisweilen gelingt es durch Einspritzen von Tumormaterial in die Bauchhöhle von Versuchstieren, Ascitestumoren herzustellen. Die Tumorzellen induzieren dann die Bildung von Ascitesflüssigkeit („Bauchwasser“), in der sie sich einzeln suspendiert, wie echte „Einzeller“ ernähren und vermehren. Sie verzichten auf stützendes Bindegewebe oder versorgende Gefäße. Das Empfängertier wird praktisch zum lebenden Nährboden degradiert. Manche solcher Tumorlinien werden bereits seit mehreren Jahrzehnten über hunderte von Tierpassagen gehalten. Das beweist praktisch die „Unsterblichkeit“ dieser Tumorzellen, die, ähnlich Gewebekultur-Zellen, offenbar nicht wie normale Zellen „altern“.

(**Transplantationstumoren** s. S. 109).

Das **Wachstum bösartiger Tumoren** — bei soliden Geschwülsten — ist vor allem durch Invasion und Destruktion der Nachbargewebe sowie durch Absiedlung von Metastasen gekennzeichnet: Für das **invasive Wachstum** werden vielerlei Phänomene angeschuldigt, die in Kapitel S. 79 näher abgehandelt sind. Es sind dies die Erhöhung der negativen Ladung der Oberfläche von Tumorzellen, deren erhöhte, geradezu amöboide Beweglichkeit und ihr geringer Zusammenhalt. Membranveränderungen, die zum Verlust der Kontakthemmung führen, sowie ein erhöhter Gewebsdruck von seiten des Tumors, quasi eine *vis a tergo* für die Invasion, werden ebenfalls verantwortlich gemacht.

Für die **Destruktion**, die Zerstörung der normalen Gewebe, werden zusätzlich auch lytische Enzyme des Tumorgewebes angeschuldigt. Bliebe ein **Primärtumor**, d. h. eine Geschwulst an ihrem Ursprungsort, an sein Muttergewebe und dessen Umgebung gebunden und würde er nur invasiv und destruktiv wachsen, könnte man ihn immer noch in vielen Fällen einfach „weit im Gesunden“ entfernen. Extrem gefährlich wird ein bösartiger Tumor erst durch seine **Metastasierung**, die Absiedlung von Geschwulstzellen über Blut- und Lymphgefäße, in entfernte Organe, mit anderen Worten durch die Generalisierung der Tumorerkrankung. Die ausgeschwemmten Tumorzellen können sich an Kapillarwänden festsetzen, vermehren und zu einem neuen Tumor, Metastase oder **Sekundärtumor** genannt, mit allen Eigenschaften des Primärtumors auswachsen. Die Verwandschaftsbeziehungen sind bisweilen so offensichtlich, daß Primärtumoren nicht selten erst an ihren Metastasen erkannt werden. Ein aus Hepatomzellen aufgebaute Lungenmetastase beweist geradezu das Bestehen eines, wenn auch latenten Leberzell-Carcinoms. (Ausführliche Behandlung der Metastasierung S. 52ff.)

Autoradiographie: Gegen die Histologie ist immer wieder der Einwand gemacht worden, sie befasse sich ja nur mit fixiertem, also totem Material, mit Kunstprodukten. Die Autoradiographie widerlegt diese Ansicht bis zu einem gewissen Grad. Max Beckmann zitierte einen Kabbalist: Willst du das Unsichtbare fassen, dringe so tief du kannst ein in das Sichtbare. „Unsichtbares" würde für den Mikroskopiker bedeuten: Abläufe und Kausalzusammenhänge aus Momentaufnahmen histologischer Präparate erschließen. Die Autoradiographie geht hier noch einen entscheidenden Schritt weiter, sie macht Abläufe „direkt" sichtbar („dynamische Mikroskopie"). Die Autoradiographie nützt die Fähigkeit radioaktiver Stoffe aus, photographische Platten zu schwärzen. Bieten wir lebenden Zellen einen etwa mit Tritium (^{3}H) „markierten" Baustein für Nucleinsäuren oder Eiweiß an, so wird dieser ungeachtet seiner Radioaktivität aufgenommen und eingebaut (Abbildung unten). Überziehen wir anschließend die Zellen nach Fixation

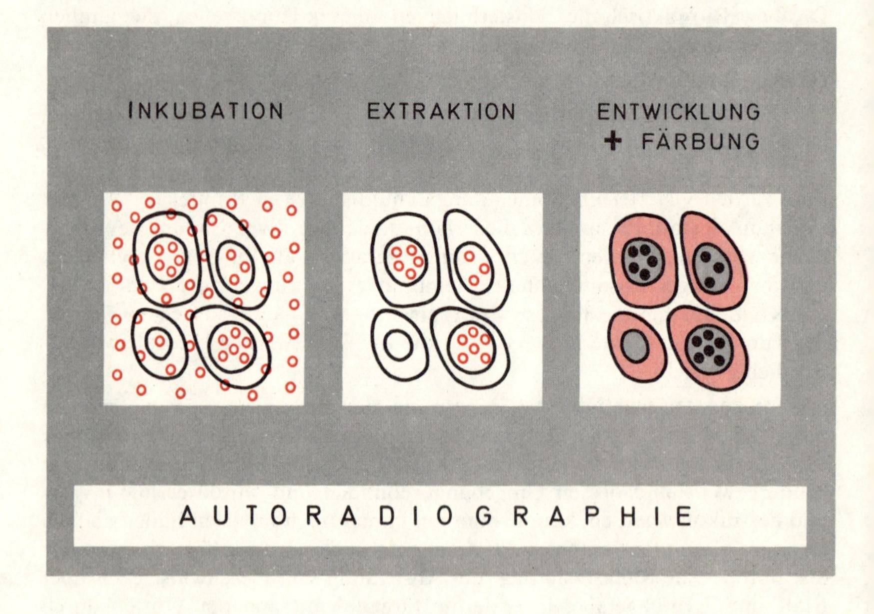

des Präparates mit einer empfindlichen photographischen Emulsion oder einem Film, so beobachten wir im Mikroskop nach Exposition und Entwicklung des Präparates genau über jenen Stellen eine körnige Schwärzung der Filmschicht, wo die Zellen den markierten Stoff inkorporiert haben. Voraussetzungen sind allerdings, daß das markierte Endprodukt der Zelle während der Präparation nicht verloren geht und daß sich sämtliche nicht verbrauchten Bausteine im Gegensatz zum eingebauten Material extrahieren lassen. Mit dieser „kriminalistischen“ Methode gelingt es, einzelne markierte Moleküle in der Zelle aufzuspüren und bei entsprechendem Versuchsansatz zu verfolgen, denn diese Moleküle verraten sich ja von selbst.

Dazu ein Beispiel: Bieten wir einer „idealen“ Zellkultur aus lauter gleichartigen Zellen einen markierten, spezifischen DNA-Baustein für eine kurze Zeit an (Pulsmarkierung), so beobachten wir nur bei einem bestimmten Prozentsatz der kurz danach entnommenen Zellen eine Schwärzung des Filmes über dem Zellkern. Nur diese Zellen haben also während der Versuchszeit den DNA-Baustein benützt, haben DNA neusynthetisiert (siehe Abbildung S. 242). Man sieht den Zellen an, was sie „tun“.

Tumorstroma: Solide Tumoren bestehen nicht nur aus Tumorzellen, sondern verfügen auch über Bindegewebe, das ihnen ein Stützgerüst abgibt, und natürlich über Blutgefäße zur Deckung des Stoffwechselbedarfes. Bindegewebe und Gefäße, zusammen Stroma genannt, stammen aus der jeweiligen Umgebung eines Tumors. Der Tumor preßt die normalen Gewebe zu dieser Vasallen-Leistung. Diese Tatsachen beweisen unter anderem sog. osteoblastische Metastasen, wobei zum Beispiel Carcinomzellen die ortsständigen Knochenzellen zwingen, ihnen ein knöchernes Gerüst anzufertigen. Die

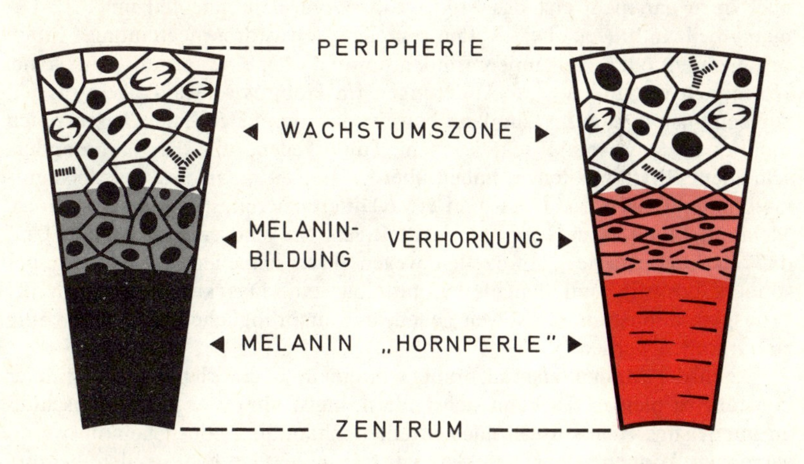

BEISPIELE ZUM TUMORAUFBAU

Stromabildung kann in manchen Carcinomen sogar soweit gehen, daß die Bindegewebskomponente die Tumorzellen überwiegt, was diesen Tumoren (z. B. manchen Mammacarcinomen) die Bezeichnung scirrhös, hart, eingetragen hat. Tumoren machen bisweilen in ihrer destruktiven Arbeit auch nicht vor ihrem eigenen Stroma halt und schneiden sich damit für große Bezirke selbst den Lebensfaden ab, was bei der ohnehin meist nur mangelhaften Gefäßversorgung schnell zu großen Nekrosen führt.

Tumoraufbau: Bei Geschwulstknoten, vor allem von Transplantationstumoren findet man meist die höchste proliferative Aktivität in der Tumorperipherie. Gegen das Zentrum hin nimmt die Mitosehäufigkeit ab, dort liegen auch die ältesten, die „reifsten" Zellen. Verhornende Plattenepithelcarcinoma zeigen klar diese geographische Gliederung (Abbildung S. 243). Im Zentrum kleinster Geschwulstknoten treffen wir aus reifen Zellen hervorgegangene „Hornperlen" an. Ein durchaus vergleichbares Bild kann ein bösartiges Melanom bieten (Abbildung S. 243). Mit einer gegen das Zentrum hin abnehmenden Mitoserate besinnen sich die bis dahin unpigmentierten Zellen plötzlich ihrer Möglichkeiten und fangen an, ihr Differenzierungsprodukt, Melanin, zu bilden. Sie verlieren ihre Teilungsfähigkeit und sterben zu einer tief schwarzen Nekrose ab.

Das Begriffspaar **Differenziert-Entdifferenziert** beschreibt, wie weit sich Tumorzellen von dem Spezialisierungsgrad (Differenzierungsgrad), den ihre normalen Mutterzellen (Matrix) innerhalb des Organismus einnehmen, entfernt haben. Der Differenzierungsgrad einer Geschwulstzelle wird an ihren reifsten Vertretern, bei den genannten Beispielen also an der „Hornperle" bzw. den Melaninproduzenten abgelesen. Häufig braucht man aber dazu gar nicht erst das Mikroskop. Wenn experimentell mit 7,12-Dimethylbenzanthracen bei Ratten erzeugte Brustdrüsencarcinome Milch produzieren oder Nebennierenrindentumoren den Organismus mit soviel Hormonen überfluten, daß Änderungen im Habitus seines Trägers bis hin zur Feminisierung auftreten, dann beweist das hinreichend, daß Tumorzellen funktionell noch intakt sein können. Tumorzellen, die sich in besonders schnellem Rhythmus teilen, haben aber keine Zeit mehr, ihre Spezialkenntnisse unter Beweis zu stellen und etwa Differenzierungsprodukte wie Horn, Melanin, Milch oder Hormone anzufertigen. Sie sind entdifferenziert. Und daß entdifferenzierte Tumorzellen wegen ihrer schnellen Vermehrung besonders bösartig sind, leuchtet unmittelbar ein. Das kann vor allem bei Transplantationstumoren soweit gehen, daß ursprüngliche Carcinome völlig zu Sarkomen werden.

Auch der **Malignitätsgrad** braucht in einem „Tumorleben" nicht immer konstant zu bleiben. Er kann sich ändern, meist nimmt er zu. Im Anschluß an kurzfristige Remissionen nach Strahlenbehandlung oder Chemotherapieversuchen können sogar beschleunigt resistente Geschwulstzellen herausselektionieren, die dann bisweilen den Tod des Trägers besonders schnell herbeiführen. Sie sind „virulenter" geworden. Ein *„noli me tangere"* ist daher für manche Geschwulstformen in bestimmten Phasen der Erkrankung sogar ein therapeutisches Erfordernis. Das erinnert unmittelbar an die Therapieresistenz mancher bakteriellen, insbesondere Staphylokokken-Infektionen. Besonders bösartig oder virulent sind Ascitestumoren bei Versuchstieren. Mit der konsequenten Übertragung von Tumorzellen des Yoshida-Sarkoms von Ratte zu Ratte ist es gelungen, die zur tödlichen „Infektion" nötige Zellzahl so herabzusetzen, daß man heute mit einer einzigen dieser Tumorzellen eine Ratte töten kann.

Der Vergleich mit einer Infektion ist auch deswegen angebracht, weil manche Ascitestumoren nicht nur auf ihrer Ursprungsspezies, sondern auch auf anderen Tierarten anwachsen und die neuen Wirte töten. Körperzellen sind so zu Parasiten geworden und zu einer neuen Infektionskrankheit fehlte eigentlich nur noch ein Übertragungsweg, der von der Spritze des Experimentators unabhängig ist. Eine Mücke könnte hier einspringen, eine *Anopheles ascitica* z. B., die diese Tumorzellen propagiert. Vom Vielzeller zurück zum parasitären Einzeller, das wäre der höchste Grad der Entartung.

Literatur

Wörtlich zitiert wurde aus

Allison, A.: Europ. J. Cancer *3*, 481 (1967/68). Zit. S. 84.
Ambrose, E., in: The Biology of Cancer (E. J. Ambrose, F. J. C. Roe, eds.). London 1966. Zit. S. 89.
von Ardenne, M.: Die selektive Verstärkung einer primären Krebszellenschädigung als Fundamentalprozeß der Krebs-Mehrschritt-Therapie. Vortrag Turin 1969. Zit. S. 188.
Bauer, K. H.: Das Krebsproblem. Berlin 1963. Zit. S. 167.
Beijerinck, M. W., zitiert nach Williams, G.: Virus Hunters. New York 1960. Zit. S. 126.
Berenblum, I.: Cancer Research Today. Oxford 1967. Zit. S. 42 ff.
Bierwisch, M., zitiert nach Schiwy, G.: Der französische Strukturalismus. Hamburg 1969. Zit. S. 206.
Braun, A. C.: Scientific American *213*, Nov. 1965. Zit. S. 177 und 201.
Bullough, W. S.: The Evolution of Differentiation. London 1967. Zit. S. 48 und 71.
Burnet, F. M.: Science *133*, 307 (1961). Zit. S. 107.
Dulbecco, R.: Scientific American *216*, Apr. 1967. Zit. S. 151.
Druckrey, H., in: Potential Carcinogenic Hazards from Drugs (R. Truhaut, ed.). Berlin 1967. Zit. S. 33, 38.
Foulds, L.: Cancer Research *14*, 327 (1954). Zit. S. 62.
— zitiert nach J. Leighton s. u. Zit. S. 63.
— Neoplastic Development, Vol. 1. London 1969. Zit. S. 215.
Gaylord, H. R., zitiert nach Day, E. D.: Annual Review of Biochemistry *1962*, S. 549. Zit. S. 109.
Habel, K.: Cancer Research *28*, 1825 (1968). Zit. S. 140.
Hallion, zitiert nach Oberling, C., s. u. Zit. S. 205.
van Helmont, J. B., zitiert nach Osler, W.: The Evolution of Modern Medicine. New Haven 1921. Zit. S. 106.
Henschen, F.: Gann *59*, 447 (1968). Zit. S. 2.
Hieger, I.: Carcinogenesis. London 1961. Zit. S. 201.
Huxley, J.: Krebs in biologischer Sicht. Stuttgart 1960. Zit. S. 132.
Kant, I.: Metaphysische Anfangsgründe der Naturwissenschaft 1786; zitiert nach Fierz-David, H. E.: Die Entwicklungsgeschichte der Chemie. Basel 1952. Zit. S. 29.
Leighton, J.: The Spread of Cancer. New York 1967. Zit. S. 64.
Lettré, H.: Universitas *21*, 49 (1966). Zit. S. 215.
McKinnell, R. G., u. Mitarb.: Science *165*, 394 (1969). Zit. S. 222.
von Nagel, A.: Fuchsin, Alizarin, Indigo. Ludwigshafen o. J. Zit. S. 10.
Oberling, C.: Krebs, das Rätsel seiner Entstehung. Hamburg 1959. Zit. S. 130, 167, 206, 211, 212.

Potter, V. R., in: Molecular Basis of Neoplasia. M. D. Anderson Hospital, Austin 1962. Zit. S. 217.
Reid, E.: Biochemical Approaches to Cancer. Oxford 1965. Zit. S. 216.
von Rezzori, G.: Maghrebinische Geschichten. Hamburg 1958. Zit. S. 190.
Schmähl, D.: Entstehung, Wachstum und Chemotherapie maligner Tumoren. Aulendorf 1963. Zit. S. 33.
— Thomas, C., König, K.: Z. Krebsforschung *65,* 342 (1963). Zit. S. 50.
Schopenhauer, A.: Philosophische Menschenkunde (A. Bäumler, Hrsg.). Stuttgart 1957. Zit. S. 88.
Stewart, S. E.: Scientific American *203,* Nov. 1960. Zit. S. 133.
Szent-Györgyi, A.: Bioelectronics. New York 1968. Zit. S. XIX und 153.
Thompson, d'Arcy, W.: On Growth and Form (J. T. Bonner, Hrsg.). Cambridge 1961. Zit. S. 66.
Warburg, O.: Molekulare Biologie des Malignen Wachstums (H. Holzer und A. W. Holldorf, Hrsg.). 1966.
— Naturwissenschaften *42,* 30 (1955). Zit. S. 98 ff.
Wightman, W. P. D.: The Growth of Scientific Ideas. New Haven 1951. Zit. S. 205.
Zilber, L. A.: J. Natl. Cancer Inst. *26,* 1311 (1961). Zit. S. 214.

Weiterführende Literatur

„The Biology of Cancer", London 1966, ist eine immer noch sehr lesenswerte Vorlesungsreihe, die E. J. Ambrose und F. J. C. Roe herausgegeben haben.
A. C. Braun sieht „The Cancer Problem" (New York 1969) aus der Sicht des Entwicklungsbiologen, der ein Leben lang Pflanzentumoren studiert hat.
Der „Entwicklungspathologe" F. Foulds gibt eine Gesamtschau in „Neoplastic Development", London 1969, von der leider erst der 1. Band vorliegt.
D. Schmähls „Entstehung, Wachstum und Chemotherapie maligner Tumoren", Aulendorf 1970, ist jetzt in zweiter Auflage erschienen.
„Das Krebsproblem", Berlin 1963, von K.-H. Bauer schlägt die Brücke zur Klinik; die Mutationstheorie steht hier im Mittelpunkt.
Experimentelle Details liefert in großer Fülle das „Handbuch für experimentelle Pharmakologie", Berlin 1966, und zwar die Bände XVI, 12 und 13.
Über Spezialprobleme orientieren Fortschrittsberichte:
Advances in Cancer Research, New York
Methods in Cancer Research, New York
Progress in Experimental Cancer Research, Basel
Recent Results in Cancer Research, Berlin
UICC-Monograph Series, Berlin

Als Unterlagen für Abbildungen und Tabellen wurden verwendet

Ambrose, E. J., s. o. S. 87.
Anders, F.: Experientia *23,* 1 (1967). S. 159, 160, 161.
Benjamin, T. L.: J. Mol. Biol. *16,* 359 (1966). S. 147.
Bryan, W. R., Shimkin, M. B.: J. Natl. Cancer Inst. *3,* 503 (1943). S. 32.
Daudel, P., Daudel, R.: Chemical Carcinogenesis and Molecular Biology. New York 1966. S. 7, 25, 30.

Druckrey, H., s. o. S. 32, 35, 36, 38.
Holley, R. W., Kiernan, J. A.: Proc. Natl. Acad. Sci. *60,* 300 (1968). S. 96.
Horne, R. W.: Scientific American *208,* Jan. 1963. S. 136.
Robertson, J. D.: Scientific American *206,* Apr. 1962. S. 93.
Schramm, G., in: Molekularbiologie (Hrsg. T. Wieland und G. Pfleiderer). Frankfurt 1967. S. 136.
Warburg, O., s. o. S. 104.

Sachverzeichnis

Heidelberger Taschenbücher

Medizin

3	W. Weidel: Virus und Molekularbiologie. 2. Auflage. DM 5,80
4	L. S. Penrose: Einführung in die Humangenetik. DM 8,80
18	F. Lembeck/K.-F. Sewing: Pharmakologie-Fibel. DM 5,80
24	M. Körner: Der plötzliche Herzstillstand. DM 8,80
29	P. D. Samman: Nagelerkrankungen. DM 14,80
32	F. W. Ahnefeld: Sekunden entscheiden — Lebensrettende Sofortmaßnahmen. DM 6,80
41	G. Martz: Die hormonale Therapie maligner Tumoren. DM 8,80
42	W. Fuhrmann/F. Vogel: Genetische Familienberatung. DM 8,80
45	G. H. Valentine: Die Chromosomenstörungen. DM 14,80
46	R. D. Eastham: Klinische Hämatologie. DM 8,80
47	C. N. Barnard/V. Schrire: Die Chirurgie der häufigen angeborenen Herzmißbildungen. DM 12,80
48	R. Gross: Medizinische Diagnostik — Grundlagen und Praxis. DM 9,80
52	H. M. Rauen: Chemie für Mediziner — Übungsfragen. DM 7,80
53	H. M. Rauen: Biochemie — Übungsfragen. DM 9,80
54	G. Fuchs: Mathematik für Mediziner und Biologen. DM 12,80
55	H. N. Christensen: Elektrolytstoffwechsel. DM 12,80
57/58	H. Dertinger/H. Jung: Molekulare Strahlenbiologie. DM 16,80
59/60	C. Streffer: Strahlen-Biochemie. DM 14,80
61	Herzinfarkt. Hrsg. von W. Hort. DM 9,80
68	W. Doerr/G. Quadbeck: Allgemeine Pathologie. DM 5,80
69	W. Doerr: Spezielle pathologische Anatomie I. DM 6,80
70a	W. Doerr: Spezielle pathologische Anatomie II. DM 6,80
70b	W. Doerr/G. Ule: Spezielle pathologische Anatomie III. DM 6,80
76	H.-G. Boenninghaus: Hals-Nasen-Ohrenheilkunde für Medizinstudenten. DM 12,80
77	F. D. Moore: Transplantation. DM 12,80
79	E. A. Kabat: Einführung in die Immunchemie und Immunologie. DM 18,80
82	R. Süss, V. Kinzel, J. D. Scribner: Krebs. Experimente und Denkmodelle. DM 12,80
83	H. Witter: Grundriß der gerichtlichen Psychologie und Psychiatrie. DM 12,80